高等职业教育系列教材

逆向设计一体化教程

主　编　黄　维

副主编　罗俊岭　刘　凯　李仁举

主　审　黄诚驹

机械工业出版社

本书共分为 7 章：逆向工程技术概要、光学扫描测量与应用、三坐标测量与应用、机械设计概要与应用、机械创新设计实践、Creo 3.0 平台设计实践和 UG NX 8.5 平台设计实践。本书在内容结构上通过采用工学结合的项目，实现理论与工程应用一体化、知识与技能一体化、正向设计与逆向设计一体化、案例解剖与创新实践一体化；在教学内容组织上，实现讲授与启发一体化、理论学习与工程实践一体化、示范教学与实训一体化。本书以设计及创新创业能力培养为教学目标，尝试建立学生工程素质养成机制，探索现阶段机械设计人才培养新模式。

本书以机械设计创新创业课改为背景，依托逆向工程先进技术和设计平台，突出机械结构设计能力培养，综合阐述了逆向工程关键技术的理论基础、面向制造和装配的机械设计理念及应用、基于逆向工程的创新创业应用等内容。本书是一本紧密结合机械设计实际应用，具备工程实践特色，突出创新、拓展新技术应用的教材。

本书可作为应用型本科、高职高专机械设计应用课程教材或机械创新创业实践教材，也可作为相关从业人员机械设计创新方面的培训教材或参考用书。

本书提供配套的电子课件，需要的教师可登录www.cmpedu.com进行免费注册，审核通过后即可下载；配套的视频资源可通过扫描封底"IT"字样二维码，关注后回复本书书号中的 5 位数（62344）以获取。或者联系编辑索取（QQ：1239258369，电话：010-88379739）。

图书在版编目（CIP）数据

逆向设计一体化教程 / 黄维主编. —北京：机械工业出版社，2019.2
（2024.7 重印）
高等职业教育系列教材
ISBN 978-7-111-62344-1

Ⅰ. ①逆…　Ⅱ. ①黄…　Ⅲ. ①工业产品－设计－高等职业教育－教材
Ⅳ. ①TB472

中国版本图书馆 CIP 数据核字（2019）第 055743 号

机械工业出版社（北京市百万庄大街 22 号　邮政编码 100037）
策划编辑：李文轶　　责任编辑：李文轶
责任校对：张艳霞　　责任印制：郜　敏
北京富资园科技发展有限公司印刷

2024 年 7 月第 1 版第 4 次印刷
184mm×260mm • 17.75 印张 • 438 千字
标准书号：ISBN 978-7-111-62344-1
定价：55.00 元

电话服务　　　　　　　　　　网络服务
客服电话：010-88361066　　　机 工 官 网：www.cmpbook.com
　　　　　010-88379833　　　机 工 官 博：weibo.com/cmp1952
　　　　　010-68326294　　　金 书 网：www.golden-book.com
封底无防伪标均为盗版　　　机工教育服务网：www.cmpedu.com

前　言

技术和经济的快速发展带来的大量机会使创新创业已经成为常态，每天都会有大量新鲜的事物涌现，未来机械工程领域的发展一定是新技术与机械关键技术相融合实现跨学科的迁移及应用。现今机械设计方法偏传统，但机械设计技术仍是工业的关键技术所在。逆向工程先进技术和新的设计平台，是实现机械设计技术发展的利器。

日本中生代国际平面设计大师原研哉认为：再设计是一种手段，让我们修正和更新对设计实质的感觉。……从零开始搞出新东西来是创造，而将已知变成未知也是一种创造行为。当逆向工程变成"再设计"的工具时，它一定会为社会挖掘出更多普遍的、共享的价值。通过一些新技术平台，提升学生的机械设计能力和创新动力，让机械专业的学生在产品设计中走得更远，为社会发展提供更多创新设计人才。

逆向工程又称反求设计，是以现代设计理论、方法、测量技术为基础，运用专业人员的工程设计经验、知识和创新思维，对已有的实物进行解剖和深化后，再设计和创造的过程。本书以崭新的视角，将逆向工程领域和机械设计中最前沿的技术和实用技能，以务实严谨的方式加以整合。同时，本书结合创新创业课程的教改实践，突出机械结构设计能力的培养，密切联系工程应用实际与机械创新设计的需求，是一本新型机械设计应用教材。

目前国内工业产品设计人才培养面临着两个方面的问题。一方面，校园的工业产品设计只停留在概念阶段，它不知道工业的需求是什么；另一方面，新产业、新技术不断地涌现，如三维精密测量技术、快速制造技术的成熟应用，CAD 技术平台上自顶向下的设计、骨架式设计等新式设计方法的采用，不断挑战传统的人才培养模式。在此背景下，培养机械类专业的学生掌握新技术和新的设计方法，以延伸产品内涵的深化设计来胜任机械结构设计工作，是新时期机械设计人才培养的重大课题。本书定位为机械应用型人才的培养，以"提升机械产品设计能力"为培养目标，以逆向技术下的机械结构设计为主线，讲解典型产品的创新思路，以拓展学生机械设计和创新创业能力。本书在内容结构上通过采用工学结合的项目，实现理论与工程应用一体化、知识与技能一体化、正向设计与逆向设计一体化、案例解剖与创新实践一体化；在教学内容组织上，实现讲授与启发一体化、理论学习与工程实践一体化、示范教学与实训一体化。本书以设计能力培养为教学目标，尝试建立学生工程素质养成机制，探索现阶段机械设计人才培养新模式。

本书电子资源包括 7 个典型零件设计的完整建模过程和爬壁机器人仿真拆装系统。可通过扫描本书封底"IT"字样的二维码，关注后回复本书书号中的 5 位数字（62344）以获取，或联系编辑（QQ：1239258369，电话：010-88379739）获取。

本书是由机械工业出版社组织出版的"高等职业教育系列教材"之一。共分为 7 章。武汉职业技术学院黄维编写第 1 章、第 2 章的 2.3~2.4 节、第 3 章、第 4 章、第 5 章，李菁川编写第 2 章的 2.2 节，罗俊岭编写第 6 章，刘凯编写第 7 章；北京天远三维科技有限公司技术总监李仁举编写第 2 章的 2.1 节，武昌职业技术学院范瑜珍绘制第 4 章的插图。黄维负责全书的统稿工作，黄诚驹负责全书的审稿工作。东莞汇美模具制造股份有限公司技术总监刘标、深圳基准工业设计有限公司总设计师刘开、北京天远三维科技有限公司焦震、武汉龙旗智能自动化设备有限公司闻海为本书编写提供了大量宝贵的资料，在此表示诚挚的感谢！

　　书中不妥之处恳请读者提出宝贵的意见和建议，主编黄维的邮箱是 35256776@qq.com。

编　者

目　录

V

第1章　逆向工程技术概要

【学习提示】

本章作为研修选学部分，建议列为教学内容。本章介绍逆向工程的知识，是深入学习、掌握逆向工程的基础。本章主要内容有：逆向工程的概念和发展历程，逆向工程技术的应用，逆向工程应用软件，逆向工程的工作流程、关键技术及发展。本章可结合本书相关电子资源组织学生自学，也可由教师以课堂教学形式，引入专题研讨并讲授，引导学生深入学习逆向工程的关键技术，指导学生掌握逆向设计的思路及新技术、新方法。

1.1　概述

1.1.1　引言

1. 再设计

原研哉（Kenya Hara），1958 年 6 月 11 日出生于日本，为日本中生代国际级平面设计大师。他认为：再设计是一种手段，让我们修正和更新对设计实质的感觉。……从零开始搞出新东西来是创造，而将已知变成未知也是一种创造行为。要搞清设计到底是什么，后者可能还更有用。再设计所包含的主题，乃是全社会普遍共享与认同的事物。将日常用品堆砌起来作为项目的主题不再是什么新花样，而再设计是对设计理念进行再审视的最自然、恰当的方法，因为设计所面对的正是我们普遍的、共享的价值。

2. 问题分析

逆向工程对于先进制造过程是非常重要的。企业仅有的样件、油泥模型、模具等"物理世界"如何被快速地过渡到"数字世界"，如何让计算机高效处理产品设计的后期问题，是先进制造业普遍面临的实际问题：

1）企业只能拿到真实零件而没有图样，又需要对此零件进行分析、复制及改型。

2）在汽车、家电等行业，要分析油泥模型并进行修改，得到满意结果后，将此模型在计算机中建立数字样机。

3）对现有的零件工艺装备建立备份的数字化图库。

3. 解决方案

产品开发若采用逆向工程技术，对零件原型进行数字化处理，快速完成 CAD 数字建模，可加快新产品的问世步伐。逆向设计方式不仅提高了产品的新颖性、复杂性，推进了设计及制造数字一体化的发展进程，而且进一步提升了产品的制造精度，大大降低了产品研发的成本。逆向工程技术已成为企业的竞争法宝，以及现代企业开发新产品的重要设计手段。

逆向工程可提供模块化的产品，满足用户的不同需求。设计围绕产品，涵盖概念设计、工模具设计和检测、样机、加工装配等产品全生命周期的各个环节，目的在于提高产品质量，缩短上市时间。采用相应的逆向工程技术可以保证产品开发顺利进行。

1.1.2 概念

1. 定义

逆向工程（Reverse Engineering）又称反求工程或反求设计，是在现代产品造型理念的指导下，以现代设计理论、方法、测量技术为基础，运用专业人员的工程设计经验、知识和创新思维，对已有的实物通过解剖和深化的重新设计和再创造的过程。

2. 内涵

在对产品已做分析的基础上，通过对模型进行三维数字化扫描，获取产品模型表面轮廓的点云数据，将点云数据通过专业软件进行处理，最终形成三维数学模型，完成产品的复制、改进、再设计或创新。

3. 比较

逆向工程又是相对于正向工程（Convention Engineering）而言的。正向工程和逆向工程的流程对照如图 1-1 所示。正向工程是通过工程师创造性的劳动，将一个未知的设计理念变成人类需求的产品的过程。工程师首先根据市场需求，提出技术目标和技术要求，进行功能设计，确定原理方案，进而确定产品结构，再经过一系列的设计活动之后，得到新产品。由此可见，正向工程是一个"功能→原理→结构"的工作过程。而逆向工程是对已知事物的有关信息进行充分消化和吸收，在此基础上加以改型、再设计、创新，通过数字化及数据处理后，重构实物的三维原型。由此可见，逆向工程是"实物原型→原理、功能→三维重构"的工作过程。

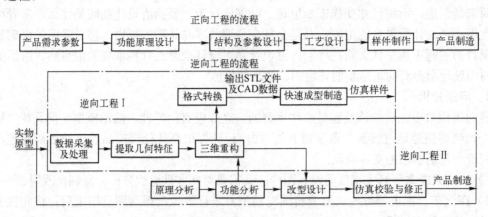

图 1-1　正向工程和逆向工程的流程对照

1.1.3 发展历程

逆向工程起源于仿生学，以帮助人类认识和改造世界。从鸟的翱翔，发明出飞机；从鱼翔浅底，发展出潜艇；从蝙蝠的发声，发展出军事利器；等等不一而足。借助仿生技术，让人类从自然界跨入文明社会。

1. 国际

第二次世界大战后，日本开启了逆向工程的应用，成为当今的工业强国。日本为了民族工业的振兴，大量引进先进的制造技术和设备。在吸收、消化的过程中，日本开始研究逆向工程技术。他们提出"第一台引进，第二台国产化，第三台出口"的口号，通过近几十年的不懈努力，日本成为世界先进制造国家。20世纪60年代，伴随着这个进程，逆向工程作为独立的新兴学科出现在国际工业界。发展到20世纪80年代后期，逆向工程技术逐步应用到先进制造领域中。当今，逆向工程技术作为新产品开发的重要手段，正受到广泛的重视，国际、国内设计和制造方面的重要学术会议已将逆向工程及相关技术的研讨作为一个重要的会议专题，例如Geometric Modeling and Processing Series、IEEE Transactions on Image Analysis and Modeling、SIGGRAPH和SPIE等会议。著名的期刊《CAD》于1997年推出了逆向工程研究专集。从重要文献和会议情况看，国际上已经形成长期从事逆向工程研究的单位和个人。目前，逆向工程在CAD/CAM系统中已发展为相对独立的研究分支，其相关领域包括几何测量、图像处理、计算机视觉、几何造型和数字化制造等，除此之外还涉足医学、地理、考古等领域。

意大利、德国、英国、美国、日本等工业强国，对逆向工程方面的研究依然走在世界的前列。他们在更为深入的研究中取得了一系列的成果及经济效益，开发出高精度的三坐标测量机、接触式和非接触式扫描仪、激光跟踪仪等。

1956年，英国Ferranti公司开发出世界上第一台三坐标测量机。这台具有现代意义上的测量机是以光栅作为长度基准，并用数字显示结果。1962年，FIAT（菲亚特）汽车公司质量控制工程师Fraorinco Sartorio在意大利都灵市创建了DEA（Digital Electronic Automation）公司，成为世界上第一家专业制造坐标测量设备的公司。1963年10月，DEA公司制造出世界上第一台龙门式测量机，开创了坐标测量技术的新时代。三坐标测量机是使用最为广泛的接触式测量设备。在其他设备尚未广泛使用时，它是逆向工程的研究重点。近年来，随着传感技术、控制技术、图像处理和计算机视觉等相关技术的发展，出现了许多获取样件表面数据的方法。例如非接触式测量方法，它基于光学、声学及磁学等领域的基本原理，将一定的模拟量通过一定的算法转化为样件表面的坐标点。此类基于光学方法的测量设备目前在逆向工程中应用最为广泛，如ATOS光学扫描测量系统，扫描测量后直接输出STL文件及CAD数据，用于数控成形铣削或快速成型；它还可将测量数据与原有CAD模型做公差比较后用于零件检测等。

2. 国内

改革开放后，中国借助逆向工程技术实现产品的快速设计与制造，使产品开发周期缩短、成本降低、质量提高。借助逆向工程技术的推动，中国数字化设计与制造进程加速，先进制造、智能制造加速，产品竞争力日益增强，中国制造走向世界。据2017年9月的统计数据，使用中国制造的家电产品用户占全世界份额的55%。从全球制造业来看，中国制造业的产业体系是最为完善的，涉及31大类，比美国、日本更为健全；从产业规模来看，中国在2010年超过了美国，中国制造业产出规模世界第一；从统计的产品来看，全球500多种工业产品里面，中国有一半以上的产量在全球位居第一。中国迅速成为制造大国，成长为世界第二大经济体的大国。

我国三坐标测量机的研制，始于20世纪70年代中期，参加研制的单位有北京航空技术研究所、上海机床厂等，由于各种技术困难和当时历史条件等原因，最终没形成产品。进入20世纪80年代，许多公司引进国外的生产许可证进行生产，如北京航空技术研究所，取得了意大利 DEA 的许可证，生产 IOTA 系列测量机；上海机床厂和新天光学仪器厂分别购买了德国 LEITZ 的 PMM 许可证，鉴于成本等因素，除 IOTA 机型外其他机型均没有批量生产。到了 1993 年，青岛前哨与荷兰 INDIVERS 公司合资成立了中国第一家测量机合资公司——青岛前哨英柯发测量设备有限公司（QI TECH）。通过中外工程技术人员的共同努力，先后开发出具有国际先进水平的多个测量机产品。从 1996 年，QI TECH 公司站稳国内测量机市场，产品远销英国、韩国、新加坡等 9 个国家和地区。2004 年 6 月，Brown & Sharpe 前哨更名为海克斯康测量技术（青岛）有限公司。

在逆向工程技术的应用和研究上，除三坐标测量机外，我国在三维扫描技术的应用领域还非常有限。与国外相比，国内研究起步晚、经费投入少，国内三维信息获取相关的理论和技术的研究大多局限于学术研究或样品阶段，投入生产应用的并不多，产业化的发展程度较差。令人欣慰的是，目前已有一些突破，无论是在技术应用方面还是在学科研究与设备开发方面，均取得了可喜的进展。近年来，逆向工程已广泛运用到轻工、电子和模具行业中。在珠三角、长三角地区的工业园内，抄数、逆向工程应用的广告比比皆是，如图 1-2 所示。此外，在技术研究方面，武汉大学杨必胜教授提出了广义点云多细节层次三维建模理论与方法；西安交通大学 CIMS 中心开展了基于线结构光视觉传感器，开展光学坐标测量机的研究；上海交通大学国家工程模具中心开展了集成系统和自动建模技术的研究；浙江大学生产工程研究所开展了三角面片建模的研究；南京航空航天大学 CAD/CAM 工程研究中心开展了基于海量散乱点的三角网格面重建和自动建模方法的研究；西北工业大学开展了数据点处理、建模的研究等，均在三维扫描、数据处理及后续建模方面取得了进展。

图 1-2 抄数设计的广告

1.2 逆向工程技术的应用

逆向工程技术不仅实现了设计与制造技术的数字化，为现代制造企业充分利用已有的设计与制造成果带来了便利，而且降低了新产品的开发成本、提高了产品性能并缩短了设计生产周期。据统计，在产品开发中，采用逆向工程技术作为重要手段，可使产品研制周期缩短40%以上。

1.2.1 应用现状

逆向工程技术的应用领域主要是飞机、汽车、玩具及家电等模具相关行业，如图 1-3 所示。近年来随着生物及材料技术的发展，逆向工程技术的应用也逐步延伸至医学领域，如义齿、人工生物器官等。在我国，逆向工程技术在生产汽车、玩具的企业有着十分广阔的应用前景。这些企业常常需要根据客户提供的样件，制造出模具或直接加工出产品。在这些企业中，测量设备和 CAD/CAM 系统是必不可少的。但是由于逆向工程技术的应用不够完善，严重影响了产品的精度以及生产周期。因此，逆向工程技术与 CAD/CAM 系统相结合，对这些企业的发展有着重要意义。一方面，企业急需逆向工程技术的应用；另一方面，企业缺乏深度融合 CAD/CAM 系统的逆向工程软件，这严重制约了逆向工程技术在制造行业的推广。与 CAD/CAM 系统在我国已有几十年的应用时间相比，逆向工程技术被我们所了解也只有二十多年甚至几年的时间。时间虽短，但逆向工程技术广泛的应用前景，已经被制造与设计工程技术人员所关注。这对提高我国制造行业的整体技术含量和提高产品的市场竞争力，具有重要的推动作用。

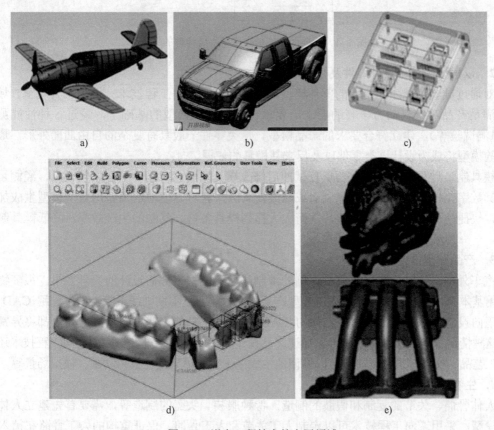

图 1-3　逆向工程技术的应用领域

a) 飞机　b) 汽车　c) 模具　d) 义齿　e) 人工生物器官

1.2.2　应用场景

目前，逆向工程技术主要有以下几种应用场景。

1. 无零件设计图样

在没有设计图样或者设计图样不完整的情况下，通过对零件原型进行测量，生成零件的设计图样或 CAD 模型。以此为依据产生数控加工的 NC 代码，加工并复制出零件原形。无零件设计图样逆向生成样件的原理如图 1-4 所示。

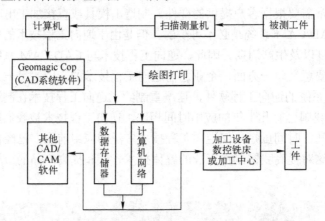

图 1-4   无零件设计图样逆向生成样件的原理

2. 以模型为基础设计零件及模具

对通过试验测试才能定型的零件模型，也通常采用逆向工程技术。比如航天航空领域，为了满足产品对空气动力学等的要求，要求在初始设计模型的基础上，经过各种性能测试（如风洞试验等），建立符合要求的产品模型。这类零件一般具有复杂的自由曲面外形，最终的试验模型将成为设计这类零件以及反求其模具的依据。

模具制造过程中，经常需要反复试冲后修改模具型面。对已达到要求的模具，经测量反求出其数字化模型。在后期重复制造或修改模具时，就可方便地运用备用数字模型生成加工程序，快捷完成模具的重复制造，从而大大提高模具备份、复制的生产效率，降低模具制造成本。

3. 产品美学设计

汽车外形设计时广泛采用真实比例的木制或泥塑模型来评估设计的美学效果。很多物品很难用基本几何来表示和定义，如流线型产品、艺术浮雕及不规则线条等。如果利用 CAD 软件以正向设计的方式来重建这些物体的 CAD 模型，在功能、速度及精度方面，都将异常困难。这种情况下必须引入逆向工程以加速产品设计，降低开发的难度。应用逆向工程技术还可以对工艺品、文物等进行复制，可以方便地生成基于实物模型的计算机动画、模拟场景等。

4. 生物工程制造

人体骨骼、关节的复制和假肢的制造，特种服装、头盔的制造等，需要首先建立人体的几何模型。采用逆向工程技术可以定制人工关节和人工骨骼，保证重构的人工骨骼在植入人体后无不良影响。在牙齿矫正中采用逆向工程技术制作个人牙模，然后转化为 CAD 模型，经过有限元计算矫正方案，大大提高矫正的效果和效率。通过建立数字化人体几何模型，可以为个人定制特种服装，如宇航服、头盔等。

5. 其他

1）用于新零件的设计，主要用于产品的改型或仿形设计。

2）用于已有零件的复制，再现原产品的设计意图，进行数据管理和存档。

3）用于损坏或磨损零件的还原和修复。某些大型设备如航空发动机、汽轮机组等，经常因为某一零件的缺损而停止运行。通过采用逆向工程技术可以快速生产这些零部件的替代零件，从而提高设备的利用率和使用寿命。

1.3 逆向工程应用软件

逆向工程应用软件能控制测量过程，产生原型曲面的测量"点云"，然后将其以合适的数据格式传输至 CAD/CAM 系统中。在生成及接收的测量数据基础上，通过编辑和处理直接生成复杂的三维曲线或曲面原型。选择合适的数据格式后，将其再转入 CAD/CAM 系统中，经过反复修改形成最终的产品造型。

1.3.1 软件现状

从 20 世纪 80 年代开始，国外对逆向工程应用软件就已展开了深入的研究，开发了众多系列的软件。国外 CAD/CAM 公司在逆向工程应用软件领域占据着垄断地位。

近年来国内的几所著名大学，如清华大学、武汉大学、浙江大学、南京航空航天大学，在这方面也相继展开研究，先后推出一系列的逆向工程应用软件。自主开发并商用的逆向工程应用软件有浙江大学生产工程研究所的 CAD RE-SOFT 软件和西北工业大学的实物测量造型系统 NPU-SRMS。南京航空航天大学 CAD/CAM 工程研究中心的逆向工程原型软件系统。由于缺乏自主的 CAD/CAM 软件的支撑，加之逆向工程的上游测试设备及下游应用（CAD/CAE/CAM）软件基本是国外产品，目前国产逆向工程应用软件在设备接口、数据转换和应用上一直滞后于相关国外产品，仅有的开发软件显得势单力薄，在与国外软件的竞争中仍处于劣势。

1.3.2 软件分类

与逆向工程相关的软件种类繁多，按其使用功能可大致划分为以下三类：

1. 测量软件

这类软件是无曲线、曲面处理功能的逆向工程应用软件，只具备管控测量过程的功能。对测量"点云"，尚不能直接处理成曲线、曲面，需转换为合适的数据格式文件后，传入其他的 CAD/CAM 系统中，通过主流 CAD/CAM 软件，将测量"点云"处理成原型曲面。如配合三坐标测量机和专用的测量软件 PC-DMIS、Rational-DMIS，可对工件几何特征量进行直接测量，能够完成几何关系的计算、几何公差的评价与分析、互动式超级报告等功能，但仍不能直接生成测量零件的原型曲面。

2. 建模软件（非独立）

这类软件是对测量"点云"经后置处理，将其直接生成曲线、曲面。生成曲面后，可采取无缝连接的方式或有冗余数据的过渡方式，集成到 CAD/CAM 系统做后续处理。此类软件中，代表性的有 Autodesk 公司的 CopyCAD，作为系列集成软件中的专业模块，其数据模型及数据库管理均与系统的其他专业模块保持一致。当测量中产生的数字模型直接嵌入 CAD/CAM 模块中时，会自动成为同一数据模型，便于生成复杂曲面和产品零件原型。此类逆向工程应用软件中，还有一种属于外挂的第三方软件，如 Imageware、ICEM Surf 等，分别作为 UG 及 Pro/E 系列产品中独立完成逆向工程的点云数据的读入与处理，也能将测量的"点云"直接处理成质量很高的原型曲面。但是，模型在 CAD/CAM 系统中延续时会产生冗余数据。另外，在一些 CAD/CAM 系统中，还集成了反求模块，如 UG 中的 Point Cloud 功能、Pro/E 中的 Pro/SCAN 功能、CATIA 的 RE2 模块等。

3．反求软件（完全独立）

这类软件有美国 Raindrop 公司的 Geomagic、法国 Matra 公司的 Strim、韩国 INUS 公司的 Rapid Form（已被美国 Raindrop 公司收购）等，均为专业处理三维测量数据的应用软件。此类软件一般具有多元化的功能，除了处理几何曲面造型以外，还可以处理 CT、MRI 数据，为这类断层界面进行数据造型使得此类软件在医疗成像领域具有相当的竞争力。

1.3.3　典型的逆向工程应用软件

以下分别介绍几个典型的逆向工程应用软件，其中有完全独立的逆向工程软件，也有外挂的软件。

1．Geomagic Studio

Geomagic Studio 是美国 Raindrop 公司的产品，可根据扫描所得的点云数据创建出完美的多边形模型和网格，并将其自动转换为 NURBS 曲面。该软件也是应用最为广泛的逆向工程应用软件。

（1）主要功能　Geomagic Studio 主要包含 Qualify、Shape、Wrap、Decimate、Capture 五个模块。其主要功能如下：

1）自动将点云数据转换为多边形（Polygons）。

2）快速减少多边形数目（Decimate）。

3）把多边形转换为NURBS曲面。

4）曲面分析（公差分析等）。

5）输出与 CAD/CAM/CAE 匹配的档案格式（如 IGS、STL、DXF 等）。

（2）可实现的工作

1）将自由曲面设计和普通的机械设计结合起来。

2）对一个实体零件可创建为参数化的 CAD 模型。

3）对即将制造的零件执行计算机流体力学（CFD）分析和有限元分析（FEA）。

（3）特点

1）确保用户获得完美无缺的多边形和NURBS模型。

2）处理复杂形状或自由曲面形状的效率比传统 CAD 软件更高。

3）自动化特征和简化的工作流程便于学习和掌握，用户可以免于执行单调乏味、劳动强度大的任务。

4）可与所有主要的三维扫描设备和 CAD/CAM 软件进行集成。

5）能够作为一个独立的应用程序运用于快速制造，或者作为 CAD 软件的补充。

（4）Geomagic Studio 11 介绍　Geomagic Studio 11 增强了点和多边形处理，贯穿曲面、参数模型的创建处理的各个方面；在很多方面进行了改进，包括菜单与界面的优化、多边形阶段功能的改进、算法的优化以及 Fashion 模块的功能与算法的提升，并开发了新的参数转换器。其具体的特点如下：

1）准确再现设计意图。通过内置的智能模块，快速获取设计意图，创建优化的曲面，减少下游的编辑工作量，如图 1-5 和图 1-6 所示。Geomagic Studio 能自动鉴别解析曲面（平面、圆柱体、圆锥和球体）、扫掠曲面（延伸和旋转）和自由曲面。

图 1-5　扫掠曲面拟合以减少编辑工作量

图 1-6　准确再现设计意图

2）利用三维扫描数据创建参数模型。Geomagic Studio 将参数曲面、实体、基准和曲线直接转换到 CAD 系统，不需要中间文件 IGES 或者 STEP，可为用户节省产品开发时间。

3）扫掠曲面拟合减少了下游编辑工作量。扫掠曲面拟合能进一步精细处理模型，以更好地捕捉设计意图。用自动延伸创建锐边，用户可以指定被选曲面的方向矢量，拟合多个不连续区域为单一曲面，使多个曲面共面、同轴和同心，如图 1-7 所示。

4）自动延伸和修剪曲面使模型完善。自动延伸和修剪曲面功能可延伸相邻曲面，使之互相交叉并创建锐边，方便模型在 CAD 中进行修改。

5）获得网格边界的半径。系统会自动分析、测量多边形网格边界，自动获取多边形网格边界半径，创建真实的倒角半径，如图 1-8 所示。

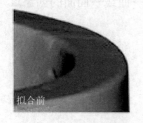

图 1-7　拟合多个不连续区域为单一曲面

图 1-8　自动获取多边形网格边界半径

6）区域探测算法创建精确表面。独特的区域探测算法可快速、轻松地创建精确的扫掠曲面和自由形状曲面，这是与曲面最佳拟合的曲面外形，而不是单个横截面形状的曲面外形，如图 1-9 所示。

7）交互式重塑物理模型。在三维建模过程早期，交互式的多边形编辑工具可增添重塑模型的控制力和灵活性。采用新的自由式编辑工具，用户可以雕刻、切割和变形多边形模型，如图 1-10 所示。

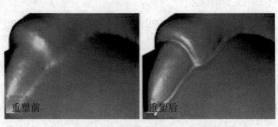

图 1-9　区域探测算法创建最精确的表面

图 1-10　交互式重塑物理模型

8）自动探测并纠正网格错误。在多边形网格上，网格医生自动地探测并纠正错误，生成精确曲面的多边形网格模型。它可在数秒内查找并修复成千上万的问题，如果需要也可提供问题区域的手工查询。

2．Imageware

Imageware 是美国 EDS 公司的产品，后被德国 Siemens PLM Software 收购，后被并入其旗下的 NX 产品线，是著名的逆向工程应用软件。Imageware 采用 NURBS 技术，有强大的点云处理能力、曲面编辑能力和 A 级曲面的构建能力。Imageware 广泛应用于汽车、航空、航天、消费家电、模具、计算机零部件等设计与制造领域，它拥有广大的用户群，国外有 BMW、Boeing、GM、Chrysler、Ford、Raytheon、Toyota 等国际大公司，国内有上海大众、上海 DELPHI、成都飞机制造公司等大型企业。Imageware 最早应用于航空航天和汽车工业，因为这两个领域对空气动力学性能的要求很高，在产品开发的初始阶段就需考虑空气动力性的设计。Imageware 的设计流程：根据工业造型需要设计出结构→制作出油泥模型→将其送到风洞实验室去测量空气动力学性能→根据试验结果对模型进行反复修改，直到获得满意结果为止→对最终得到的油泥模型，利用三坐标测量仪测出模型表面的点阵数据→利用 Imageware Surfacer 进行处理→获得 class 1 曲面。

（1）主要功能

1）Surfacer——是逆向建模和 class 1 曲面的生成工具，按照点→曲线→曲面的创建过程，生成过程简单和清晰、易于使用。

2）Verdict——用于对测量数据和 CAD 数据进行对比评估。

3）Build it——用于提供实时测量能力，验证产品的制造性。

4）RPM——用于生成快速成型数据。

5）View——其功能与 Verdict 相似，主要用于提供三维报告。

（2）特点

1）对硬件要求不高，可运行于各种平台，如 UNIX 工作站、个人计算机均可，操作系统可以是 UNIX、Windows10 或其他平台。

2）高级曲面处理方面具有技术优势，产品一经推出就占领了很大的市场份额，软件收益曾以 47%的年增长率快速增长。

3）英国 Triumph Motorcycles 有限公司的设计工程师 Chris Chatburn 认为：利用 Surfacer 可以在更短的时间内完成更多的设计循环次数，这样可以减少 50%的设计时间。

（3）工作流程

1）读入点阵数据。如图 1-11 所示，Surfacer 可读入几乎所有的三坐标测量数据，此外还可以接收其他格式，例如 STL、VDA 等。

2）点阵对齐。有时候由于零件形状复杂，一次扫描无法获得全部的数据，或是零件较大而无法一次扫描完成，这就需要移动或旋转零件，这样会得到很多单独的点阵。Surfacer 可以利用诸如圆柱面、球面、平面等特殊的点信息将点阵准确对齐。

3）去除噪声点（即测量误差点）。由于受到测量工具及测量方式的限制，有时会出现一些噪声点，Surfacer 有很多方法对点阵进行判断并去除噪声点，以保证结果的准确性。

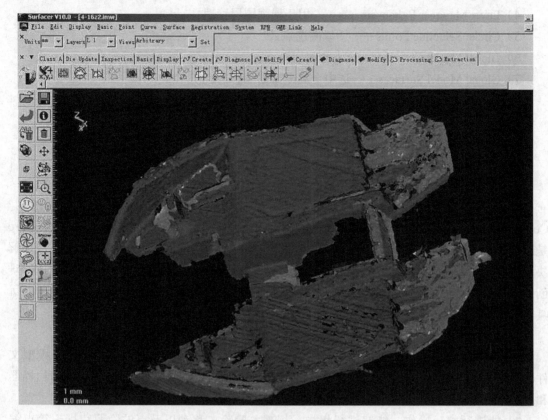

图 1-11　Imageware 中的点云

4）创建曲线。曲线可以是精确通过点阵的，也可以是很光顺的（捕捉点阵代表曲线的主要形状），或介于两者之间。控制点增多则形状吻合度好，控制点减少则曲线较为光顺。根据需要创建曲线，可以改变控制点的数目来调整曲线。

5）修改曲线。通过曲线的曲率判断曲线的光顺性，检查曲线与点阵的吻合性。可以使用 Surfacer 工具改变曲线与其他曲线的连续性（连接、相切、曲率连续），调整和修改曲线。

6）创建曲面。零件由多曲面构成，对于每一个曲面，可根据特性判断用什么方式来构成。如直接由点的网格生成，就可以考虑直接采用这一片点阵；如采用多段曲线蒙皮，就可以考虑截取点的分段。提前规划需要创建点的网格或点的分段，可以避免以后走弯路。

7）修改曲面。比较曲面与点阵的吻合度，检查曲面的光顺性及与其他曲面的连续性，同时可以进行修改，例如可以让曲面与点阵对齐，可以调整曲面的控制点让曲面更光顺，或对曲面进行重构等处理。

（4）Imageware 12.1 介绍

1）Opening NX Parts in Imageware——用以直接打开 NX 模型。

2）Importing an Image as a Point Cloud——直接输入一个图片作为点云处理。

3）Using Custom Views——用以自定义视图。

4）Layer Manager Enhancements——用于增强图层管理。

5）Circle-Selecting Points——用以圈选点云。

6）Global Model Clouds——选中全局模型点云。

7）Global Model Surfaces——选中全局模型曲面。

8）Feature-Based Alignment——基于特征的对齐方式。

9）SPT Alignment——SPT 对齐方式。

10）Mode Bar Toggles——模式切换工具条。

11）Minor Enhancements and Bug Fixes——增强镜像功能并修正缺陷。

3. CopyCAD

CopyCAD 曾是英国 DELCAM 公司的产品，2013 年被美国 Autodesk 公司收购。CopyCAD 能够接收来自坐标测量机床的数据，同时跟踪机床和激光扫描器。CopyCAD Pro 是逆向/正向混合设计 CAD 系统，采用全球首个三角形、曲面和实体混合造型技术，成功解决了逆向工程中不同系统相互切换、烦琐耗时等问题，使"逆向重构+分析检验+外形修饰+创新设计"在同一系统下完成。CopyCAD Pro 可广泛应用于汽车、航天、制鞋、模具、玩具、医疗和消费性电子产品等制造行业。

（1）主要功能

1）能接收输入。可接收的输入类型有数字化点数据输入，DUCT 图形和三角模型文件，坐标测量CNC机床提供的文件，分隔的ASCII码和 NC 文件，激光扫描器、三维扫描器和 SCANTRON 提供的文件，PC ArtCAM 文件，以及 Renishaw MOD 文件。

2）能进行点云操作。能够进行相加、相减、删除、移动以及点的隐藏和标记等点编辑，能够根据测量探针大小对模型的三维偏置进行补偿，能够进行模型的转换、缩放、旋转和镜像等操作，能够对平面、多边形或其他模型进行修剪。

3）能进行三角测量。能对用户设置的数字化模型进行三角测量，包括：

① 原始的——用于法线设置。

② 尖锐——用于尖锐特征强化。

③ 特征匹配——用于来自点法线数据的特征。

④ 关闭三角测量——为了快速绘图可以关闭模型。

4）能提取特征线。

① 边界——转换模型外边缘为特征线。

② 间断——为找到简单的特征（如凸出和凹下）而探测数据里的尖锐边缘。

③ 识别——能够把数字化扫描线转换为特征线。

④ 提取——能够从点文件中摘取多线条和样条曲线。

5）能进行曲面错误检查。比较曲面与数字化点数据，报告最大限、中间值和标准值的错误背离，对错误图形形象地显示其变化。

6）能输出。能输出 IGES、CADDS4X，STL ASCII 码和二进制，DUCT 图形、三角模型和曲面，分隔的 ASCII 码。

（2）特点 CopyCAD 人性化的用户界面使用户可在极短的时间内快速掌握其功能。用户熟练使用后，能快速编辑曲面点云数据，借以生成高质量的复杂曲面。该软件系统可以完全控制曲面边界的选取，并根据设定的公差自动产生光滑的多块曲面，同时还能够确保在连接曲面之间的正切的连续性。

4. RapidForm

RapidForm 是韩国 INUS 公司的产品，现已被美国 Raindrop 公司收购。RapidForm 提供了新一代运算模式，实时将点云数据处理成无接缝的多边形曲面；点云排列有无顺序均能处理；为 3D Scan 的后处理提供了优化的接口。

（1）主要功能

1）提供过滤点云工具、分析表面偏差的技术，消除 3D 扫描仪所产生的不良点云。

2）支持彩色 3D 扫描仪，具有彩色点云数据处理功能，可以生成最佳化的多边形，并将颜色信息映像在多边形模型中。

3）在曲面设计过程中颜色信息将完整保存，运用快速成型机可以制作出有颜色信息的模型。通过实时上色编辑工具，还可以直接对模型设定颜色。

4）具有点云合并功能，对多个点扫描数据后可经手动方式将特殊的点云加以合并。

（2）工作流程　RapidForm 的工作流程如图 1-12 所示。

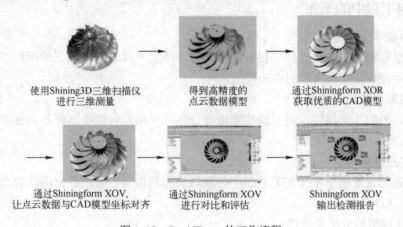

图 1-12　RapidForm 的工作流程

1.4　逆向工程的工作流程

1.4.1　正、逆向工程的工作流程对比

在逆向工程中，按照现有的零件原型进行设计生产，零件所具有几何特征与技术要求都包含在原型中。在正向工程中，按照零件最终所要承担的功能，进行从无到有的设计。从概念设计出发，到最终形成 CAD 模型，正向工程是一个确定的明晰过程，而逆向工程是对现有零件原型数字化，形成 CAD 模型的反求过程，是一个推理、逼近的过程。更高层次的逆向工程，则是一个再设计、再创造和不断创新的过程。逆向工程的工作内容如图 1-13 所示。

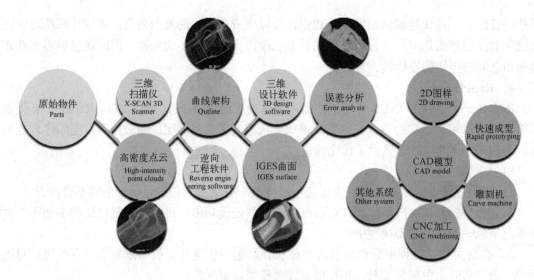

图 1-13　逆向工程的工作内容

1.4.2　逆向工程中的工作

1. 零件数字化测量

采用三坐标测量机或激光扫描仪等测量装置，测量零件表面点的三维坐标值，使用逆向工程专业软件接收并处理离散的点云数据。

2. 提取零件的几何特征

按测量数据的几何属性，对三维模型进行分割，采用几何特征匹配与识别的方法，获取零件所具有的设计与加工特征。

3. 零件三维重构

将分割后的三维模型在 CAD 系统中分别做曲面的拟合，通过各曲面片的求交与拼接，获取零件的 CAD 模型。

4. CAD 模型的分析及改进

对重构的 CAD 模型，从产品的用途、零件在产品中的地位、功用，进行原理和功能分析，确保产品良好的人机性能，并实施有效的改进创新。

5. CAD 模型的校验与修正

根据获得的 CAD 模型，采用重新测量和加工出样品的方法，对重建的 CAD 模型进行校验看是否满足精度或其他试验性能指标的要求。对不满足要求者，重复以上过程，直至达到零件的功能、用途等设计指标的要求。

6. 零件原型的快速成型

获得 CAD 模型后，采用快速成型或数控加工的方法加工出样品或进行小批量生产制造。

1.5　逆向工程关键技术

逆向工程关键技术为数据采集与处理（即数字化技术）和曲面构造（即建模技术），

辅以其他技术手段,构成逆向工程技术体系。逆向工程支撑技术体系的原理框图如图 1-14 所示。

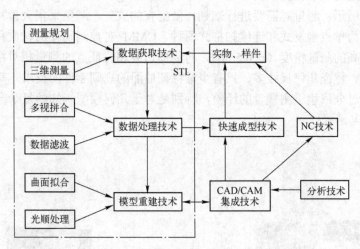

图 1-14　逆向工程支撑技术体系的原理框图

1.5.1　数据的采集与处理

在逆向工程技术中,零件模型数字化是关键的第一步。只有获取正确的测量数据,才能进行误差分析和曲面比较,实现 CAD 曲面建模。

1. 数据的采集方法

目前,数字化测量主要分为接触式测量和非接触式测量两大类,每一大类中因原理、方法的不同分为多种测量方法,如图 1-15 所示。

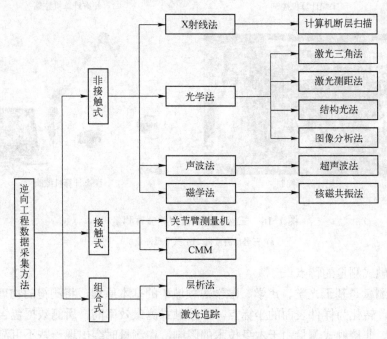

图 1-15　逆向工程数据采集方法的分类

（1）接触式测量的特点

接触式测量采用三坐标测量机（Coordinate Measuring Machining，CMM）和关节臂测量机，如图 1-16 所示。测量时需要进行规划，做到有的放矢，避免采集大量冗余数据。按采样方式，又可分为单点触发式和连续扫描式两种。CMM 对被测物体的材质和色泽没有特殊要求，可达到很高的测量精度（±0.5μm），对物体边界和特征点的测量相对精确，适用于没有复杂内部型腔、特征几何尺寸多、只有少量特征曲面的规则零件的反求。其主要缺点是效率低，测量过程过分依赖于测量者的经验，特别是对于几何模型未知的复杂产品，难以确定最优的采样策略与路径。

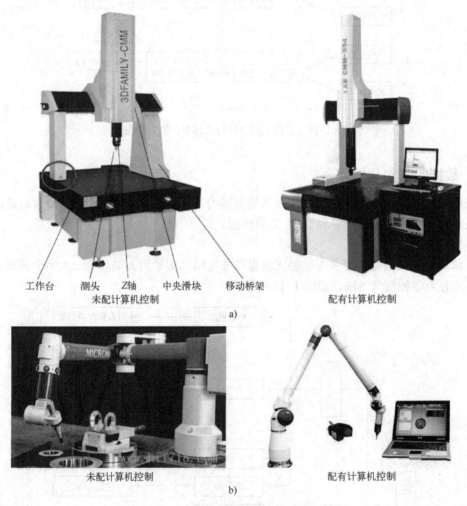

工作台　测头　Z轴　中央滑块　移动桥架
未配计算机控制　　　　　　　　配有计算机控制
a)

未配计算机控制　　　　　　　　配有计算机控制
b)

图 1-16　三坐标测量机和关节臂测量机
a）三坐标测量机　b）关节臂测量机

（2）非接触式测量的特点

非接触式测量是基于光学、声学、磁学等领域中的基本原理，将测得的物理模拟量，通过适当的算法，转化为样件表面的坐标点。非接触式测量效率高，所测数据包含被测物体足够的细节信息。非接触式测量由于本身技术的限制，在测量时会出现一些不可测区域（如型

16

腔、小的凹形区域等），会造成测量数据不完整。同时，此种测量方式所产生的数据过于庞大，会增大数据处理和曲面重建的负担。

2. 测量原理及应用特点

（1）接触式测量的测量原理及应用特点

三坐标测量机由三个相互垂直的运动轴 X、Y、Z 建立起一个直角坐标系。测头的一切运动都在这个坐标系中进行。测头的运动轨迹由测球中心点来表示。测头分机械式和电气式两种类型。机械式测头一般都包含有三个电子接触器。当测杆接触物体使测杆偏斜时，至少有一个接触器断开，此时机器的 X、Y、Z 轴光栅被读出。这组数值表示此时的测杆球心位置。记录后，获取物体三维点坐标值。三坐标测量机与测头的工作原理如图 1-17 所示。

1）静态：测量时，被测零件置于工作台上，手动操纵测头与零件表面接触，三坐标测量机的检测系统可以随时给出测球中心点在坐标系中的精确位置。

2）动态：测头自动沿工件的几何型面移动时，经补偿处理，得出被测几何型面上即时的各点的坐标值，将这些数据送入计算机，通过相应的软件进行处理，可以精确地计算被测工件的几何尺寸和几何公差等。

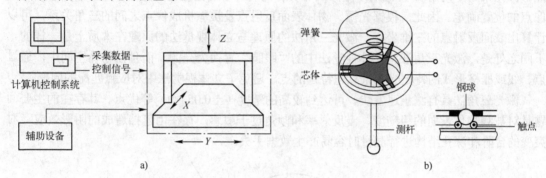

图 1-17　三坐标测量机与测头的工作原理

a) 三坐标测量机的工作原理　b) 机械式测头的工作原理

（2）非接触式测量的测量原理及应用特点

非接触式测量方法有立体视觉法、激光三角法、投影光栅法等，以下分别介绍。

1）立体视觉法的原理及应用特点。立体视觉法又称为双目视觉法或机器视觉法，其基本原理是从两个（或多个）视点观察同一物体，以获取不同视角下的感知图像，通过三角测量原理，计算图像像素间的位置偏差（即视差），获取物体的三维信息，这一过程与人类视觉的立体感知过程是类似的。

立体视觉法的原理如图 1-18 所示。其中，P 是空间中任意一点，C_1、C_2 是两个摄像机的焦点，类似于人的双眼，P_1、P_2 是 P 点在两个成像面上的像点。空间点 P、C_1、C_2 形成一个三角形，且连线 C_1P 与像平面交于 P_1 点，连线 C_2P 与像平面交于 P_2 点。因此，若已知像点 P_1、P_2，则连线 C_1P_1 和 C_2P_2 必交于空间点 P。这种确定空间点坐标

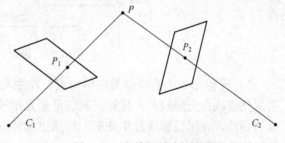

图 1-18　立体视觉法的原理

的方法，称为三角测量原理。

一个完整的立体视觉系统，通常由图像获取、摄像机标定、特征提取、立体匹配、深度确定和内插六部分组成。它模拟了人类视觉的功能，可以在多种条件下灵活地测量物体的立体信息，而且通过采用高精度的边缘提取技术可以获得较高的空间定位精度（相对误差为1%~2%）。因此，在计算机被动测距中得到了广泛应用。但立体匹配始终是立体视觉中最重要的也是最困难的问题。其有效性有赖于三个问题的解决，即选择正确的匹配特征，特征间的本质属性，以及建立能正确匹配所选特征的稳定算法。目前，已经形成了大量各具特色的匹配算法。但场景中光照、物体的几何形状与物理性质、摄像机特性、噪声干扰和畸变等诸多因素的影响，对立体匹配仍未有很好的解决方案。尽管如此，这仍是目前被动测距中最广泛应用的测量方法。

2）激光三角法的原理及应用特点。激光三角法是目前最成熟、应用最广泛的一种主动式测量方法。激光三角法的原理如图 1-19 所示。由激光源发出的光束经扫描装置的反射镜变向后，投射到被测物体上。图 1-19 中，摄像机固定在某个视点上，观察物体表面的漫射点。激光束的方向角 α 为已知，摄像机与反射镜间的基线位置也为已知；β 可由焦距 f 和成像点的位置确定。因此，根据光源、物体表面反射点及摄像机成像点之间的三角关系，可以计算出表面反射点的三维坐标。激光三角法的原理与立体视觉法的原理在本质上是一样的，不同之处是，激光三角法将立体视觉法中的"眼睛"置换为光源，而且在物体空间中，通过点、线或栅格形式的特定光源来标记特定的点，避免了立体视觉法中对应点匹配的问题。

激光三角法具有测量速度快、可达到较高的精度（±0.05 mm）等优点。其存在的主要问题是对被测物体表面的粗糙度、漫反射率和倾角过于敏感，存在由遮挡造成的阴影效应，对突变的台阶和深孔结构进行测量时容易产生数据丢失。

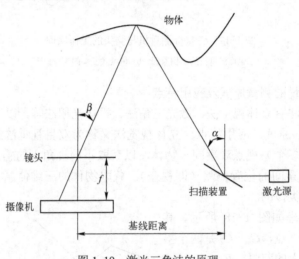

图 1-19　激光三角法的原理

3）投影光栅法的原理及应用特点。在主动式测量方法中，除了采用激光以外，也可以采用光栅或白光源投影。投影光栅法是把光栅投影到被测物体表面上，受到被测物体表面高度的制约，光栅投影线发生变形，传递出物体表面的三维信息，解析变形的光栅影线，即可得到被测表面的高度信息。

投影光栅法的原理如图 1-20 所示。入射光线 P 照射到参考平面上的 A 点；放上被测物体后，光线 P 照射到物体上的 B 点。此时沿着入射光线 P 的折射线方向观察，A 点就移动到新的位置 C 点。距离 AC 对应了物体表面的高度信息 $Z=h(x,y)$，即高度映射了表面形状。按照不同的解析原理，形成了诸如莫尔条纹法、傅里叶变换轮廓法和相位测量法等多种投影光栅法。

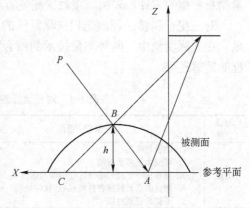

图 1-20　投影光栅法的原理

投影光栅法的优点是测量范围大、速度快、成本低且精度较高（±0.04mm），其缺点是只能测量表面起伏不大、较平坦的物体，对于表面变化剧烈的物体，在陡峭处往往会发生相位突变，使测量精度大大降低。

3．其他测量方式及原理

（1）工业 CT 法

工业 CT（Industrial Computer Tomography，ICT）法是测量三维内轮廓曲面的方法之一，属于非接触式测量。它利用一定波长、强度的射线，从不同方向照射被测物体，根据光电转换器件采集射线的强弱，用图像处理技术测得被测物体表面的形状。

该方法的优点是可对被测物体内部的结构进行无损测量，对内部结构有透视能力；其缺点是空间分辨率较低，在物体外缘处有时模糊不清，数据获取所需时间较长，重建图像的工作量很大，目前现场应用还很少。

（2）层析法

层析法也称逐层切削扫描法或 CGI（Capture Geometry Inside）法。它是将被测量的物体放在工作台上装夹好，通过数控系统控制铣刀的进给速度，一层层地切削出被测物体的截面；再用 CCD 摄像获得每一个截面的轮廓图像，通过一系列的图像处理技术得到每一层的数据。这种测量方法可以精确获得被测物体的内、外曲面的轮廓数据。

层析法比工业 CT 法的测量精度更高，成本更低，测量更方便；但这种测量方法是一种破坏性的测量，一般用于刚性物体的测量。

综上所述，非接触式测量可以从根本上解决接触式测量所产生的种种缺陷，其测量速度快，已成为自由曲面测量的一个发展方向；但非接触式测量的测量准确度受被测表面反射特性的影响很大，国内外对非接触式测量的研究大都集中在非接触式测量方法和激光位移传感器的研制与革新上，以期进一步提高测量准确度、可靠性和测量范围。

4．测量策略

精度与速度是数字化测量最基本的指标。测量的精度决定了 CAD 模型的精度和反求的质量；测量速度则影响着反求过程的快慢，决定了逆向工程的工作效率。应用中，根据被测物体的特点及对测量精度的要求，选择对应的测量方法。接触式测量中，三坐标测量机是应用最广泛的一种测量设备。非接触式测量中，结构光法是目前最成熟的三维形状测量方法，在工业界广泛应用，德国 GOM 公司研发的 ATOS 测量系统、Steinbicher 公司研发的 COMET 测量系统都是这种方法的典型代表。在只测量尺寸、位置要素的情况下，尽量采用接触式测量；在考虑测量成本且能满足要求的情况下，尽量采用非接触式测量。对曲面轮廓及尺寸精度要求较高的产品，采用非接触式扫描测量；对易变、精度要求不高、要求获得大量测量数据的零件，采用非接触式测量方法。

对三坐标测量法和激光扫描测量法的比较见表 1-1。每一种测量方法，都有其优势与不足。在实际测量中，两种测量技术的结合能够为逆向工程带来应用中的弹性，有助于逆向工程的适时进行。

表 1-1　对三坐标测量法和激光扫描测量法的比较

测量方法	三坐标测量法	激光扫描测量法
优点	1. 测量精度高 2. 可采用更多新技术 3. 具备在一定遮挡场合进行测量的能力 4. 测量的点云数据容易被 CAD 软件处理 5. 不破坏被测对象	1. 测量速度快，效率高 2. 测量的点云密度大，有助于建模的可视化和细节分析 3. 无需过多的测量规划 4. 不破坏数字化对象 5. 可以对柔软或易碎对象进行测量
缺点	1. 测量过程用时长，测头半径补偿繁琐 2. 不能对物体内部实现测量 3. 对软工件或易碎件的测量能力有限 4. 测量前需进行相应的规划和拟定策略 5. 测头的半径大小限制了对工件细部特征的测量	1. 对高反射光或发散光的工件表面进行测量，需要使用着色剂 2. 不能对物体内部或被遮挡的几何特征进行测量 3. 所采集的高密度点云数据不易被 CAD 软件处理 4. 技术成本高 5. 占地面积大

5. 研究方向

目前，除了充分发挥现有数字化方法的优势外，一个重要的研究方向就是以传感器和信息融合为基础，开发汇集多种数字化方法的测量集成系统。其中三坐标测量机与立体视觉法的集成，在测量速度、精度与物理特性等方面具有较强的互补性，是最具有发展前景的集成测量法。如何提高集成过程中的自动化、智能化程度，以下的一些关键问题值得进一步研究：

1）基于立体视觉法的边界轮廓和物体特征的识别方法。

2）三坐标测量机智能化测量技术。

3）高效的多传感器数据融合方法。

4）考虑后续模型重建的要求，对数字化过程与表面重构的集成化研究。

6. 数据处理

（1）数据分割

为使测量数据具备合理性，需对测量数据进行除噪、测头半径补偿、数据分块等；为使测量数据具备完整性，需对测量数据进行数据多视拼合、补测数据的融入等。

对物体表面测量数据的处理方法一般可以分为两大类：一类是基于边界分割法，一类是基于区域分割法。基于边界的分割法，首先估计出测量点的法向矢量或曲率，然后根据法向矢量或曲率的突变来判定边界的位置，并经边界跟踪等处理方法形成封闭的边界，将各边界所围区域作为最终的结果。由于在分割过程中，只用到边界局部数据以及微分运算，因此这种方法易受到测量噪声的影响，特别是对于缓变型面的曲面，该方法并不适用。

（2）数据分块

对测量数据进行分块，可将复杂的数据处理问题简单化，使后期的曲面局部编辑变得方便灵活，有利于提高曲面重构精度。很多参数曲面在曲率大范围变化时，拟合状况并不理想。因此，采用曲率法检测数据分块区的边界线，有利于曲面的拟合和重构。对散乱点的数据分块，主要分为基于边和基于面这两种方法。基于边的方法是根据目标点周边点集的几何和数值微分特性，完成点的特征线信息。当曲面片间为光滑过渡时，需寻求高阶微分。基于边的方法所存在的问题是有效点占有率偏低及检测不稳定。

（3）数据精简

多次测量后的数据点通常比较密集，存在大量重叠点，给后续处理以及存储、显示、传送都带来不便，降低了几何模型重构的效率。根据曲率变化和空间精简相结合的方法，对点云数据进行精简，可有效地减少点云数量，又精确地保持物体的几何特征。其采用的三维栅格法可对点云空间划分，避免了距离的重复计算，提高了点的搜索速度，为后续曲面重构和建模提供了良好的基础。

（4）数据拼合

数据拼合是在数据多视拼合的基础上，基于曲率改进的最近点迭代（ICP）算法。在改进的主方向贴合法中实现预配准的基础上，通过求取被测物体的曲面特征点，使用曲率相似的点作为初始匹配点对，然后采用 k-d 树加速搜索最近点，应用最近点迭代（ICP）算法，求解与特征点对所匹配的最小二乘目标函数，从而得到精确的匹配效果。点云拼接的平均误差小于 0.03mm。

1.5.2　CAD 建模技术

1. 建模概述

产品的 CAD 建模包括物体离散数据点的网格化、特征提取、表面分片和曲面生成等，是逆向工程中关键的一环，可为工程分析、创新设计和加工制造提供数学模型支持。其内容涉及图像处理、图形学、计算几何、测量等众多交叉学科和工程领域，是国内外相关学术界，尤其是 CAD/CAM 领域被广泛关注的热点和难点问题。

产品只有一个曲面的不多，通常由多个曲面混合而成。由于曲面类型不同，CAD 模型重建的步骤是，先根据几何特征对点云数据进行分割，然后对各个曲面片进行拟合，再通过曲面的过渡、相交、修剪、倒圆等手段，将多个曲面"缝合"成一个整体，重建出 CAD 模型。

2. 建模软件

在逆向工程技术应用初期，由于没有专用的逆向工程应用软件，只能选择一些正向的 CAD 系统完成模型的重建。后来，为满足复杂曲面重建的要求，一些软件商在其传统的 CAD 系统中集成了逆向造型模块，如 Pro/Scan-Tools、Point Cloudy 等。随着逆向工程技术及理论研究的深入进行，以及其商业成果的广泛应用，大量的商业化逆向工程 CAD 建模系统不断涌现。当前，市场上逆向建模功能的系统多达数十种，代表性的有西门子公司的 Imageware、Geomagic 公司的 Geomagic Studio、Paraform 公司的 Paraform、PTC 公司的 ICEM Surf、Autodesk 公司的 CopyCAD 及浙江大学的 Re-Soft 等。

各种专用逆向工程软件建模的侧重点不一样。Imageware 功能齐全，具有多种多样的曲线曲面创建和编辑方法，但是它对点云进行区域分割还依赖建模人员在特征识别的经验手动完成，不能自动实现特征匹配。Geomagic 的区域自动分割能力很强，可以完全自动地实现曲面重建，但是其创建特征线的方式单一，重建的曲面片之间连续程度不高。

3. 建模方式

依据曲面重建的特点，可以将曲面重建的方式分为传统曲面造型方式和快速曲面造型方式两类。

（1）传统曲面造型方式

1）在实现模型重建上，通常有以下两种方法。

① 曲线拟合法：将测量点拟合成曲线，由曲线构建成曲面（曲面片），对各曲面片添加过渡约束和拼接操作，完成曲面模型的重建。

② 曲面片拟合法：对测量数据进行拟合，生成曲面（曲面片），最后对曲面片进行过渡、拼接和修剪等曲面编辑操作，完成曲面模型的重建。

2）建模思路。传统曲面造型方式的建模流程为点→线→面，如图 1-21 所示。它使用NURBS 曲面，直接由曲线或测量点来创建曲面。其代表软件有 Imageware、ICEM Surf 和CopyCAD 等。该方式提供了两种基本建模思路。一种是点到曲面的建模方法。这种方法是在点云进行区域分割后，应用参数曲面片对各个特征点云进行拟合，获得对应特征的曲面基元，进而对各曲面基元进行处理，获得目标重建曲面。另一种是点到曲线再到曲面的建模方法。根据用户经验，这种方法在构建特征曲线的基础上，实现曲面造型，而后通过对应的处理，获得目标重建曲面。

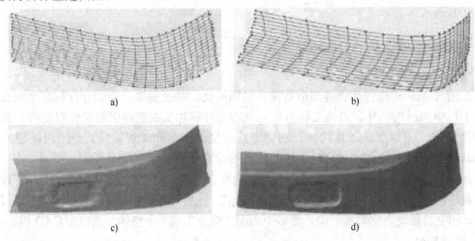

图 1-21　传统曲面造型

a) 由点云划分网格　b) 曲线网格图　c) 由曲线网格拟合曲面　d) 由点直接拟合曲面

3）建模特点。传统曲面造型方式延续了正向曲面造型的方法。在点云处理与特征区域分割、特征线的提取与拟合特征曲面片方面，提供了多样化的方法。配合建模人员的经验，容易完成高质量的曲面重建。但曲面重建中，需要投入大量建模时间，需要经验丰富的建模人员的参与。基于 NURBS 曲面建模技术，在曲面模型几何特征的识别、重建曲面的光顺性与精确度的平衡上，对建模人员的建模经验提出了很高的要求。

（2）快速曲面造型方式

该方式通常是将点云模型进行多边形化，随后通过多边形模型进行 NURBS 曲面拟合操作，实现曲面模型的重建。其代表软件有 Geomagic Studio 和 Re-Soft 等。

1）建模思路。快速曲面造型方式是通过对点云的网格化处理，建立多面体化表面来实现的。一个完整的网格化处理过程通常包括以下步骤：①从点云中重建三角网格曲面；②对该三角网格曲面分片，得到一系列有四条边界的子网格曲面；③对这些子网格逐一参数化；④用 NURBS 曲面片拟合每一片子网格曲面，得到保持一定连续性的曲面样条，由此得到用

NURBS 曲面表示的 CAD 模型，可以用 CAD 软件进行后续处理。Geomagic 的"三阶段法"是快速曲面造型的典型应用，如图 1-22 所示。

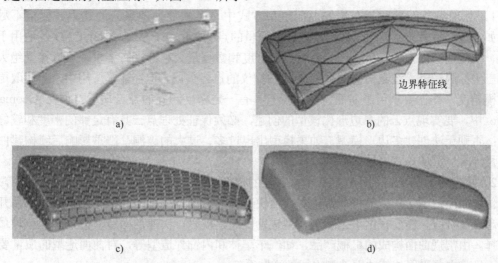

图 1-22　快速曲面造型的典型应用

a) 原始点云　b) 三角网格曲面　c) 子网格曲面　d) NURBS 曲面 CAD 模型

2）建模特点。快速曲面造型方式操作简单、直观，适用于快速计算和实时显示的应用场景，顺应 CAD 造型系统和快速成型制造系统，目前应用广泛。然而，该方式计算量大、对计算机硬件要求高，点云的快速适配时高阶 NURBS 曲面不足，曲面片之间难以实现曲率连续，难以实现高级曲面的创建。

（3）两种曲面造型方式的比较

传统曲面造型方式和快速曲面造型方式完成曲面造型的工作流程如图 1-23 所示。

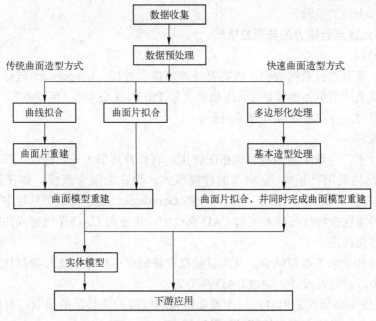

图 1-23　曲面造型的工作流程

由图 1-23 可见，两类曲面造型方式的差异，主要表现在处理对象、重建对象及等方面。

1）处理对象的异同。在传统曲面造型方式中，各软件处理点云的能力、要求不尽相用。如 Pro/Scan-Tools 适用于低密度、较差质量的点云；ICEM Surf、CopyCAD 等适用于高质量、密度适中的点云；Imageware 对点云密度和数据量大小都没有要求，可以接受绝大部分的三坐标测量机、激光扫描仪、X 射线扫描仪的点云数据。但在建模应用中，为获取更好的建模精度，往往要求用于曲面重建的点云具有一定密度和好的点云质量。如在 Geomagic Studio 中，要实现点云的多边形化模型的创建，必须保证处理点云具有足够的密度和较好的质量；否则无法创建多边形模型，如果模型出现过多、过大的破洞，严重影响后续构建曲面的质量。

2）重建对象的异同。重建具有丰富特征的模型曲面（如工艺品、雕塑、人体设计等），使用传统曲面造型方式就显得非常困难，而快速曲面造型方式则能胜任。此外，在产品开发的概念设计阶段，需要根据手工雕刻模型进行快速建模时，快速曲面造型方式便是一种最佳的选择。由常规曲面构成的机械产品，如汽车车体和内饰件造型等，对曲面造型的质量要求很高，目前主要采用传统曲面造型方式的逆向系统。

3）建模质量的异同。评价逆向建模的质量，主要是曲面的光顺性和重建精度。

① 从曲面的光顺性角度看，尽管在一些领域快速曲面造型方式取得了令人满意的成果，但曲面重建中，各曲面片之间往往只能实现相切连续，难以实现曲率连续。因无法构建高品质的曲面，这限制了快速曲面造型方式在产品制造上的应用。相比而言，传统曲面造型方式提供了结合视觉与数学的检测工具，以及高效率的连续性管理工具，能同步地对构建的曲线、曲面进行检测，提供即时的分析结果，且更容易实现高品质的曲面构建。

② 在重建精度方面，两者均可获得较高精度的重建曲面，但精度影响因素不同。快速曲面造型遵循相对固定的操作步骤，精度更多依赖于处理软件的性能；而传统曲面造型方式则更依赖于操作人员的经验。

4. 各软件处理点云能力的异同及策略

（1）能力异同

Imageware 读取点云数据较快，较容易处理海量点数据。Imageware 进行曲面拟合时，其提供的工具及曲面质量不如其他 CAD 软件（如 Pro/E、UG 等），但 Pro/E、UG 等软件处理海量点云数据时，存在着速度太慢等问题。

（2）使用策略

在工程设计中，一般采用多种软件搭配使用、取长补短的方式。因此，在实际建模过程中，建模人员往往采用"正向+逆向"的建模模式，也称为混合建模。如在正向造型软件 Imageware 的基础上，配备专用的逆向造型软件 Geomagic。在逆向造型软件中，先构建出模型的特征线，再将这些特征线导入正向 CAD 系统中，由正向 CAD 系统完成曲面重建。

（3）混合建模理论

将正向设计和反求工程相结合，从测量数据中提取出可以重新进行参数化设计的特征、约束及设计意图，进行再设计，完成 CAD 模型。

1）混合建模主要研究的内容：二次曲面特征和过渡曲面特征的提取；自由曲面重构的逼近精度和光顺性；重构曲面与相邻曲面的连续性。

2）混合建模技术：基于切片法重构区域边界的定义；用最小二乘逼近数学模型、逼近曲面迭代进行求解；点云切片技术的蒙皮曲面重构；无约束的自由曲面逼近重构；带有边界约束，双三次 B 样条曲面重构；恢复曲面模型的相切连续性，相邻两曲面公共边界处位置和法向矢量的调整；曲面搭接、多曲面间的矩形拓扑、修剪区域的局部孔混合、局部 B 样条插值和局部 B 样条逼近。

3）曲面光顺法：在优化目标函数中加入简化的曲面能量模型，以控制曲面的光顺性。在曲面光顺中，采用能量法、次数升阶、小波分解三种 B 样条等曲面光顺方法。为了保证光顺后，曲面模型的整体连续性，采用带位置约束和跨边界切矢约束的 B 样条曲面能量光顺方法，并进行边界条件预处理，松弛边界约束，使设计曲面与周边曲面达到相切、曲率连续，符合工程要求。

1.6　逆向工程技术的发展

目前，逆向工程技术在数据处理、曲面处理、曲面拟合、规则特征识别、专用商业软件和三维扫描仪的开发等方面，已取得了非常显著的进步；但在实际应用中，因缺乏有效的建模指导，整个过程仍需大量的人工交互，操作者的经验和素质严重影响着产品的质量，自动重建曲面的光顺性难以保证，对建模人员的经验和技术技能依赖较重。目前，逆向工程CAD 建模软件大多仍以构造满足一定精度和光顺性要求为最终目标，没有考虑产品创新需求。因此，逆向工程技术将仍然是 CAD/CAM 领域中需深入研究的方向。

1.6.1　尚存问题

综合起来，逆向工程技术的应用尚存在如下的问题：

1. 数字化问题

对实物外形的数字化仍存在较大的误差，其数字化过程仍缺乏智能匹配特征、智能导航的测量过程。

2. 点云的处理问题

测出实物点云数据后，如何快速、准确地处理为 NURBS 曲面或 B 样条曲面，仍然是一个难度很高的工作；曲面的光顺与精度是一对矛盾，目前解决该矛盾仍需要凭技术人员的经验来解决；智能匹配特征、智能导航快速建模技术远远不够。

3. 数据传递问题

曲面重构后，各种逆向工程、CAD/CAM 软件系统的数据格式不同，数据文件从一种软件系统传输到另一种软件系统时，曲面容易发生扭曲、断裂的畸变。另外，CAD 软件与快速成型软件的连接一般采用 STL 数据格式，而 STL 数据格式不仅本身存在缺陷，而且在零件越复杂、精度要求越高的 CAD 模型转化并输出 CAD 模型时，出现的错误和缺陷就越多。

4. 系统集成化问题

逆向工程设计过程中，系统集成化程度比较低，人工干预的比例大，将来有望形成集成化逆向工程系统，以软件的智能化来代替人工干预的不足。

1.6.2　建模技术的发展历程

逆向工程的 CAD 建模技术经历了以下三个发展阶段。

1．以几何形状的 CAD 建模

比较实用的逆向工程建模软件中，仍以满足一定精度和光顺性要求、与相邻曲面光滑拼接的曲面来构造 CAD 模型，作为逆向工程的最终目标。

以几何形状重构为目的的逆向工程，其建模方法对于恢复几何原型是有效的；但建模过程复杂、建模效率低、交互操作多，难以实现产品的精确建模。而且该方法缺乏对特征的识别，丢失了产品设计过程中的特征信息，与产品的造型规律不相符合，无法表达产品的原始设计意图。因此，这种建模方法对于表达产品设计意图和创新设计是不适宜的。

2．基于特征的 CAD 建模

基于特征的逆向工程，将正向设计中的特征技术引入逆向工程 CAD 建模思路，形成一种通过抽取蕴含在测量数据中的特征信息，重建基于特征表达的、参数化的 CAD 模型，表达了原始设计意图。该方法具有的优势如下：

1）表达了原始设计信息，可以重建更精确的 CAD 模型，提高 CAD 模型重建的效率。

2）特征包含了产品设计意图，通过对特征参数的修改和优化，可以得到系列化新产品 CAD 模型，从而加快新产品的开发速度。

基于特征的模型重建研究，主要集中在特征识别，包括边界线和曲面特征，其研究对象主要是规则特征。其在 CAD 模型重建方面存在的缺陷是，将模型重建过程分割为孤立的曲面片造型，忽略了产品模型的整体属性。

3．基于创新设计的 CAD 建模

1）内涵 从应用的场景划分，逆向工程可用于两个目标，即原始复制和设计创新。创新的目的，不是对现有产品外形进行简单复制，而是要快速建立产品的 CAD 模型，进而实现产品的创新设计。这样的逆向工程包含了三维重构与再设计，体现了现代逆向工程的核心与实质。

2）要求 基于原型的再设计，应满足内部结构要求，反映产品原始设计意图，以及方便模型的修改。

3）愿景 吸收和消化现有技术的再设计是一种先进设计理念。将逆向工程的各个环节有机结合起来，集成 CAD/CAE/CAM/CAPP/CAT/RP 等先进技术，使之成为相互影响和制约的有机整体，并形成以逆向工程技术为中心的产品开发体系。

4）方向 理解设计意图、识别造型规律是逆向工程 CAD 建模的精髓，支持创新设计是逆向工程的灵魂。从目前的发展水平来看，现有的技术还远不能支持这种高层次的逆向工程需求。目前，根据测量数据的点云生成曲面模型，在模型分割与特征识别方面，仍是公认的薄弱环节，并且缺乏创新设计手段。在这种情况下，从点云的模型分割及特征识别入手，理解原有产品的设计意图，建立便于产品创新设计的 CAD 模型，就显得十分迫切。

5）人才 逆向工程技术的应用是一项专业性很强的工作，需要有专业人才，需要有经验丰富的工程师，需要具有更高专业素质的三维模型重建人员。他们除需了解产品特点、制造方法，熟练使用 CAD 软件、逆向造型软件外，还应熟悉上游的测量设备，甚至必须参与测量过程，了解数据特点，还应了解下游的制造过程，包括制造设备和制造方法等。

1.6.3　逆向工程理论研究的现状

1．国外理论研究现状

以匈牙利人 Varady 为首的研究小组，对逆向工程中的数据分块、曲线曲面拟合、曲面过渡、自由曲面和规则曲面模型的建立等工作进行了研究。Cardiff 大学的 Martin 等和 Varady 紧密合作，他们对规则曲面的拟合、约束的识别和添加、B-rep 结构的建立等方面进行了研究。犹他州立大学的 Thompson 等对约束的添加、基于特征的模型反求、基于知识的逆向工程等进行了研究。俄亥俄州立大学的 Menq 等，对三坐标测量技术、自由曲线曲面拟合、数据分块等进行了研究。随着三维测量技术的发展，建模时对任意拓扑结构、光滑曲面造型的迫切需求也适用于任意拓扑网格的细分曲面，已成为计算机辅助设计和计算机图形学领域内的一个研究热点。离散细分曲面的研究主要分布在三个方向，即各种细分规则的构造、基于细分的实用有效的算法研究和细分曲面连续性的数学分析。这种曲面造型方法在生动逼真的特征动画和雕塑曲面的设计中得到了很好的运用。

2. 国内理论研究现状

国内的浙江大学、武汉大学、西北工业大学、西安交通大学、北京航空航天大学、华中科技大学、南京航空航天大学等，均针对任意拓扑三角网格的 CAD 模型重建进行了研究，例如三角网格模型的去噪、优化等预处理工作，对模型的数据分块以及曲面拟合等。武汉大学杨必胜教授提出的广义点云多细节层次三维建模理论与方法，为精确建模提供了理论算法。例如，如何在去噪的同时减少模型的变形；如何使数据分块的结果符合零件的构形；如何对复杂模型实施分片和 B 样条曲面的整体拟合；如何对既有自由曲面又有规则曲面的复杂模型进行 B-rep 表示；如何提高几百万以上的海量数据的处理速度等。

1.6.4 逆向工程技术未来的研究课题

逆向工程是迅速发展的新兴学科，有很多理论和关键技术未能得到彻底解决。例如，造型精度有待进一步提高；测量建模算法的有效性、效率，建模的误差（测量、算法误差）分析也有待深入。因此，逆向工程系统应向高精度化、快速化、柔性化、自动化方向进一步发展，特别是向具有高度智能化、集成化的逆向工程平台（Reverse Engineering Workbench，REW）方向发展。

为实现上述的目标，需要进一步探讨和研究，主要包括以下几个方面：

1. 测量和处理

1）测量　目前空间测量技术的研发主要集中在如何高速、安全、精确地获取三维几何体内外轮廓曲面的数据。融合计算机图形学、光学等交叉学科新理论，利用计算机技术、图像传感器 CCD 技术、位置传感器等新技术，提高非接触式测量中的测量精度，使测量更简便，操作更人性化、自动化、智能化，可同时获得三维几何体内外曲面轮廓的数据。

2）处理　利用新型云计算处理技术，智能化存储、分析、处理海量的测量数据。发展面向工程应用的智能测量系统，能根据样件几何形状、后续逆向工程应用选择测量方式、完成路径规划和自动测量，能高速、高精度地完成实物数字化。

2. 智能建模

智能建模体现在：自动识别和推理数据点云隐含的特征和约束，以几何信息为出发点进一步研究复杂曲面点云的几何解析，建立基于特征、逆向建模的指导性策略，减少逆向工程 CAD 建模中交互操作及劳动强度。

3. 特征匹配

针对汽车设计、人体建模等应用领域，制订基于模板匹配或定制的自动化逆向建模策略。对其中的自由形状特征，建立参数化表达形式，实现基于参数匹配和智能模型的匹配，便捷完成特征重构。

4．集成技术

发展集成逆向工程技术，包括集成测量技术、基于特征的集成模型重建技术，以及基于网络的协同设计和数字化制造技术的集成。

5．参数化技术

将参数化技术引入逆向工程中，建立参数化的逆向工程模型，以方便模型的优化与修改。同时与主流商业 CAD/CAM 软件无缝集成，充分发挥后者强大的功能。

6．精确变形技术

研究基于特征分割和约束驱动的变形技术，提高逆向工程重建 CAD 模型的改型设计和创新设计能力。

第 2 章　光学扫描测量与应用

【学习提示】

本章作为研修内容，建议不列入教学内容。本章介绍光学扫描应用及知识，重点介绍 ATOS 的光栅投影移相法原理及 ATOS 测量应用，是深入学习、掌握非接触式测量的基础，是以巩固非接触式测量技能，奠定工程测量应用的基础。掌握光栅、激光扫描测量技术，需要长期的工程实训，有条件的学校可以参照本教材的实训，使学生掌握非接触式测量的基本技能；暂无条件的学校可结合本书提供的电子资源，组织学生自学；也可由教师在课堂上组织专题研讨，用 PPT 或其他数字化教学手段，引导学生学习相关知识。

2.1　光学扫描应用

光学扫描与数据处理是指利用光学原理采集物体的三维数据，经专业软件处理后，满足产品设计、质量检测、文物修复等应用的需求。该技术广泛应用于航空航天、机械装备、汽车、模具、文物、影视娱乐等领域。

2.1.1　产品设计

工业产品的设计中，往往通过事先制作油泥模型或者手板，利用光学扫描测量技术获取其三维数字模型，不断对其修改和完善，最终完成产品的设计。采用光学扫描测量技术，为初期设计阶段提供了高质量的产品模型，缩短了设计时间，提高了工作效率，保证设计者优质和高效地进行产品的开发设计。手机壳手板的光学扫描测量应用如图 2-1 所示。

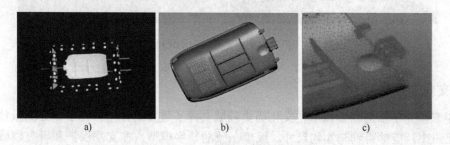

a)　　　　　　　　　　　b)　　　　　　　　　　　c)

图 2-1　手机壳手板的光学扫描应用

a) 实物　b) 扫描效果　c) 局部网格模型

2.1.2　质量检测

质量检测是产品制造的重要环节之一。传统的接触式测量方法，效率低、局限性强、检测范围有限。光学扫描测量技术快速获取产品的点云数据，与产品的 CAD 模型对齐后，可以直接获得被测物体与 CAD 模型之间的尺寸偏差。大型复杂汽车钣金件，采用光学扫描测量技术后，大大提高了汽车零件的检测效率与精度。汽车钣金件三维检测如图 2-2 所示。随着检测需求的增长和人力成本的增加，机器人控制扫描系统进行产品的自动化批量检测已成为制造行业的新趋势，如图 2-3 所示。

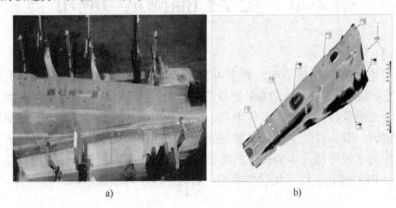

图 2-2　汽车钣金三维检测

a) 待检测的钣金　b) 钣金三维检测色谱图

图 2-3　机器人完成零部件自动化批量检测

2.1.3　文化遗产数字化

近年来，光学扫描测量技术在文化历史领域发挥了重要的作用。光学扫描测量技术应用在文物测量中，能够得到与实物尺寸、纹理一致的数字模型，在文物保护和研究领域有显著的优势和作用。目前，国内一些承载了文化遗产的单位，在文物三维数字化领域已经开展了一些卓有成效的探索和开发。比如故宫、敦煌莫高窟、龙门石窟等单位，利用光学扫描测量技术对馆藏文物、古代建筑及洞窟佛像等，进行三维数据采集及相关研究。

通过光学扫描测量技术获取的文物模型，可作为真实文物的副本进行保存，为文物的保护和进一步研究提供了保障。有些地区通过文物数字化项目的推进，由此建立起完整、准确、永久的文物数字档案。北京天远三维科技有限公司开发的文物三维数据管理系统如图 2-4 所示。图中所示的三维佛像模型取材于河南洛阳龙门石窟数字化博物馆中的馆藏坐佛。

图 2-4　文物三维数据管理系统

光学扫描测量技术是通过数字记录的方法，为文物保护提供检测依据，帮助破损文物完成数字复原，以重建已经不存在的或者被毁坏的历史遗迹。2006 年龙门石窟经过多方努力，终于使流失海外的高树龛佛头像得以回归。在现场不宜保存的情况下，先对石窟内残剩的本体进行扫描，再对回归后的佛头像进行扫描，经过数字处理后，拼接成完整的高树龛佛像数字模型如图 2-5 所示。利用光学扫描测量技术对佛像的虚拟修复技术已成为文物保护修复的重要手段。采用光学扫描测量技术虚拟修复佛像的流程如图 2-6 所示。

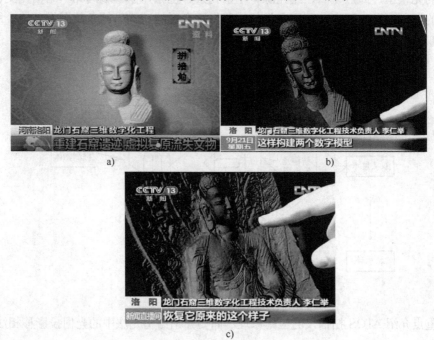

图 2-5　高树龛佛像的虚拟修复

a) 高树龛佛像实物　b) 高树龛佛像数字模型　c) 高树龛佛像拼接

此外，利用光学扫描测量技术建立数字虚拟展馆，能为文物考古工作者及游览者提供更自由的观察视点，并能解决旅游推广与文物保护之间的矛盾。龙门石窟宾阳中洞的虚拟展示如图 2-7 所示。

图 2-6　左协侍菩萨佛像修复流程

图 2-7　龙门石窟宾阳中洞的虚拟展示

2.2　光学扫描测量原理

非接触式测量技术中，光学扫描测量具有高精度、高效率、易于实现等特点，其应用前景也日益广阔。光学扫描测量根据测量原理可分为飞行时间法、结构光法、相位法、干涉法和摄影法。

其中，结构光法的运用最为常见。结构光法的工作原理如图 2-8 所示。结构光测量系统主要由结构光投射装置、摄像机、图像采集及处理系统组成。其测量原理是向被测物体投射一定结构的光模型，如点光源、线光源、十字光条、正弦光栅和编码光，结构光受被测物体表面信息的调制而发生形变，利用图像传感器记录变形的结构光的条纹图像，结合系统的结构参数获取物体的三维信息。

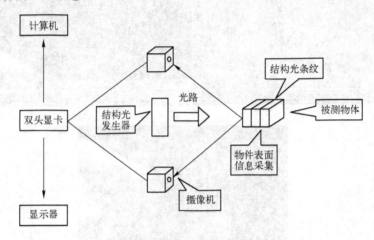

图 2-8　结构光法的工作原理

本节重点介绍 ATOS 扫描仪的应用原理，简要介绍结构光法中的光栅投影移相法。

2.2.1　ATOS 扫描测量简介

ATOS 三维扫描仪是由德国 GOM 公司生产的精密光学扫描仪。ATOS 测量系统由中央投影单元和两台 CCD 摄像机组成。其中央投影单元部分配备了一个白色的投影灯泡和一个正弦光栅。利用光栅投影移相法的原理，将摄影测量和光栅测量相结合，获取全场条纹的空间信息；外加一个条纹周期内移相条纹的时序信息，重建物体表面的三维信息。与其他方法相比，光栅投影移相法具有精度高、不受物体表面反射率影响等特点，也容易实现计算机辅助自动测量。

2.2.2 ATOS 光栅投影移相法

ATOS 扫描测量采用的是光栅投影移相法的测量光路，如图 2-9 所示。

图 2-9 中，P 点、C 点分别为成像系统的光源点和反射点，P、C 两点之间的距离为 d，P、C 两点与参考平面的距离为 L，成像系统与投影系统的光轴交于参考面上的 O 点，两光轴之间的夹角为 θ，光栅投影到三维漫反射物体表面时，成像系统获取图像的光场分布，可表示为

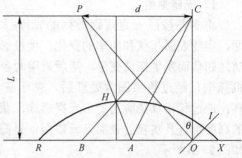

图 2-9　测量光路的原理

$$I(x,y) = R(x,y)[A(x,y) + B(x,y)\cos\varphi(x,y)] \tag{2-1}$$

式中，$R(x,y)$ 是物体表面不均匀的反射率；$A(x,y)$ 表示背景强度；$B(x,y)$ 是条纹的对比度；原始相位函数 $\varphi(x,y) = 2\pi x / p_0$，$p_0$ 为条纹节距。当该正弦光栅投影到被测物体表面时，受物体表面形状的调制，这一变形光场可以表示为

$$I'(x,y) = R(x,y)[A(x,y) + B(x,y)\cos\varphi'(x,y)] \tag{2-2}$$

$$\varphi'(x,y) = \varphi(x,y) + \Delta\varphi(x,y) \tag{2-3}$$

式中，$\varphi(x,y)$ 是与系统结构参数有关的相位因子；$\Delta\varphi$ 为相位差，是与被测物体表面高度有关的相位因子。

光栅投影测量的基本原理：光栅投射到被测物体的表面时，由于受到被测零件表面高度的调制，光栅影线将发生变形，通过解调该光栅影线，就可以得到被测表面的高度信息。

如图 2-9 所示，对物体表面的 H 点来说，当参考面没有放置物体时，对应成像面上的同一点；H 点的相位等于 A 点的相位；而在放置物体以后，H 点的相位等于 B 点的相位。故相位差 $\Delta\varphi = \varphi_A - \varphi_B$。当 θ 角很小时，有

$$\Delta\varphi(x,y) = 2\pi \,|\,AB\,| \,/\, p_0 \tag{2-4}$$

若 H 点与参考平面的高度差为 Z_H，因为 $\triangle PHC$ 与 $\triangle BHA$ 相似，故有

$$(L - Z_H)/d = Z_H/|AB| \tag{2-5}$$

由以上两式联合求解，得

$$Z_H(x,y) = \frac{L p_0 \Delta\varphi(x,y)}{p_0 \Delta\varphi(x,y) + 2\pi d} \tag{2-6}$$

为了得到 $\Delta\varphi(x,y)$，采用 N 帧移相技术，即获取 N 帧（$N \geqslant 3$）移相条纹图像。对每一帧来说，光栅移动距离为 $p_0 N$，如果 I_1，I_2，$I_3 \cdots I_N$ 表示对同一点的 N 帧强度值，则可以从 N 个移相观察图像中计算出

$$\varphi(x,y) = \arctan \frac{\sum_{n=1}^{N} I_n(x,y)\sin\dfrac{2\pi n}{N}}{\sum_{n=1}^{N} I_n(x,y)\cos\dfrac{2\pi n}{N}} \tag{2-7}$$

与条纹图的直接几何测量相比较，移相技术具有明显的优点：相位测量的精度可以达到条纹周期的几十分之一到几百分之一；对背景对比度和噪声的变化不敏感。

2.2.3 ATOS 光栅测量与摄影测量的原理

1. 光栅测量

将多条按照一定规则排列的光栅投影到实物表面，实物表面起伏和曲率的变化，使投影光栅的影线随之起伏而发生扭曲变形，然后采用两台 CCD 摄像机抓取，经过数字图像处理后，基于三角形测量原理，通过移相算法解调变形光栅影线，获得被测表面的高度信息及实物的表面点云数据。光栅测量的原理如图 2-10 所示。

2. 摄影测量

摄影测量是用数码相机对设置好参考点和参考标记的实物，依次从不同的角度（每次间隔约 45°）、方位对其进行拍照。为了拼合不同时间的扫描测量数据，

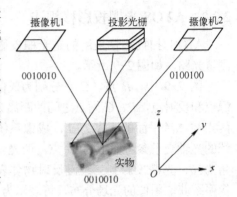

图 2-10 光栅测量的原理

在被测物表面上粘贴高反光的圆形标记点。数码相机在每次采集光条纹图像和完成一次扫描测量的同时，也记录了这些标记点的坐标。

从不同角度拍的两幅数字图像中，通过图像处理可识别，获得五个以上相同编码的参考点在两幅相关图像中的像坐标。然后运用摄影测量的理论，根据两幅图像中编码参考点的像坐标确定两次拍摄中获得的一个已知空间坐标系，从而根据空间拓扑关系，拟合不同图像中的同一个非编码参考点。经过多幅数字图像，就可以获得所有非编码参考点在同一空间坐标系下的坐标。依据不同扫描时间下标记点的坐标跟踪扫描系统的空间运动，建立不同扫描坐标系之间的转换关系，从而实现扫描数据坐标系的统一，为多次、多方位、多角度测量的点云数据提供拼合基准。

2.3 ATOS 测量系统

2.3.1 ATOS 测量系统简介

ATOS 三维扫描仪是德国 GOM 公司生产的非接触式精密光学测量仪。ATOS 测量系统全景如图 2-11 所示。该测量系统能扫描测量多种类型的物体，如人体、硅胶样板或不可磨损的模具及样品、工业产品零件等。它独有的流动式设计，可不借助三坐标测量机、数控机械或机械手等的支援，通过移动测头至任何方位做高速测量。其测量过程方便快捷，非常适合测量各种大小模型，如汽车、摩托车外形件及各种零件、大型模具、小家电等。整个测量过程基于光学三角形定理，自动摄取影像，再经数码影像处理器分析，将所测的数据自动合并成完整连续的曲面，

图 2-11 ATOS 测量系统全景

由此得到高质量零件原型的点云数据。ATOS测量系统较其他类型的测量设备有以下特点。

1．良好的操作性

其简明的测量原理和易于学习使用的软件，使操作者在较短时间内能操作自如；每次启动系统时，校对程序的操作也非常简捷。

2．良好的适用性

其测量范围大、弹性好，对测量环境没有严苛的要求。通常物体大小在 10mm～10m 的范围内，都可使用同一测头作为多角度的测量。

3．高解析度

光栅式扫描测量可获得高密度的点云数据，对许多细微的部位也能精确地测到足够多的点云数据。其测量的准确性可与固定式的三坐标测量仪相媲美。

4．携带方便

整个测量系统可置于两个便携箱内，并具有较好的抗振性及抗干扰的能力，如湿度改变或经过长途搬运后通常不会对其测量精度造成影响。

5．缺点

其测量的点多而且密，造成点数据庞大，从而使曲面建模的数据文件太大，影响工作效率；对陡变不连续的曲面及窄缝缺口、边界等，测量时容易造成失真和曲面数据缺损。

6．新特性介绍

1）ATOS Plus 扫描仪如图 2-12 所示。它有一个附加型摄影测头，可与各种 ATOS 系统结合使用。利用参考点标志，ATOS Plus 可进行全自动测量，进一步提升了系统的测量精度及速度。

图 2-12　ATOS Plus 扫描仪

2）Triple Scan 采用三重扫描原理，如图 2-13 所示。系统将精确的条纹图案投射在物体表面，两台摄像机按照立体摄像原理进行记录。通过标定流程，因为已知两台摄像机和投影头的三光束路径，由此可计算出三条射线交点的坐标值。对反光的表面或者凹凸的物体，使用三重扫描原理后，仍得到完整的测量数据，生成没有孔也没有缺陷的点云。

3）在多次测量中，引入动态参考。立体摄像技术与系统参考点互相配合，为每次测量提供匹配点的坐标解析方程式，验证测量的精度和质量，识别环境的变化，以及在线跟踪三维测头的位置。

4）ATOS 可将光学测量和接触式测量有机结合，如图 2-14 所示。利用 GOM 接触式探针，将全场三维测量和接触式探针测量结合起来。GOM 接触式探针能快速有效地完成不易测量区域的测量。接触式探针测量的数据能直接与 CAD 数据进行比较。通过使用接触式探针，能快速检测基元和单点，以及完成在线对齐等任务。ATOS 扫描与摄影测量和探针测量使用同一测量系统,不需要额外的硬件或追踪器便可快速完成复杂零件的完整测量。另外,使用配套的软件,可在不同测量和检测界面间切换自如。

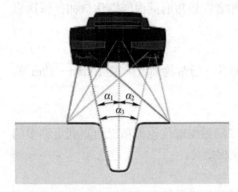
图 2-13　ATOS 三重扫描

图 2-14　ATOS 可将光学测量和接触式测量有机结合

2.3.2　ATOS 测量系统的组成

ATOS 测量系统由硬件部分和软件部分组成。

1．硬件部分

ATOS 测量系统的硬件部分如图 2-15 所示。

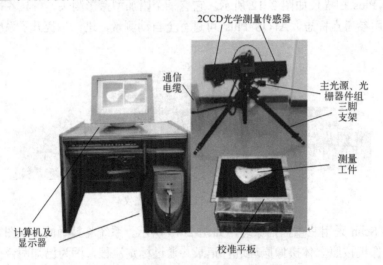
图 2-15　ATOS 测量系统的硬件部分

1）计算机及显示器,用于安装测量系统软件和曲面数据处理软件,控制测量过程,通过运算得到光顺的曲线、曲面。

2）主光源、光栅器件组,用于对焦和发出进行扫描的光栅光束。

3）2CCD 光学测量传感器,分左右对称的两组,通过检测照射在曲面上的图像获取原型曲面的点云数据。

4）校准平板,用于校准系统的测量精度。

5）三角支架,用于支撑测量光学器件组。

6）通信电缆,用于将控制信号传送到检测系统,并将测量到的传感器的数据反馈给控制系统做下一步处理。

2．软件部分

ATOS 测量系统的软件分别由 Windows XP 操作系统、专用的测量及处理软件 ATOS 等组成。

2.3.3 ATOS 光栅扫描测量系统初始化

使用 ATOS 光栅扫描测量系统实测零件，完成逆向工程任务的工作流程如图 2-16 所示。

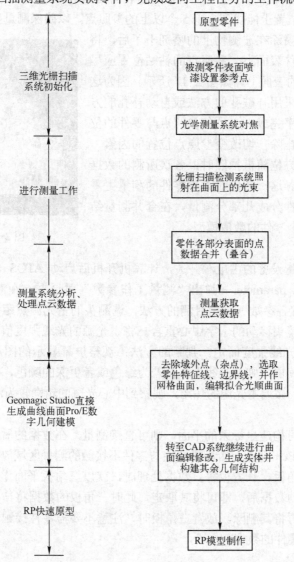

图 2-16　光栅扫描测量系统完成逆向工程任务的工作流程

按照以上的工作流程，测量系统初始化的工作包括零件准备工作和设备准备工作。

1．零件准备工作

（1）零件表面喷涂

不同零件因材质不同、曲面凹凸程度不同，其对照射光线的反射也会不同，而曲面上的反射光会影响 2CCD 传感器对点的检测。因此，通常应在零件原型测量之前，先将零件需要测量的部位用喷涂材料全部喷成白色。喷涂材料可采用一般的白色手喷漆或者专用的显像剂。两者的区别在于：手喷漆难以清除，数据公差稍大一些，但成本低、经济实用，并且也能达到精度要求。

（2）零件参照点设置

采用 ATOS 光栅扫描测量零件时，需在测量过程中任意改变被测物的角度和位置。为使被测物的各部分相对坐标保持不变，应在被测物表面粘贴足够的参照点，使被测物转至任意方位后，系统仍在此位置上能找到多于 5 个以上的参照点，以确保测量坐标系准确定位。

具体做法是，待喷涂在被测物上的喷剂干了后，将固定参照点粘贴在零件表面上。参照点的粘贴位置应尽量位于零件较为平缓的表面上，如图 2-17 所示。因为这些未测点的数据，将采用补破孔的方法或自动补孔的方式依据周边曲面的曲率完成，必须使参照点与零件的位置保持不变，所以要排除一切改变参照点位置的因素，保证测量系统在任意方位随机拍照时，各次所测的数据都能重合成一个整体。这一特性对大型零件的测量更重要，因为可以将该零件分成几部分测量，在合并测量结果后，得到的仍是整个零件的数值模型。

图 2-17　待测零件

2．设备准备工作

打开计算机和测量设备的主电源开关，计算机开机后启动 ATOS 软件→单击下拉菜单 Measurement→Default parameter→弹出"测量工作参数"对话框，在对话框中选择"Mask threshold"选项；设置各参数→采用目测的方法，调测头的主光源焦距；移动测头，使屏幕显示的中心光斑和随镜头移动的十字中心重合→将主光源的光线强度值调节到 70 左右，此强度根据工作环境的光线强度而定。判断的方法：观察屏幕显示的图形区域中颜色是否为黄、灰两色，若颜色偏白，则是光线太强；若为绿色或者更深的颜色，则需要增强主光源的光线强度→采用目测，微调主光源的焦距，观察到中心光斑的轮廓较为清晰即可。

3．测量坐标系

若零件本身具有可构建坐标系的平面，则可直接测量，在数据的后处理时，将测量坐标系的 XY 平面构建在该平面上，否则需要在与零件不接触的测量区域放一个平面性质的附加体，如喷成白色的三角板、长方板等。数据处理时，就以三角板平面作为测量坐标系的 XY 平面。在取得三角板的数据后，即可将其取走，此时三角板的数据将与零件数据成为一个整体，构建好坐标系后再将其删除。放置三角板时，注意不要与零件接触，为的是在删除三角板的数据后，不影响零件的数据。

2.4　ATOS 测量的应用

2.4.1　熊猫壳测量提示

以下为熊猫形蛋糕模具壳（简称为熊猫壳）的测量提示。

1．避免干扰

在光栅扫描过程中，零件的位置一定要牢固，不能有晃动或滑动，环境光线也不能有较大的变化，更不能将手或者其他物体放入测量区域，否则会引起四次光栅扫描数据的不统一，造成系统无法辨识。

2．设参照点

若发现参照点数目不够，可手动增加未被采集到的参照点，使参照点的数目不少于四个，并检查和删除错点或偏差较大的点。

3．建立坐标系

ATOS 扫描测量系统有建立坐标系的功能。常用两种坐标系构建方式，一种是以 XY 平面及 YZ 平面上的一点，即平面和点确定坐标系；另一种是以 X 平面上的三个点，Y 平面上的两个点，Z 平面上的一个点确定坐标系。确定坐标系时，所需指定的点应在被测零件的采集数据上选取。对选取到的点数据，还可以通过键盘输入方式进行修改。除此之外，ATOS 扫描测量系统还具有坐标系变换功能，如旋转、偏移等。坐标系构建后，零件会依据坐标系自动旋转到前视的状态。

4．优化处理

若所测量的零件表面为平滑曲面，且所采集的数据比较完整，点云数据文件容量不太大，则可直接输出 IGES 文档，然后用 Geomagic Studio 软件做进一步的后处理；否则可采用 ATOS 操作系统的处理功能，对数据进行优化处理。

2.4.2　熊猫壳测量及数据处理操作步骤

1．初始化测量系统

新建测量文件，键入测量文件名：XMO→进入测量页面，设定系统参数，主要参数是每次测量后采集点的比值；若零件以平滑的曲面为主，则选择输入较少的点；若零件以陡峭变化的曲面为主，则选择输入较多的点，本例中选择输出 2 万个单位点/cm^2，也可以在测量后再修改该参数设置→单击 Measurement→弹出"测量系统参数设置"对话框→打开主光源→对被测零件的光线强度、参照点的光线强度分别进行调节，目测调节到以黄、灰两色为主即可→将熊猫壳放于主光源照射的区域，保证零件置于有效的测量范围→调节测头与零件的距离，以中心光斑和十字中心重合为依据→检查熊猫模具壳上参考点的数目；首次测量所放置的方位要以能够测到更多的参照点为主，最少要让左右镜头能各自摄取到四个相同的参照点，如图 2-17 所示→因为熊猫壳有较大的平面，所以不需使用附加的三角板。

2．测量操作

单击主菜单 Measure→主光源以纵、横、粗、细四组光栅开始扫描零件，如图 2-18 所示→光栅扫描结束后，弹出采集到的参照点信息框。对采集到的新点，系统会在信息栏中在对应点的名称前冠以"–"区分。在屏幕显示的图形上，红色显示的为新点，绿色显示的为上一次采集到的参照点。首次测量时，所有的点都以红色显示→确定参照点信息后，多次转动被测物到适当位置，保证左右测量镜头能采集到的参照点最少为四个。重复上述操作步骤，并在每次光栅扫描前，检查并调节光线强度及焦距，直到将零件上各待测表面的数据全部采集完毕。

3．拟合各次测量的点云数据

单击工具栏指令 Align→选择需拟合的数据：一般选择全部点云数据，即选择整个零件点云数据→选择参照点：拟合数据过程中一般选择大部分参照点，本例中的零件比较小，参照点不多，所以选择所有的参照点→单击 OK 按钮→对测量得到的点云数据开始拟合运算，系统最少分三次进行计算：一次粗拟合，两次精拟合，所需时间较长，→拟合运算完毕，在测量点云数据信息框的测量误差数值栏中，自动弹出一个拟合运算的平均公差，可根据测量的精度要求校对该值，并决定是否重新测点或重新进行拟合运算→对达到精度要求的点云数据，直接使用 ATOS 系统的数据处理功能对数据进行优化，并以 IGES 文件格式输出点云图文件，如图 2-19 所示，再将其转入 Geomagic 软件处理成光顺曲线曲面，也可转入其他主流 CAD 软件进行高阶连续的曲面后处理。

图 2-18　粗光栅扫描

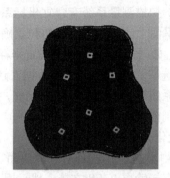

图 2-19　输出的 IGES "点云"

4. 数据优化计算

单击下拉菜单 Polygonization→Fill hole→By surface fit→在弹出的对话框中，选择 Select hole→Fill hole→系统会自动根据破孔周围的曲率填补点云上所余存的破孔。除参照点外，测量后的点云数据经常出现很多细小及大的破孔，如图 2-20 所示。工件表面有污损或者喷漆不均匀，造成局部反光不够或过强，使测量系统未采集到足够的数据；或零件表面上有阴角拐点，因光线无法照射到等，都是造成破孔的原因。除此之外，还需做细化图形操作。细化图形是指根据零件的平滑程度对点云集进行适当调整。调整时，系统将对类似棱边的几何特征部位保留足够的点云数量，而对比较平滑的部位则简化成一定数量的点→单击 OK 按钮→启动优化计算进程，破孔被自动填补，棱边部位生成较密的点云，而平滑处点云稀疏，如图 2-21 所示→进行图形优化计算后，可以在 ATOS 系统中继续进行光顺处理，但光顺处理后的图形变形较大，效果不太理想，因此一般不再进行这项处理→直接输出 STL 格式文件，由 Geomagic Studio 软件进行最后的数据处理。

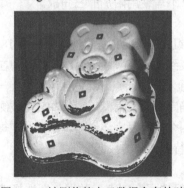

图 2-20　被测物的点云数据余存的破孔

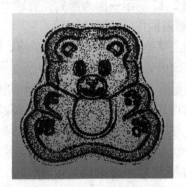

图 2-21　优化后的点云

2.4.3　自行车坐垫测量提示

1．补充参考平面

由于自行车坐垫曲面没有构建测量坐标系所需的参考平面，因此在本例前三次扫描时，需增添具有平面的辅助参考物，以用作构建测量坐标系。此时做预测量的目的是利用被测物上的参照点，帮助采集辅助参考物的点数据。因此，在测量操作中，要注意不能改变被测物与辅助参考物的相对位置。若测量中需要转变角度，可采用搬动扫描仪的方式。本例以白色的平板作为辅助参考物，如图 2-22 所示。辅助参考物图像应与被测物分开，以便于测量完成后删除辅助参考物。

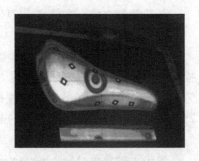

图 2-22　增加辅助参考物构建坐标系

2．控制测量次数与点云数据

测量系统对点云数据进行拟合运算处理时，计算速度的快慢与测量的次数和点数目有关，测量次数越多，点云数据就越大，计算速度也就越慢。

3．调整测量光线

在多次扫描的情况下，每次测量扫描之前都需重新检查并调整测量光线的强弱。

2.4.4　自行车坐垫测量系统初始化

1．启动

开启系统电源，运行 ATOS 软件。

2．检测系统

检测系统的硬件信息，检测成功后弹出调节主光源强弱的界面，如图 2-23 所示。

3．调整测量光线

将镜头组垂直放置，并在下面放一张白纸。预先给定一个光线强度值，视工作环境中光线的强弱对此值进行增加或减少，白天工作时一般取数值为 70 左右。调节镜头组高度，使得测量中心与主光源中心光斑重合。然后根据屏幕中白纸显示的颜色来调节主光源的强度，当颜色以黄、灰两色为主时，即完成了主光源设置。

4．调节主光源焦距

调节光栅扫描测量系统的主光源焦距，即手动旋动主光源镜头的旋钮，以目测中心光斑（环）边界不模糊为准，如图 2-24 所示。

图 2-23　ATOS 系统调节主光源强弱界面

图 2-24　调节主光源焦距

2.4.5 自行车坐垫测量操作步骤

1. 建测量文件

新建测量文件，文件名为 ZUODIAN。

2. 设置工作参数

设置测量系统的扫描工作参数。单击下拉菜单 Measurement→Default parameter→在"扫描工作参数"对话框中分别设置"Mask threshold"选项中各数值：设置某一色区过滤阀门值为 30；Scan raster(pixel)：设置扫描标准区域内像素点数为 1；设置参考点数目的有效值为 25 等→单击"OK"按钮，完成扫描工作参数的设置。

3. 重新调整测量光线

单击下拉菜单 Measurement→在当前次光线参数调整对话框中，重新调整测量光线的强弱。被测物的光线调整方面，按屏幕上显示的待测部位的颜色为黄、灰两色为宜；参考点的光线调整方面，也以大部分点的中间部位为白色，其余部位为黄、灰两色为适。调整合适后，单击主菜单 Measure→开始进行扫描测量，如图 2-25 所示。

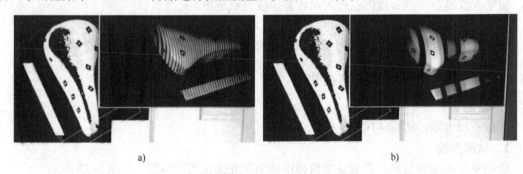

a)   b)

图 2-25　光栅扫描状态

a) 细光栅扫描条纹　b) 粗光栅扫描条纹

4. 定义参考点

光栅扫描结束后，弹出"参考点信息"对话框，如图 2-26 所示→仔细观察后发现，新点在图形中以红色显示；在信息栏中，其坐标数值前则冠以"−"号区分。若对话框中的点公差值比较大，则应手动删除；若因光线强度不够或太强，有被漏检的参考点，则需选择自定义的方式补上。后者的操作方法是：单击对话框中的 Define →选择左边未被定义的点→选择右边相对应的同一点。选择点时，要按从左到右的顺序进行选择。可用〈Shift〉键加鼠标中键放大局部区域。经认真仔细观察后，确认可接受点云中的参考点数据→单击"OK"按钮，完成参考点设置。

5. 确认点云数据

多次扫描时，对每一次点云数据的取舍需要确认。确认点云数据的系统参数项为"Scan area"。有以下两种情况：

1）当"Scan area"项的参数为 Polygon 时，单击 OK 按钮确认点云数据选择方式为多边形→弹出选择数据区域内被测物点云影像→直接用鼠标左键在屏幕显示出的点云图形上以多边形方式框选需要的数据区域，如图 2-27 所示→选完后，右击以结束选择→弹出"Scan raster (pixel)"点云数目信息对话框→选择输出比值为 1→单击"OK"按钮，数据自动拟合成单一整体，完成本次光栅扫描测量过程。

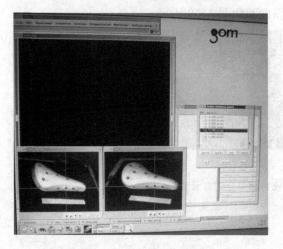

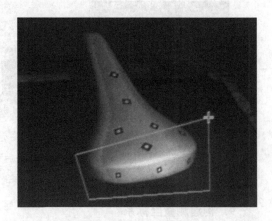

图 2-26 "参考点信息"对话框　　　　　　　　图 2-27 利用多边形框选数据

2）当"Scan area"项的参数为 Full size 时，则自动接受所有的数据。

注意："Scan area"项的参数可以针对任何一次测量点云进行修改。

6．有足够的参考点

多次测量中，每进行一次新的测量都要转动被测物至适当的方位，以保证在新测量视场中左右镜头都能观察到前次测量中已定义的参考点，并确保其数目为四个以上→单击主菜单 Measure，重复进行扫描测量操作→转动被测物至适当的方位上，直至被测物上所有部位的数据都测量完毕。

7．补测有缺陷的点云

在测量扫描的过程中，需对有局部缺陷的点云数据进行补测，补测时一定要重新调整测量光线的强弱，如图 2-28 所示。调整时应针对需要测量的部位进行重新调整。在可视区域内，尽量保证重点部位能获得可靠的测量光线；并不断调整测量视角，选取不同的重点测量部位，以保证能补齐曲面上缺少的测量数据，直到曲面显示出的测量结果符合逆向工程造型要求为止。

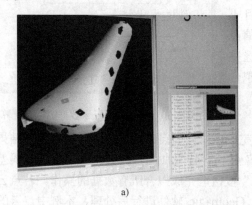

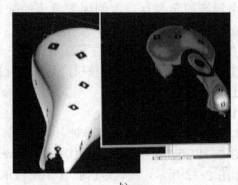

a)　　　　　　　　　　　　　　b)

图 2-28 对缺数据部位补测时的光线调整

a) 局部缺数据　　b) 局部缺数据的光线调整

8．自动拟合

经多次测量扫描后系统自动拟合的点云数据曲面如图 2-29 所示。

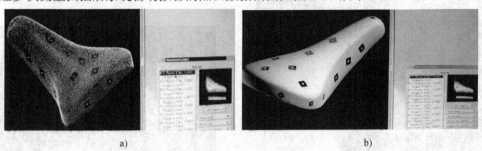

a)　　　　　　　　　　　　　　　　　　　　　b)

图 2-29　多次测量扫描后系统自动拟合的点云数据曲面

a) 点云显示效果　b) 点云渲染显示效果

9．构建测量坐标系

数据测量完后，按六点定则，在辅助参考物的数据平面上任取三点，以此三点确定 XOY 平面→在确定后的 XOY 平面内任取两点确定 Y 轴，同时依据右手定则确定 X 轴→在点云数据上任取一点作为 Z 轴正向的参照点→单击 Measurement→coordinate system→单击 Use →生成测量坐标系→重新定义前三次测量的数据；在数据选择时，可不选辅助参考物的数据。删除三次测量中辅助的长条平面数据：Polygon 1(left)、Polygon 2(left)、Polygon 3(left)，如图 2-29 所示（在主视窗显示中只有自行车坐垫数据，删除了次视窗中显示的辅助长条平面数据）→单击 Measurement→Compute Cloud→使用 Polygon 的方式重新选择前三次数据→单击"OK"按钮，再次整理计算余下的点云数据。

10．拟合点云数据

单击菜单 Edit → Align measurement project→弹出相应的对话框，如图 2-30 所示→单击对话框中"Select all"按钮→选择所有点云数据，进行拟合计算→单击 Define 按钮→定义拟合数据时，参照的参考点一般选择为测量过程中使用频率较高的参考点。本例因参考点的数目不多，故选择了所有的参考点。参考点的相应信息会在"Fixed ref. Point"选项下显示出来→选完后，右击结束→单击"OK"按钮，系统进行拟合计算处理。

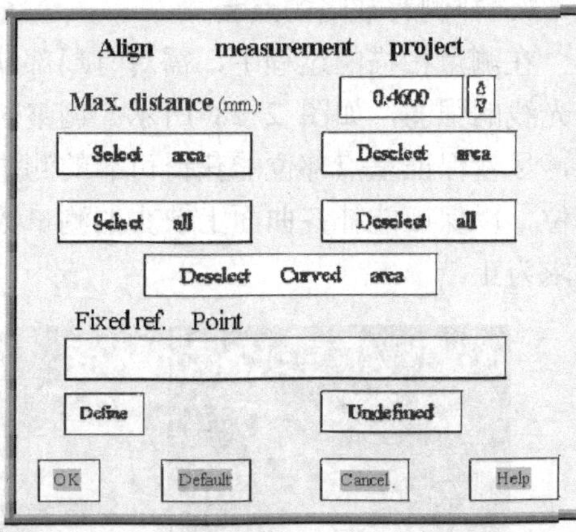

图 2-30　测量曲面点云数据的拟合计算

11．计算和处理

本例拟合计算时间约为几分钟。系统计算完成后，曲面点云数据的拟合计算误差结果显示如图 2-31 所示，在该对话框中单击"Save"按钮，接受曲面点云数据的拟合计算误差结果，如图 2-32 所示，在该对话框中单击"OK"按钮，完成拟合所有数据的操作。若点云的数据不大，可输出*.IGES 的文件，再将其转入 Geomagic 软件进行后处理，本例中点云的数据不大，直接输出成*.IGES 的文件；若数据比较大，则应在 ATOS 系统中对点云进行优化处理，转成*.IGES 的文件，再转入 Geomagic 软件进行后处理。

图 2-31　拟合计算误差结果显示

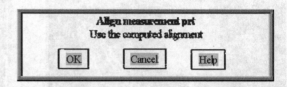

图 2-32　多次测量数据拟合结果对话框

2.4.6　自行车坐垫后期处理

1. 点云曲面优化

单击菜单 Polygonization→选择 Computer→弹出相应的对话框,单击"Keep features"按钮,如图 2-33 所示。设置 Min.raster 和 Max.Raster 分别为 1 和 2,选择曲面上点数的密集度(点数/mm^2):本例中最少为 1 万,最多为 2 万;设置曲面控制误差 Surface tolerance(mm)为 0.06(按对齐计算误差 0.02 的 3 倍取值);设置 Obi.thickness(mm)为 0.92(属不可调数值,为 CCD 镜头参数);选中"Use thinning"(细化)复选框,取参数组中默认值→单击"OK"按钮,系统开始点云曲面优化处理。

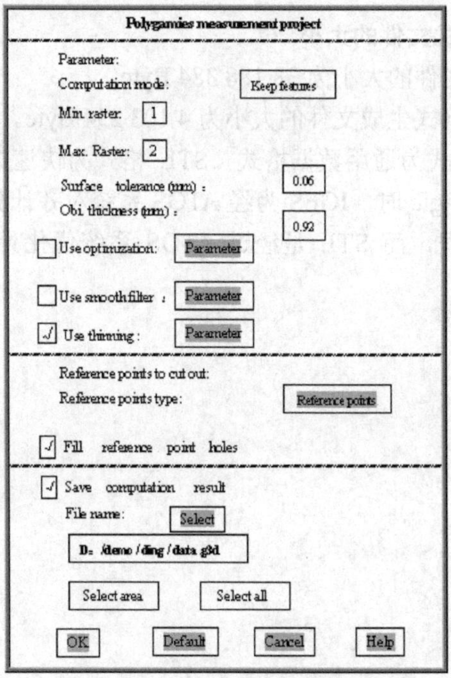

图 2-33　对点云数据进行优化

2. 补破孔

系统点云曲面优化处理后，生成尚有破孔的测量点云曲面，如图 2-34 和图 2-35 所示→单击菜单 Polygonization→选择 Fill hole→选择 By surface fit→在弹出的对话框中，单击"Select hole"选项→选择 Fill hole→系统会自动根据破孔周围的曲率填补曲面上所余存的破孔。测量中，误差太大的参考点对应的破孔被系统忽略后，可采用手工方法进行补孔。

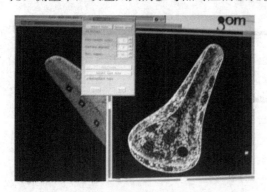
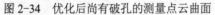
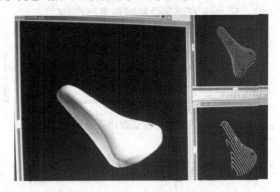

图 2-34　优化后尚有破孔的测量点云曲面　　　　图 2-35　优化处理后的数据渲染图

3. 输出处理后的点云曲面

补破孔后输出经处理的测量点云曲面，也可以在对齐曲面后将其直接输出。输出文件的格式可采用 ASCII、VDA/PS、VDA/MDI、SVRF、Ref.POINTS、IGES 等。单击菜单 File→选择 Export→弹出文件格式选择对话框，有 IGES、STL、pol 等，本例选择 STL（Binary）的文件格式→单击"OK"按钮→选择输出文件的工作目录→单击"OK"按钮，完成文件输出。

4. 自行车坐垫两种格式文件的大小

1）取 IGES 格式生成文件的大小为 38 188 384 Byte。

2）取 STL（Binary）格式生成文件的大小为 4 103 234 Byte。

两者的区别：IGES 格式为通用数据格式，STL 格式为快速成型数据格式，前者的数据远远大于后者；转入 Geomagic 时，IGES 为经 ATOS 系统对齐计算处理后的点云，但仍需对点云数据继续进行优化处理，而 STL 是经过 ATOS 系统优化处理后输出的理想曲面点云数据。

第3章　三坐标测量与应用

【学习提示】

本章作为选修内容，建议不列为教学内容。本章介绍三坐标测量技术知识、三坐标测量原理及应用，详细介绍三坐标测量的步骤及操作要点，是深入学习、掌握接触式测量的基础。掌握三坐标测量技术，需要长期的工程实训，有条件的学校可以参照本教材组织实训教学，打下学生接触式测量的工程基础；暂无条件的学校可结合网上资源及教学资源库，组织学生自学，也可由教师通过课堂教学，进行专题研讨、讲授，引导学生学习相关知识。

3.1　概述

三坐标测量机（Coordinate Measuring Machining，CMM）是应用最广泛的接触式测量设备。1956 年，英国 Ferranti 公司开发了世界上第一台三坐标测量机。这台具有现代意义上的测量机，以光栅作为长度基准，并采用数字显示结果。1963 年 10 月，意大利 DEA 公司制造出世界上第一台龙门式测量机，开创了坐标测量技术的新领域。先进制造技术的出现，更多精密零件的加工需要有快速精确的测量设备及时完成测量，而电子技术、计算机技术、数字控制技术的发展为三坐标测量机的发展应用提供了技术基础。近 30 年来，以 ZEISS、LEITZ、DEA、LK、三丰、SIP、FERRANTI、MOORE 等为代表的商用公司不断推出研发的新产品，使得三坐标测量机的应用更加广泛。

（1）解决复杂曲面难以进行常规测量的问题

三坐标测量机能测量叶片、齿轮、汽车和飞机的外形轮廓及复杂箱体的孔径和孔距等。

（2）提高测量精度

目前高精度的三坐标测量机，单轴测量精度可达 0.3μm，三维空间测量精度可达 0.5～1μm。

（3）成为柔性制造系统的组成部分

三坐标测量机与数控机床及加工中心配套，通过在线测量的工作方式成为柔性制造系统的有机组成部分。

（4）提高测量效率

三坐标测量机提高了测量效率，促使产品检测的自动化程度不断提高，强化了逆向工程数字建模的技术功能。

3.2　三坐标测量机

3.2.1　三坐标测量机的分类

三坐标测量机根据测量控制与数据处理技术、测量范围、测量精度、结构形式不同，有以下四种分类方法。

1. 按测量控制与数据处理技术分类

三坐标测量机按测量控制和数据处理技术的发展，经历了从低级到高级的发展过程。

1）数字显示及打印型三坐标测量机　它主要用于几何尺寸测量，可显示并打印出测量点的坐标数据，对测量的几何尺寸、几何误差还需进行人工运算，其技术水平较低，目前基本被淘汰。

2）计算机数据处理型三坐标测量机　其技术水平略高，目前应用较多。工件测量仍为手动或机动测量，但由计算机处理测量数据，可对安装倾斜的工件进行自动校正计算，完成坐标变换、孔心计算、偏差值计算等数据处理工作。

3）计算机数字控制型三坐标测量机　其技术水平较高，可像数控机床一样，按照编制好的程序自动测量，并由计算机处理测量数据。

2. 按测量范围分类

三坐标测量机工作台面大小不同适合不同的测量范围。

1）小型三坐标测量机　其 X 轴的测量范围小于 50mm，主要用于小型精密模具、工具和刀具等的测量。

2）中型三坐标测量机　X 轴的测量范围为 500～2000mm，是应用最多的机型，主要用于箱体、模具类的零件测量。

3）大型三坐标测量机　X 轴的测量范围大于 2000mm，主要用于汽车与发动机外壳、航空发动机叶片等大型零件的测量。

3. 按测量精度分类

三坐标测量机不同的测量精度适合不同要求的零件测量。

1）精密型三坐标测量机　其单轴最大测量不确定度小于 $1 \times 10^{-6}L$（L 为最大量程，单位为 mm，后同），空间最大测量不确定度为 $(2 \sim 3) \times 10^{-6}L$。它一般放在具有恒温条件的计量室内，用于精密测量。

2）中、低精度型三坐标测量机　低精度三坐标测量机的单轴最大测量不确定度为 $1 \times 10^{-4}L$ 左右，空间最大测量不确定度为 $(2 \sim 3) \times 10^{-4}L$。中等精度三坐标测量机的单轴最大测量不确定度约为 $1 \times 10^{-5}L$，空间最大测量不确定度为 $(2 \sim 3) \times 10^{-5}L$。中、低精度型三坐标测量机一般放在生产车间内，用于生产过程检测。

4. 按结构形式分类

三坐标测量机框架的结构有移动桥式、悬臂式、龙门式、L 形桥式等，如图 3-1 所示。

1）移动桥式三坐标测量机　这是目前应用最广泛的一种结构形式。移动桥式三坐标测量机的结构简单、紧凑，刚度好，精度较高，具有较开阔的空间。工件安装在刚性的工作台上，承载能力较强，工件质量对测量机的动态性能没有影响。无论是手动的还是数控的，中、小型三坐标测量机多数采用这种形式。

2）水平臂式三坐标测量机　它属于悬臂式的结构形式，又可以称为地轨式三坐标测量机，在汽车工业中有着广泛的应用。水平臂式三坐标测量机的结构简单，X 方向很长，Z 方向较高，整机开敞性较好，常用于测量汽车的各种部件、车身。其缺点是水平臂变形较大，设备使用久后会对自身精度有影响。

3）龙门式三坐标测量机　其工作台通常与测量机分离，工作台和立柱分别与地基相连。在这种情况下，地基的整体性与稳定性具有严格的要求。其优点是结构稳定，刚性好，测量范围较大；装卸工件时，龙门可移动到一端，操作方便，承载能力特别强。

4）L形桥式三坐标测量机　这类三坐标测量机由沿着相互正交、相对运动的导轨组成，装有探测系统的第一部分装在第二部分上，并相对其做垂直运动。第一部分和第二部分的总成相对第三部分做水平运动；其测头系统刚性好，机座承载工件，承载能力强。

5）关节臂式三坐标测量机　它具有非常好的灵活性，适合携带到现场进行测量，对环境条件要求比较低。

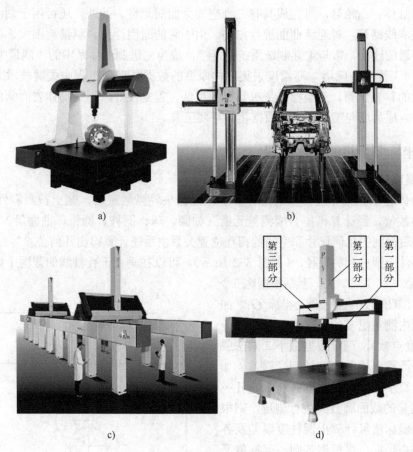

图 3-1　三坐标测量机的结构形式
a) 移动桥式　b) 水平臂式　c) 龙门式　d) L形桥式

3.2.2　三坐标测量机的功能及应用

1. 功能

1）操控性好　三坐标测量机的测头操控性好，方便手动或自动实现 X、Y、Z 轴移动，测头带有 A、B 轴旋转功能，具有找正、旋转、平移及坐标存取等功能。

2）测量几何元素　通过改变测头角度及软件编程，可实现点、直线、平面、圆、圆柱、圆锥、球、距离、对称、夹角等几何元素的测量等功能。

3）分析处理几何公差　包括直线度、平面度、圆度、圆柱度、垂直度、倾斜度、平行度、位置度、对称度、同心度等几何公差的计算、报告等功能。

4）脱机编辑　包括自适应编程、脱机编辑、自检纠错、CAD 导入系统等功能。

5）多种数据输出　包括传统的数据输出报告、图形化检测报告、图形数据附注、数据标签输出等功能。

2．应用

1）检测中的应用　三坐标测量机广泛用于机械制造、电子、汽车和航空航天等工业中，可以进行零件的尺寸、形状及相互位置的检测。通常可检测的零件有箱体、导轨、涡轮、叶片、缸体、凸轮等，可完成具有三维空间型面的测量。此外，还可用于划线、定中心孔、光刻集成线路等，对连续曲面进行扫描。由于它的通用性强、测量范围大、精度高、效率高，易于通信连接，常与柔性制造系统相连接，成为先进制造体系中的"测量中心"。

2）逆向工程中的应用　高精度采集零件原型的数据是逆向工程中关键技术之一，也是逆向工程中的首要步骤。三坐标测量机具有噪声低、重复性好、不受物体表面颜色和光照的限制等优点，成为逆向工程中三维数据化的重要工具。

3.2.3　三坐标测量机的工作原理

1．测量原理

被测物体置于三坐标测量机的工作台上，经测头轻微触碰后，测出被测零件 X、Y、Z 三个坐标的数值。经计算机拟合成测量元素（如圆、球、圆柱、圆锥、曲面等），再将被测元素经处理后得到的几何尺寸和空间的相互位置关系由系统计算得出几何公差等。

测量零件上圆柱孔的直径，（如图 3-2 所示），可以在垂直于孔轴线的截面 I 内测量孔内壁上的三个点（点 1、2、3），然后根据这三个点的坐标值计算出孔的直径及圆心坐标 O_I。如果在该截面内测量更多的点（点 1、2、3…n，n 为测量点数），则可根据最小二乘法或最小条件法计算出该截面圆的圆度误差。如果对多个垂直于孔轴线的截面圆（I、II…M，M 为测量的截面圆数）进行测量，则根据测得点的坐标值可计算出圆柱度误差及各截面圆的圆心坐标。再根据各圆心坐标值又可计算出孔轴线位置。如果再在孔端面 A 上测量三点，则可计算出孔轴线对端面的位置度误差。由此可见，三坐标测量机的这一工作原理使其具有很大的柔性与通用性。从理论上来讲，它可以测量零件上任何几何元素的任何几何参数。

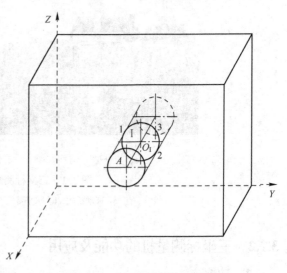

图 3-2　三坐标测量机的测量原理

2．工作原理

三坐标测量机在三个相互垂直的方向上有导向机构、运动机构和放置工件的工作台，沿 X、Y、Z 三个轴方向装有光栅尺和读数头，测头可手动或机动沿 X、Y、Z 三个轴方向移动到被测点上。测头接触工件后，发出采点信号。控制系统采集当前机床三坐标轴相对机床原点的坐标值，计算机系统对数据进行处理，由读数设备和数显装置显示被测的坐标值，如图 1-17a 所示。

3．测头原理

三坐标测量机的采点发出信号的装置是测头。在测头内部有一个闭合的有源电路，该电路与一个特殊的触发机构相连接，只要触发机构产生触发动作，就会引起电路状态变化并发出声光信号。此刻，测头进入触发的工作状态，如图 1-17b 所示。产生触发动作的条件：测头的测针产生微小的摆动或向测头内部移动，测头连接在机床主轴上，当主轴移动而触碰零件后，即导致测头产生声光信号，进入工作状态。此时，测头上的灯光闪烁和蜂鸣器鸣叫，提示操作者触头与工件已经接触。对于具有信号输出功能的测头，测头除发出上述提示信号外，还通过电缆向外输出一个经过光电隔离的反应电压变化状态信号。

3.2.4 三坐标测量机的硬件系统及软件系统

三坐标测量机由硬件系统和软件系统组成。其中，硬件系统由主机床身（含具有标尺的导轨）、测头系统、控制与驱动系统、光栅系统和其他机械部件组成，如图 3-3 所示。

1．主机床身

主机床身主要有框架结构、标尺系统、导轨、驱动装置、平衡部件以及转台与附件。

1）框架机构　它是指测量机的主体机械结构架子，是工作台、立柱、桥框、壳体等机械结构的集合体。

2）标尺系统　它是测量机的重要组成部分，包括线纹尺、精密丝杆、感应同步器、光栅尺、磁尺和数显装置等。

3）导轨　导轨可实现二维运动，多采用滑动导轨、滚动轴承导轨和气浮导轨，以气浮导轨为主要形式。

4）驱动装置　它可实现机动和程序控制伺服运动功能，由丝杆副、滚动轮、钢丝、同步带、齿轮齿条、光轴滚动轮、伺服电动机等组成。

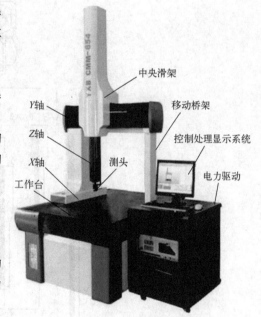

图 3-3　三坐标测量机硬件系统的组成

5）平衡部件　它主要用于在 Z 轴框架中平衡 Z 轴的质量，使其上下运动时无偏重干扰，Z 向测力稳定。

6）转台与附件　转台与附件能给机床增加一个转动自由度，包括分度台、单轴回转台、万能转台和数控转台等。

2．测头系统

测头是触发装置，是测量机的关键部件。为多角度、多方位检测被测零件，测头的底部能绕 A、B 轴旋转，如图 3-4 所示。测头的精度决定了测量的重复性及精度。为适应不同的被测零件和满足不同的场景需求，测头按照使用功能分为很多种。

图 3-4　旋转中的测头

测头系统主要由测头底座、加长杆、传感器和探针组成，如图 3-5 所示。

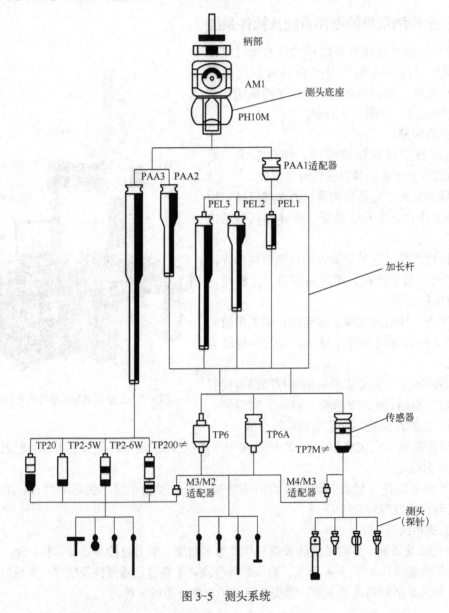

图 3-5　测头系统

1）测头按工作原理可分为机械式、光学式和电气式。

2）测头按测量方法可分为接触式和非接触式。接触式测头（硬测头）需与待测表面发生实体接触才能获得测量信号；非接触式测头不必与待测表面发生实体接触，如激光扫描。实际应用中，在只测量尺寸及位置要素的情况下，通常采用接触式测头。

3）测头按不同的场景需求可分为很多种，常用测头的形状如图 3-6 所示。

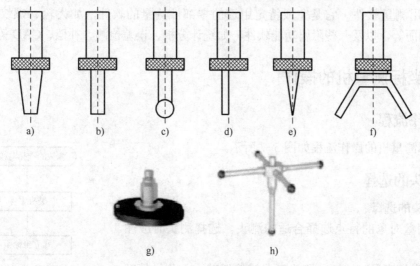

图 3-6　常用测头的形状

a) 圆锥形　b) 圆柱形　c) 球形　d) 半圆形　e) 点形　f) V 形　g) 圆盘形　h) 星形

3. 控制与驱动系统

控制与驱动系统是三坐标测量机的核心，由电路控制部分、计算机硬件部分、测量用软件及打印与绘图装置组成；控制 X、Y、Z 轴的运动，对测头系统采集的数据进行处理，输出数据和图形；具有单轴与多轴联动控制、外围设备控制、通信控制和保护以及逻辑控制等。

4. 光栅系统

光栅系统是测量机的测长基准。光栅尺是刻有细密等距离刻线的金属或玻璃，读数头上使用光学的方法读取这些刻线计算长度。由于温度变化会使光栅长度产生误差，为了便于计算，采用光栅一端固定、另一端放开，使其自由伸缩；另外在光栅尺座上预置有补偿功能的温度传感器，便于进行自动温度补偿。

5. 其他机械部件

工作台（一般采用花岗石）用于摆放零件支撑桥架。在工作台上放置零件时，一般要根据零件的形状和检测要求，选择适合的夹具或支撑，要求零件可靠固定，不因零件受外力影响而发生变形或其位置发生变化。导轨是气浮块运动的轨道，是测量机的基准之一。压缩空气中的油和水、空气中的灰尘会污染导轨，造成导轨轨道直线度误差变大，使测量机的系统误差增大，影响测量精度。小型测量机采用支架支撑测量机工作台；中、大型测量机一般采用千斤顶支撑工作台，均采用三点支撑，主支点的一侧另有两个支点起辅助作用，每个支点都有一个海绵减振垫，能够吸收振幅较小的振动。

6. 软件系统

补偿技术的发展，算法及控制软件的改进，使测量精度在很大程度上依赖于软件。软件按功能分为两种，即通用测量软件和专用测量软件。

1）通用测量软件　是指系统基本配置软件，负责测量系统的管理，包括探针校正、坐标系统的建立与转换、输入/输出管理、基本几何要素的尺寸与几何公差评价，以及元素构造等基本功能。几何公差是指直线度、平面度、圆度、圆柱度、线轮廓度、面轮廓度、平行度、垂直度、倾斜度、位置度、同轴（心）度、对称度、圆跳动、全跳动。

2）专用测量软件　它是完成特定用途的零部件测量的软件，如齿轮、螺纹、自由曲线、自由曲面等，以及一些附属功能软件，如统计分析、误差检测、补偿、CAD 等。

3.3　三坐标测量机的操作

3.3.1　操作流程

三坐标测量机的操作流程如图 3-7 所示。

3.3.2　测头的选择

1.　测头的选择

根据测量对象的特点选择合适的测头。选择测头时应注意以下几点。

1）测头长度尽可能短。测头弯曲或偏斜越大，测量精度越低，因此在测量时应尽可能采用短测头。

2）连接点最少。对测头连接加长杆后，会引入潜在弯曲和变形点，因此在应用过程中，应尽可能避免连接加长杆。

3）使测球尽可能大，主要原因有两个：一是，测球大使得球与杆的空隙最大，这样减少了由于"晃动"而误触发的可能；二是，测球大可削弱被测表面未抛光对测量精度造成的影响。

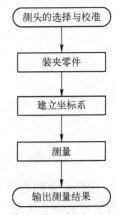

图 3-7　三坐标测量机的操作流程

3.3.3　测头的校准

测头校准是测量前的重要步骤。测量机配备有不同规格的测头，为了准确获得测头的参数信息（包括直径、角度等）、精确进行测量补偿和保证测量精度，必须进行测头校准。测头校准的步骤如下：

1）把测头正确地安装在机床主轴上。

2）探针在工作表面移动，观察待测几何元素是否均能测到，检查探针是否清洁，一旦探针的位置发生改变，就必须重新校准。

3）校准球装在工作台上，要确保不移动校准球，并在球上打点，测点最少为五个；完成后，测得校准球的位置、直径和球形偏差，得到探针的半径值。

对测量过程所用到的探针都要进行校准。当探针改变位置或取下后再次使用时，也要重新进行校准。

3.3.4　装夹零件

三坐标测量机对被测产品的安装基准无特别要求，但要方便零件坐标系的建立。测量

54

时，尽量采用一次装夹完成所需数据的采集，以确保零件的测量精度，减少因多次装夹造成的测量装夹误差。按照测量基准的选择原则，选择零件较大的表面或重要表面作为测量安装基准。若已知被测件的加工基准面，则应以其作为安装基准。

3.3.5 建立坐标系

在测量零件之前，必须建立精确的测量坐标系，以便于测量及数据处理。测量较为简单的几何尺寸（包括相对位置）时直接使用机床坐标系。测量较为复杂的零件时，为减少基准转换，建立工件坐标系就显得尤为重要。

3.3.6 输出测量结果

若需要出具检测报告，则在测量软件初始化时，必须设置相应选项，否则无法生成检测报告。各项测量结果是否出现在检测报告中，可根据测量要求设定。检测报告形成后，就可以选择"打印"来输出。

逆向工程中，完成零件表面数字化后，继续完成零件数字几何建模，需要把测量结果以合适的数据格式输出。不同的测量软件有不同的数据输出格式。

3.4 三坐标测量机基础测量实训

3.4.1 测量系统

测量系统由测量硬件（测量机、测头系统）和测量软件组成。

1. 测量软件

测量系统配备的软件 PC-DMIS 是一种交互式的三坐标测量软件，具备与多数 CAD 系统交换数据的接口。使用时操作者可利用原始设计数据产生在线及脱机检测程序，或由实物模型产生 CAD 数字模型。同时，PC-DIMS 软件的 CAD 编译器（DCT）选项使 PC-DIMS 软件能对 Catia、Pro/Engineer 和 UG 等 CAD 系统提供 CAD 编译器功能。这种功能使得系统对测量的三维数据进行转换、传输的工作变得更加便捷。

2. 测量机

测量机是由美国 Brown ＆Sharpe 公司生产的 Mistral 070705 机型。该机型是一款小型移动桥式三坐标测量机，斜桥设计使气浮轴承的面积增大了 43%，重量减轻了 24%。这些优化了的性能指标确保了测量精度和长期工作的稳定性。另外，其全铝结构特点使测头的移动速度更快，减小了驱动器的疲劳破坏；同时铝比钢或花岗岩材料达到热平衡的速度快 80～100 倍，有利于减小系统热变形对测量精度的影响。

3. 测头系统

测头系统为触发式自动分度座系统 PH10T 和 TP20，以下分别介绍。

1）PH10T PH10T 测头的外形如图 3-8 所示，它属于功能强大的分度机座。其自动关节固定，重复完成测头定位。按图示 A 轴方向及 B 轴方向，每 7.5° 为一个分度。A 轴方向可从 0°（探针垂直向下）转动至 105°，B 轴方向则可从 0° 旋转至 360°。PH10T 测头能在动态连接后实现重复性定位，测头或加长杆在快速地更换后不需要重新校正；但是该测头不支持高速测量。

2）TP20 TP20 测头的外形如图 3-9 所示，它属于动态触发式测头。测头由测头本体和可分离测头吸盘两部分构成。该测头的突出特点是具有更好的重复定位性能，即使对测杆配置进行重新调整，也不需要校正测头系统，同时支持高速测量。

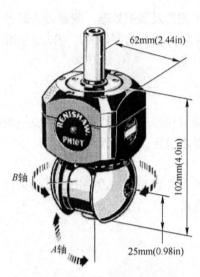

图 3-8 PH10T 测头的外形

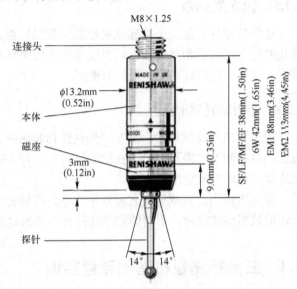

图 3-9 TP20 测头的外形

三坐标测量机在使用时对环境有较高的要求，环境温度必须相对稳定，标准温度为 20℃±2℃，环境的温度梯度为 0.5℃/m，环境的时间梯度为 0.5℃/h 或 2.0℃/24h。

3.4.2 测量坐标系

在测量零件之前，必须建立精确的测量坐标系，以便于测量及数据处理。

三坐标测量机测量与传统测量方法相比，其测量空间大、精度高、通用性强和测量效率高。测量效率高主要来源于两个方面：一是配备的测量软件能够对数据进行自动处理；二是测量软件能辅助自动找正，待测零件易于安装定位，免去了复杂的找正过程。

为便于测量找正、测量数据及转换处理，在三坐标测量软件中，一般采用以下三个坐标系。

1．机器坐标系

以机器开机时测头所在的位置为原点，以 X、Y、Z 三个导轨方向为坐标轴所构成的直角坐标系，称为机器坐标系。

2．基准坐标系

基准坐标系又称绝对坐标系。以三坐标测量机工作台面上某一固定点为原点，以通过该原点且平行于 X、Y、Z 三个导轨方向为坐标轴所构成的直角坐标系，称为基准坐标系。当更换测头后，甚至在关机重新启动的情况下，仍能根据基准坐标系重新恢复各要素之间的相互位置关系。基准坐标系通常是通过测量工作台上的标准球，并以球心为原点建立的坐标系。

3．工件坐标系

建立在被测物体上的坐标系，称为工件坐标系。建立工件坐标系便于直接测量、处理工件的被测数据、尺寸。三坐标测量系统中允许建立多个工件坐标系。

3.4.3 右手法则

工件坐标系统采用右手法则定义，如图 3-10 所示。

1．右手拇指

右手拇指指向平面的法向（测点的相反方向），以右手拇指的指向为 Z 轴的正向。

2．右手食指

右手食指表示旋转轴的方向（此方向是从第一个测点指向第二个测点），以右手食指的指向为 X 轴的正向。

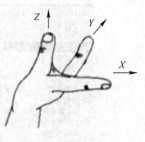

图 3-10　右手法则

3．右手中指

右手中指的指向为 Y 轴的正向。当 X、Z 两个轴的正向确定后，按右手法则即可确定 Y 轴的正向。

3.4.4 建立工件坐标系

1．建立工件坐标系的基本准则

1）依据设计要求及结构特点　分析产品零件的设计要求及结构特点，便于零件重要表面的加工和测量。

2）基准统一　坐标系基准与零件装配基准统一，有利于判别装配件的偏差。

3）具有最大的接触面积　作为基准的基本几何元素，尽可能具有最大的面积，以确保作为基准安装时定位可靠。

4）采用精加工表面　基准面必须是精加工表面，以减少测量中的定位误差。

5）设计基准、加工基准、检测基准重合　设计基准、加工基准、检测基准应尽可能一致，以减少测量中基准不重合误差。

2．建立工件坐标系的步骤

1）平面找正　保证机器坐标系的 Z 轴总是垂直于该基准平面。若零件加工时，采用底平面作为加工基准，平面找正时可将该底平面作为测量基准平面。注意：平面找正时，必须至少取同一平面上的三个点，对于三个以上的点，系统会计算平均值，确定找正平面。

2）轴线找正　在已找正平面上探测两个点，使其连成一条直线；或通过两个孔中心，连成一条直线。将机器坐标系的一轴旋转至与该直线重合。至此，确定了工件坐标系的 XOY 平面。取垂直于该 XOY 平面上的任一矢径为 Z 轴，取背离测点方向为 Z 轴正向，至此工件坐标系的三轴均已确定。

3）点找正　通过原点找正以确定测量系统的基准原点。取被测零件上的任一点为工件坐标系 Z 轴的射线点，由射线点发出的射线与找正平面相交所得的点为工件坐标系的原点。相对该原点，依右手定则确定 X、Y 轴的正向。

以上是测量中最常用的工件坐标系的建立方法，通常称其为 321 法，如图 3-11 所示。

4）工件坐标系设置　选择菜单"插入"→"坐标系"→"新建"，弹出"坐标系功能"对话框，如图 3-12 所示。

图 3-11　建立工件坐标系

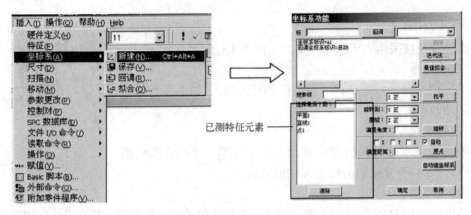

图 3-12　工件坐标系设置

5）完成工件坐标系设置　从已测特征元素中，选择"平面 1"→单击"找平"按钮→选择"直线 1"→单击"旋转"按钮→选择"点 1"作为 X 轴和 Y 轴的原点，将平面 1 作为 Z 轴原点→单击"确定"按钮，工件坐标系设置完成。

3.4.5　测量基本几何元素

1. 要点提示

测量基本几何元素（点、线、面、圆）时，如果该被测对象仅有构成基本几何元素所需要的最少点时，系统对被测对象数据处理时只计算元素位置，而不计算其形状误差。例如平面取三点，系统只计算平面位置，而不计算其平面度；例如圆上取三点，只计算圆心位置和半径，而不计算圆度误差。因此，一个元素如果要计算形状误差，需要采集的点数要多于构成该元素所需要的最少点数。

手动测量基本几何元素时，测量软件 PC-DIMS 采用了智能判断模式。系统可以根据实际检测的情况自动判断元素类型（例如点、平面、圆等），并完成对特征的计算和评价。

2. 平面测量

手动测量平面如图 3-13 所示。使用操纵盒在功能块（模拟测量对象）的平面上至少取三点，尽量将测量点取在平面的边缘部分，取完最后一个点后，按操纵盒上的"DONE"键，系统程序对应记录下该平面的相关数字信息，图形显示窗口出现星形符号表示此处是平面。

3. 孔测量

手动测量孔如图 3-14 所示。使用操纵盒在所测孔的圆周上至少取三点。这三点应尽量平均分布在圆周上。取完最后一个点后，按操纵盒上的"DONE"键，系统程序会对应记录下该孔的相关数字信息，图形显示窗口会出现一个圆。

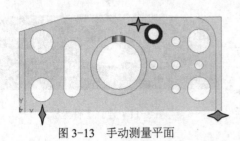

图 3-13　手动测量平面

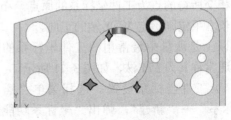

图 3-14　手动测量孔

3.4.6　导入数据模型和导出测量数据

将零件的测量数据与理论值进行比较，才能知道正确与否。传统的方法是将测量数据输出，与图样或零件数据表进行比较，以判断其正确与否。目前三坐标测量机采用 CAD 中的数据模型来检测数据是否正确。测量软件 PC-DIMS 系统具有导入 CAD 中的数据模型的功能，可以在零件的数据模型上单击所要测量的元素，将测得的实际数据与其比较，得出判断结论。

1. 导入数据模型

1）单击菜单"文件"→"导入"，弹出"导入数据"对话框，如图 3-15 所示→在零件的数据模型所在的目录下选中相应的文件（数据类型中有常用的一些数据类型，如 IGES、STEP、CAD 等）→单击"确定"按钮，完成数据类型选择。

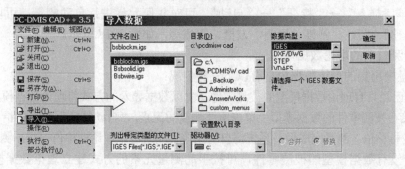

图 3-15　"导入数据"对话框

2）屏幕出现该零件数据模型的列表后，单击"确定"按钮，即可完成数据的导入过程，并生成实体化的模型，如图 3-16 所示。

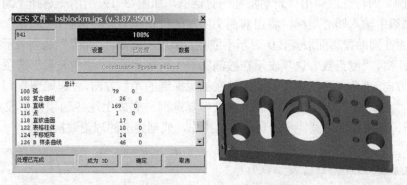

图 3-16　导入数据并生成实体化的模型

2. 导出测量数据

1）与导入数据模型类似，PC-DMIS 的导出菜单选项可将当前被测零件的数据模型导出而形成输出文件。输出文件的格式有 DES、DMIS、IGES、AVAIL、STEP、VDAFS、Tutor、Basic 或 Generic。

2）单击菜单"文件"→单击"导出"命令→弹出"导出数据"对话框→选择"目录"，在"文件名"处键入输出文件名称→在"数据类型"中选择所需要的文件格式→单击"确定"按钮，系统将被测零件的数据模型以所选择的数据类型格式导出，如图 3-17 所示。

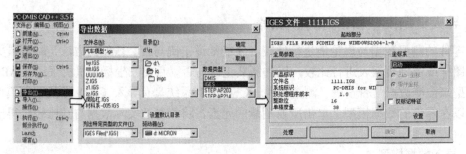

图 3-17　导出被测零件的数据模型

3.4.7　自动测量特征元素

单击菜单"插入"→"特征"→"自动"，可对几何元素进行自动测量。可以自动测量的特征有点、圆、圆柱、圆锥、椭圆、方槽、圆槽等，如图 3-18 所示。

1. 自动测量中的理论数据模型

自动测量中用到的理论数据模型有以下三种情况：

1）对于已经具有理论数据模型的被测零件，先以数据导入的方式将理论数据模型导入系统中，然后直接在被测零件的数据模型上单击所要测量的元素，"自动特征"测量对话框中将显示该元素的理论标称值。测量完成后，系统将自动比较实测值与该理论标称值，得出测量判断。

2）对于没有数据模型的被测零件，可按手动测量元素的方式建立理论数据模型，系统可将测得值作为理论标称值，用于后续的自动测量中。

3）也可直接将图样上的理论数据输入系统建立理论数据模型，用于后续的自动测量。

2. 圆特征的自动测量操作

单击"圆"的特征，弹出"自动特征"对话框，如图 3-19 所示→选择"圆"标签→在"位置"选项组中输入圆心坐标，将当前测头所在的位置作为圆心位置。"起始"和"永久"选项表示是否在圆的投影面取点，0 表示不取点，3 表示取点。"间隙"选项表示在投影面上点与圆周的距离。"测点数"选项表示在被测圆周上所取点数。"法线矢量"选项表示圆的投影面的矢量方向。"角矢量"选项表示探针在圆周探测的 0°方向，"起始角"和"终止角"均是相对于"角矢量"的角度；选中"测量"复选框→完成上述各选项值的设定后，单击"创建"按钮，系统完成对圆特征的自动测量操作，或创建圆的理论数据模型。

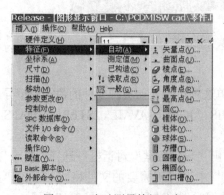

图 3-18　自动测量特征元素

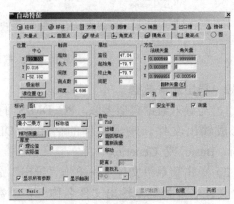

图 3-19　"自动特征"对话框

3.4.8 构造特征

当无法对被测元素（例如两个棱的叉点）进行接触式测量时，可使用构造子菜单所提供的特征构建功能选项。以现有特征（已进行接触式测量或已构造出的特征）创建可测特征（点、直线、圆等），如图 3-20 所示。

单击菜单"插入"→ "特征"→ "已构造"，出现特征构造子菜单，选择需要构造的特征选项，弹出"构造线模式"对话框，如图 3-21 所示。

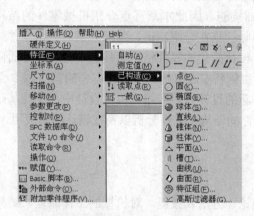

图 3-20 特征构造菜单　　　　　　　　图 3-21 "构造线模式"对话框

3.4.9 设置几何公差

通过对几何公差的设置，可对被测零件的几何公差进行检测。几何公差检测菜单如图 3-22 所示。

图 3-22 几何公差检测菜单

第4章 机械设计概要与应用

【学习提示】

本章是机械设计相关知识和技能培养的内容，建议列为重点教学内容。机械零件的结构分析、应用是机械设计应用型人才重要的基础技能。因此本章重点介绍机械零件的结构设计。本章概要介绍机械设计的概念、知识及步骤；重在介绍制造、装配因素对机械零件结构设计的重要性。本章基于从制造出发的理念，设计简化的零件结构和装配结构，设计面向用户体验的结构，给出不同的设计途径，激发学生创新实践兴趣。可结合本书的第 5 章、第 6 章，指导学生在新的设计平台上，将新理念、新的设计方式应用到机械设计中；在此基础上学习面向制造和装配的设计理念，侧重机械零件的结构工艺性分析以及在设计中的应用。

4.1 概述

机械设计是从实际需要出发，运用设计理论、方法和技能，对机械的工作原理、结构、运动方式、力和能量的传递方式，各个零件的材料和形状尺寸、润滑方法等进行构思、分析和计算、绘图，将其转化为具体的物理对象或工具，创造新机械的活动。

机械设计是产品设计的重要环节，尤其是在产品更新换代的研发中占有突出的地位。机械产品设计有以下三种类型。

1．开发性设计

开发性设计，即按需求进行的全新设计。

2．适应性设计

适应性设计，即设计原理和方案不变，只对结构和零部件重新设计。

3．变参数设计

变参数设计，即仅改变部分结构尺寸而形成系列产品。

其中，若开发性设计新产品，从提出任务到投放市场，要经过调查研究、设计、试制、运行考核和定型设计等一系列过程。

4.1.1 机械设计的要求

各类产品具体设计要求不尽相同，但经过设计后，机械产品应达到以下基本要求。

1．使用要求

在规定的工作期限内，能实现预定的功能，并且操作方便、安全可靠、维护简单。

2．工艺性要求

在保证工作性能的提前下，尽量使机械产品的结构简单、易加工和装配、修理方便。

3．经济性要求

设计、制造方面周期短、成本低，使用效率高、能耗少、生产率高、维护与管理的费用少。

4．其他要求

1）外观造型和色彩符合美学原则，有鲜明的时代特征。

2）设计新颖、独具匠心，满足新兴人群求新、求异的消费需求。

3）绿色环保，减少对环境的污染，特别是降低噪声。

4）某些特殊要求，如对食品、药品及纺织机械，要求无污渍、卫生、易于清洗；设计飞行器，要求重量轻、可靠性高等。

4.1.2　机械设计应遵循的基本原则

为了满足上述要求，机械设计应遵循以下原则：

1．以市场为导向原则

机械设计作为一种社会活动，与市场是紧密联系在一起的。从确定设计项目、使用要求、技术参数、设计与制造周期、总体方案可行性论证、试设计、试制、鉴定、产品投放后的信息反馈等，都是紧紧围绕市场需求来运作的。设计人员只有依托市场，才能使产品具有竞争力，能够占领市场，受到用户青睐。

2．创造性原则

创造是人类文明进步的源泉。没有创造性，生产就不能发展，科技就不会进步。设计作为一种创造性活动时，才具有强大的生命力。因循守旧，不敢创新，只能落在别人后面。在当今世界科技飞速发展的情况下，机械设计中贯彻创造性原则尤为重要。

3．标准化、系列化、通用化原则

标准化是指将产品（特别是零部件）的质量、规格、性能、结构等方面的技术指标加以统一规定，并作为标准来执行。我国已形成的标准体系中，有国家标准、地方标准、行业标准和企业标准。我国参加了国际标准化组织（ISO），出口产品应采用国际标准。为了与国际接轨，我国的某些标准正在迅速向国际标准靠拢。常见的标准代号有 GB、JB、ISO 等，它们分别代表中华人民共和国国家标准、机械工业行业标准、国际标准化组织标准。

与标准化密切相关的是零部件的通用化。通用化是最大限度地减少和合并产品的形式、尺寸和材料类型等，使零部件尽量在不同规格的同类产品中，甚至在不同类产品上可通用和互换。

系列化是指将产品尺寸和结构按大小分档，按一定规律优化成系列。工程上系列化数值是采用几何级数作为优先数列的基础。系列化的目的是用较少的品种规格满足国民经济的广泛需要。

零件的标准化、部件的通用化和产品的系列化，通称为"三化"，它是我国现行的一项重要技术经济政策，目地是用最少的劳动和资源消耗，取得最好的经济效益。

4．整体优化原则

设计要以"系统论"观点去优化设计结果。性能最好的机器，其内部零件不一定是最好的，比如零件工艺性不好、经济性差等。性能最好的机器，也不一定是效益最好的机器，比如能耗高等。只要是有利于整体优化，都须认真考虑以寻求更好解决方案。总之，设计人员要将设计方案放在大系统中去考察，要从经济、技术、社会效益等各个方面去分析、计算、权衡利弊，尽量使设计效果达到最佳。

5．联系实际原则

设计不能脱离实际。设计人员应依据原材料供应情况、企业的生产条件、产品的使用状况等条件，联系实际完成设计过程。

6．人机工程学原则

机器是为人服务的，还需要人去操作和使用。如何使机器适应人的操作要求，实现人机合一，这是摆在设计人员面前的一个课题。好的设计应能符合人机工程学原理。

4.1.3　机械设计的程序

目前，机械设计尚无一个通用的固定程序，须视具体情况而定，较为典型的程序如下：

1．产品规划阶段

根据市场需要和使用要求，确定机器的功能、参数，明确设计需处理的主要问题；依据现有的设计平台和技术，分析设计完成的难易程度；画设计进程图，编制出完整的设计任务书，任务书中应该包括机器的功能、技术和经济指标、主要参考资料和样机、关键工艺环节、工作环境条件、有关特殊要求、预期成本范围、设计工作期限等。

2．方案设计阶段

依照设计任务书要求，明确机器的工作原理及主要技术；拟定机器的总体布局及结构组成；拟定原动机方案、传动系统方案和执行机构方案；绘制出机构运动简图等。分析机器的总功能，按对应功能把机器分为若干个部分。对具备对应功能的各部分进行理论计算和工程试验，验证实现各个对应功能的现实性，完成功能分析。在此基础上，逐个对相应功能的设计方案加以评测、综合，形成综合性能最佳的设计方案。

3．技术设计阶段

根据最佳设计方案，以划分的功能确定结构为设计出发点。本着简单、实用、经济和美观等原则，对零部件进行技术设计。顺序完成正式的机器总装配图、部件装配图和零件工作图。

4．施工设计阶段

依据已完成的技术设计，编制设计计算说明书，机器使用说明书，标准件及外购件明细表，易损件（或备用件）清单，完成制造、装配和试验所需的全部工艺文件等，为生产提供必备的条件。

在实际设计过程中，设计步骤往往会交替进展。因计算是在结构草图的基础上进行，有时又需要计算后才能确定草图结构，故计算和绘图常常相互交叉。机器是由零件总装而成的，但正确的零件图只能从装配图中测得，故装配图和零件图绘制时也会相互交叉、互为补充。设计过程的各个阶段是有紧密联系的。设计中一旦发现问题和瑕疵，就必须返回去修改。因此，设计是一个不断反复、不断完善并逐步优化的过程。

此外，从产品设计开发的全过程来看，完成上述设计工作后，接着是样机试制。这一阶段中随时都会因为工艺原因修改原设计，甚至在产品推向市场一段时间后，还会根据用户反馈意见修改设计或进行改型设计。一个合格的设计者应该将自己的设计视野延伸到制造和使用的全过程中，并不断地改进设计和提高机器质量，更好地满足生产和生活的需要。

4.1.4　机械零件设计的基本要求和步骤

1．机械零件设计的基本要求

机器是由零件组成的，设计的机器是否满足要求？其中零件设计的好坏起着决定性的作用。设计机械零件的正确思路是：理清零件在机器中所处的地位、作用及工作条件，在实用而可靠的前提下，经济并且合理地制造出来。

机械零件设计时，应满足以下几个基本要求。

1）功能要求 不同的零件，因其在机器中起的作用不同，要求也不尽相同。如支座零件，需要有足够的刚性，设计时应加以考虑。同类零件在不同的机器中工作时，要求也不尽相同，不同的功能要求就有不同的设计要求。例如在某些机器中要求所用的蜗杆传动具有自锁功能，那么在参数、效率、材料选择上，就与不要求自锁的蜗杆传动有所不同。

2）有效性要求 例如传动带因打滑而失效，导致丧失传动功能，从而影响机器的正常工作。防止零件失效、保证它在预定寿命内具有预定的工作能力，是机械零件设计中必须关注的重要内容。

3）结构工艺性要求 零件应具有良好的结构工艺性，是指保证在一定的生产条件下，能方便、经济地加工出零件来，并使其便于装配成机器。因此，在结构设计时对零件相应的工艺性应予以足够重视，且应从零件的毛坯制造、机械加工及装配等生产环节逐一分析并综合考虑。设计时的结构工艺性要求不是靠理论计算实现的，而是由设计人员运用工艺知识，在结构设计及制订技术要求等过程中，依据经验进行设计、考虑并将其落实到零件工作图和技术文件中。

4）经济性要求 零件的经济性主要取决于材料和加工方面的因素。提高零件的经济性，需要从材料选择和结构工艺性两个方面着手考虑。尽可能用廉价材料代替贵重材料，只在零件的关键部位使用优质贵重的材料；采用轻型的零件结构和少余量、无余量毛坯；简化零件结构和改善零件结构工艺性；减少加工面积，加工凸台高度尽可能一致；设计孔系时，孔径尽量取相同的直径值；尽可能采用标准化的零部件等。

5）减小质量要求 对绝大多数机械零件尽可能减小质量都是必要的。这样做一方面可节约材料，另一方面可减小运动零件的惯性力，从而改善机器的动力性能。对运输型机械，减小零件质量可减小机械的总质量，从而增加运载量。满足零件质量尽可能小的目的，应从多方面采取设计措施。

2．机械零件设计的一般步骤

机械零件设计是机器设计中极其重要且工作量较大的设计环节，一般可按下列步骤来进行：

1）根据零件的使用要求，选择零件的类型与结构。应经过多方案比较而择优选取。

2）根据机器的工作要求，分析零件的工作情况，确定作用在零件上的载荷及应力。

3）根据零件的工作条件及其特殊要求，选择合适的材料及热处理方法。

4）根据工作情况分析，判定零件的主要失效形式，从而确定其计算准则。

5）根据计算准则，计算并确定零件的主要尺寸和主要参数。

6）根据零件的工艺性及标准化等原则进行零件的结构设计，确定其结构尺寸。

7）对重要的零件，结构设计完成后，必要时应进行校核计算。若不合适，应修改结构设计。

8）绘制零件工作图，制订技术要求，编写计算说明及有关技术文件。

不同的零件和不同的工作条件可以采用不同设计步骤，有时还会以相互交叉、反复进行的方式完成设计过程。

4.2 面向制造和装配的设计理念

4.2.1 DFMA 的概念

面向制造和装配的产品设计（Design for Manufacturing and Assembly，DFMA），是指在保证

产品功能、外观和可靠性等前提下，通过提高产品零件的工艺性和装配性，能以更低的成本、更短的时间和更高的质量完成产品的制造和装配，为此所展开的产品开发工作及设计活动。

1. 零件工艺性

零件工艺性好是指在一定的生产条件下，能以经济的方式和较高的质量完成零件的加工制造。零件工艺性好，反映了零件设计满足制造工艺对零件的要求，设计的零件容易制造、生产效率高、成本低、缺陷小、质量高等；反之，则零件难以制造、生产效率低、成本高、缺陷多、质量低等。制造工艺包括注射加工、冲压加工、压铸加工、机械加工等，不同的制造工艺对零件设计有不同的要求。

在本章 4.3、4.4 节内容中，将从机械加工、注射加工等方面介绍设计面向制造时工艺性方面的典型案例。

2. 零件装配性

零件装配性好是指在一定的生产条件下，能以经济的方式和较高的质量完成零件产品的装配。零件装配性好，反映零件设计满足装配工序及工艺对零件的要求，设计的零件容易装配，效率高、不良率低、装配成本低和装配质量高等；反之，则零件难以装配、效率低、不良率高、成本高和质量低。

要使零件具备好的装配性，应在设计中考虑：减少零件数量；减少紧固件的数量和类型；零件标准化；采用模块化产品设计；设计稳定的基座；设计容易抓取的零件；避免零件互相缠绕；减少零件装配方向；设计导向特征；先定位后固定；避免零件装配干涉；为辅助工具提供空间；为重要零部件提供止位特征；防止零件欠约束和过约束；对零件公差的要求相对宽松；装配中融入人机工程学；电缆的合理设计；防错设计等。

在本章 4.5 节内容中，将着重从上述方面介绍设计面向装配时装配性方面的典型案例。

4.2.2 传统设计与 DFMA

1. 传统设计

传统设计是指由市场人员描述市场需求及产品雏形，会同相关人员一起商定产品功能、结构布局、参数后，产品设计师进行产品的设计。制造工程师负责产品制造及装配方面的工艺设计；试制样机并完成测试后，产品正式批量生产。在前述过程中，针对发现的问题，随时返回去修改设计。传统设计的产品开发流程如图 4-1 所示。

在传统产品开发模式中，容易产生设计与制造脱节。产品设计工程师设计的产品容易产生工艺性、装配性不良，造成了设计、加工、试验、修改的循环反复，造成产品开发周期长、成本高、质量低。

2. DFMA

面对日益激烈的竞争，更多的现代企业为提高产品质量、缩短产品开发周期、降低产品开发成本等，摈弃了传统设计模式，转而使用 DFMA 的工作模式。因此，从进入概念设计后，开始认真考虑来自客户、装配、制造、测试、质量和成本等各方面的要求，不断地在设计过程中及时处理上述要求，解决各类问题，消除后期反复修改设计的弊端。DFMA 的产品开发流程如图 4-2 所示。

对照图 4-1 与图 4-2 中的产品开发流程，可以看出后者是一个顺畅、逐步推进的产品开发流程，而传统的产品设计则是通过"反复修改才能完成设计"，使得产品在开发流程中反复修改。

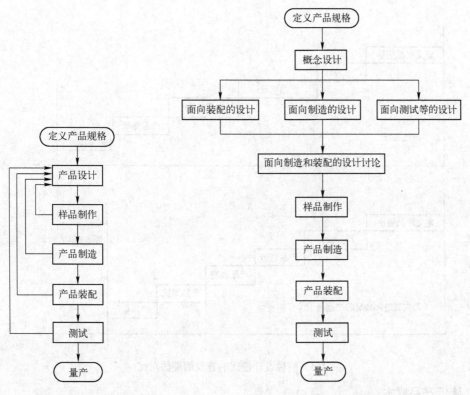

图 4-1　传统设计的产品开发流程　　　　图 4-2　DFMA 的产品开发流程

4.2.3　DFMA 的优势

1．减少设计修改次数

与传统设计相比，DFMA 的工作模式能够大幅降低产品设计修改次数，如图 4-3 所示。DFMA "将问题解决在设计过程中"的理念，使所有应该进行的设计修改集中在产品设计阶段完成。因此，在产品设计阶段，设计师会投入更多的时间和精力，同制造和装配部门密切合作，这使得产品设计时充分考虑了零件的工艺性和装配性需求。当产品开发进入后期阶段时，由制造和装配问题引起的产品设计的修改次数将被杜绝或是大大减少。

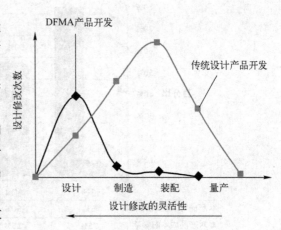

图 4-3　两种设计模式设计修改次数的对比

2．缩短产品开发周期

DFMA 大大缩短了产品开发周期，为产品赢得了抢先上市的商机。据统计，相对于传统设计，DFMA 能够节省 39%的产品开发时间，如图 4-4 所示。DFMA 增加了在产品设计阶段时间和精力的投入，确保"一次性把不良结构问题解决到位，不留工艺及装配问题隐患"。而传统设计的反复修改容易使产品开发的时间大幅增加。

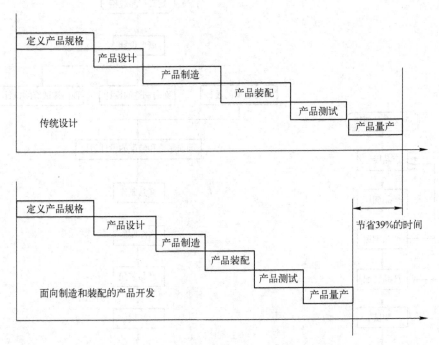

图 4-4　两种设计模式的开发周期的对比

3. 降低产品成本

采用 DFMA 能够大幅降低产品开发成本，如图 4-5 所示，产品设计决定了 75%的产品成本，而 DFMA 通过以下三个方面促使了产品成本的降低。

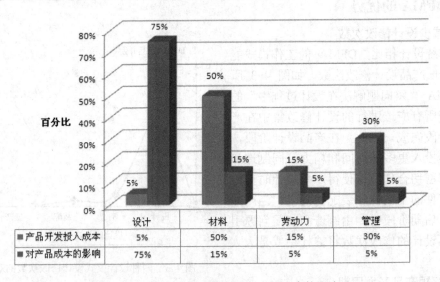

百分比	设计	材料	劳动力	管理
■ 产品开发投入成本	5%	50%	15%	30%
■ 对产品成本的影响	75%	15%	5%	5%

图 4-5　产品设计及其他投入对产品成本的影响

1）针对问题不留隐患、周密设计，尽量杜绝产品开发后期中的设计修改。设计实践证明：设计修改的灵活度，随着时间的推移越来越低，其费用就越来越高。一般来说，设计修改费用在产品开发周期中，会随着时间的推移呈 10 的指数级增长，如图 4-6 所示。

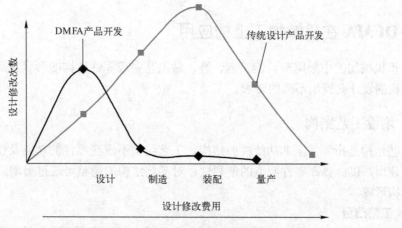

图 4-6 某类产品设计修改费用在产品开发周期中的变化

某类产品设计修改费用在不同的阶段中相差悬殊，如图 4-6 所示。在产品设计阶段，只需要在三维软件中修改产品的图样，需要的费用只是工程师的设计费用，为 1000～2000元。在样品制作阶段，相应需要 1 万～2 万元。在产品制造和装配阶段，设计修改会导致模具的修改和装配工艺的变更，此时需要的费用就是 10 万～20 万元。一旦产品已经批量生产时，再需要进行设计修改，这时影响范围就更广，导致的费用就更高，达到 100 万～200 万元。当然，如果产品发生严重的质量问题，则需要召回，此时的费用不仅仅是 1000 万～2000 万元，而是产品和公司信誉的问题，这绝不是用钱可以衡量的。例如在 2010 年，因为安全隐患问题，某汽车公司不得不大量召回汽车，因此蒙受了几十亿美元的损失。

2）简化零件设计，减少产品制造成本。DFMA 针对工艺和装配的要求，简化零件的结构设计，令零件制造、装配更方便快捷，从而减少零件的制造成本。

3）简化产品设计，大幅降低产品成本。产品成本包括零件的材料成本和相应的制造及其装配成本。产品越复杂，产品的装配就越复杂，装配成本就越高。同时，装配出现不良品的概率也越高。简化产品设计是降低产品成本的一个强有力的手段。

零件数量是衡量产品复杂度的指标之一。通过减少零件数量降低产品复杂度，可以降低零件及装配成本。例如，最初的设计支座由 24 个零件组成，经二次改进设计后，最后零件数分别降为 4 或 2，如图 4-7 所示。

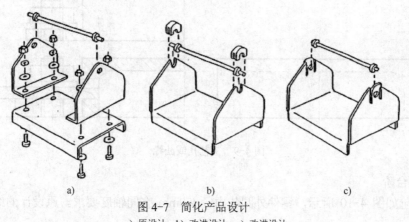

图 4-7　简化产品设计

a) 原设计　b) 改进设计　c) 改进设计

4.3 DFMA 在机械加工上的应用

由于机械加工中采用车、铣、刨、磨、钻工艺完成零件结构的形状及尺寸加工，因此对零件结构的设计会提出不同的要求。

4.3.1 增设工艺结构

工艺结构是指零件上非功能性的结构。工艺结构不改变零件的功能及使用，仅限于加工过程中使用，以此提高零件制造的便利性。对工艺结构的调整可通过另增添结构或通过适当修改结构形成。

1. 工艺凸台

工艺凸台如图 4-8 所示，零件加工时，左端或右端增设工艺凸台后，便于加工时安装定位，也可有效地提高零件加工中的刚性与稳定性。此类结构若不影响零件使用功能则予以保留，否则可在零件加工完成后去除。

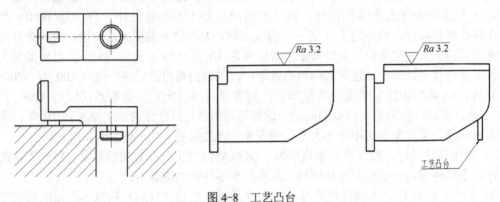

图 4-8　工艺凸台

2. 工艺孔或凸缘

工艺孔或凸缘如图 4-9 所示，零件增设工艺孔或凸缘后，加工时便于安装定位。

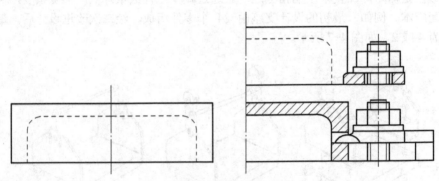

图 4-9　工艺孔或凸缘

3. 工艺台阶

工艺台阶如图 4-10 所示，零件外圆与内径φ50mm 有同轴度要求。原设计的结构无法在一次安装中，同时完成两个有同轴度要求的零件表面的加工，使同轴度要求难以保证。改增工艺台阶后，通过装夹工艺台阶，可同时完成两个有同轴度要求的表面加工，设计要求得以保证。又如图 4-11 所示，零件圆弧外缘难以装夹，改增工艺台阶后，也方便了零件装夹。

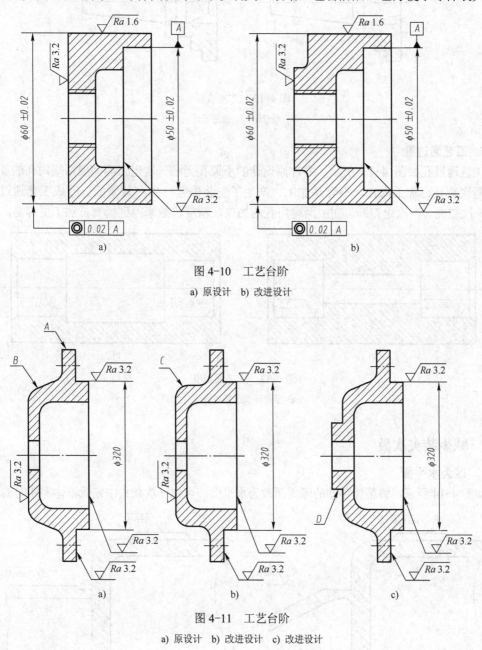

图 4-10　工艺台阶

a) 原设计　b) 改进设计

图 4-11　工艺台阶

a) 原设计　b) 改进设计　c) 改进设计

4. 工艺轴颈

工艺轴颈如图 4-12 所示，对零件外圆锥不方便进行自动定心装夹，改为工艺轴颈后可实现自动定心，方便零件装夹。

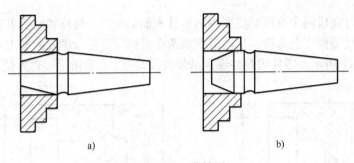

a)   b)

图 4-12　工艺轴颈

a) 原设计　b) 改进设计

5. 工艺通过孔

工艺通过孔如图 4-13 所示，零件原设计的小通孔无法一次走刀而完成两端内孔的加工。若分两次装夹再加工内孔，不容易加工、产生了安装偏差、生产效率低。改成工艺通过孔结构，一次装夹、一次走刀即可完成两端内孔的加工，精度、效率得到提高，加工更容易。

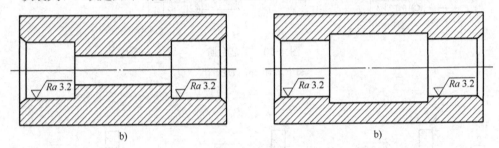

b)   b)

图 4-13　工艺通过孔

a) 原设计　b) 改进设计

4.3.2　减少装夹次数

1. 改为水平面

如图 4-14 所示，将箱体零件的倾斜面改为水平面，可在一次装夹中完成箱体零件的加工。

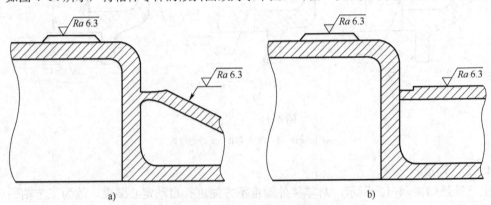

a)   b)

图 4-14　把倾斜面改为水平面

a) 原设计　b) 改进设计

2．键槽方向改为一致

如图 4-15 所示，将键槽方向改为一致，可在一次装夹中完成阶梯轴零件的铣削加工。

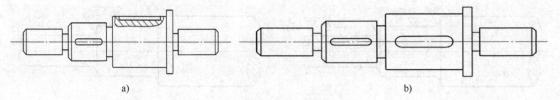

图 4-15　键槽方向改为一致

a) 原设计　b) 改进设计

3．刀具标准化和取相同参数

1）标准化　如图 4-16 所示，圆整后的设计尺寸符合国家标准系列，有助于刀具标准化。

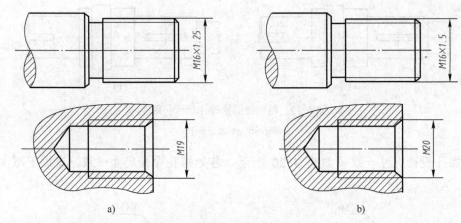

图 4-16　圆整设计尺寸符合国家标准

a) 原设计　b) 改进设计

2）槽宽度设计尺寸一致　如图 4-17 所示，退刀槽宽度设计尺寸一致，有助于减少换刀次数。

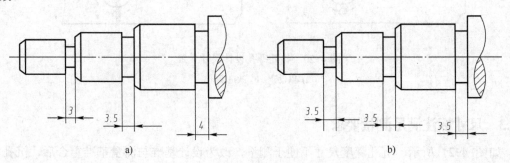

图 4-17　退刀槽宽度设计尺寸一致

a) 原设计　b) 改进设计

3）圆角设计尺寸一致　如图 4-18 所示，轴肩处圆角设计尺寸一致，有助于减少换刀次数。

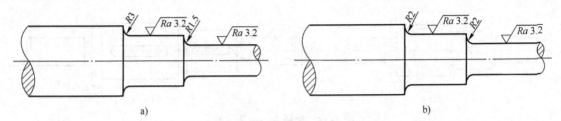

图 4-18　轴肩处圆角设计尺寸一致

a) 原设计　b) 改进设计

4）键槽设计尺寸一致　如图 4-19 所示，轴颈处键槽设计尺寸一致，有助于减少换刀次数。

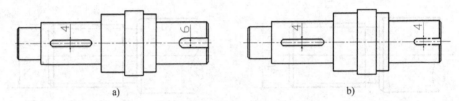

图 4-19　轴颈处键槽设计尺寸一致

a) 原设计　b) 改进设计

5）螺孔设计尺寸一致　如图 4-20 所示，各处螺孔设计尺寸一致，有助于减少换刀次数。

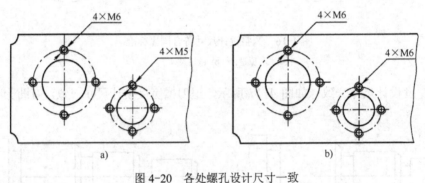

图 4-20　各处螺孔设计尺寸一致

a) 原设计　b) 改进设计

4.3.3　尺寸标注满足测量要求

如图 4-21 所示，沉孔深度尺寸不便于测量，改为设计基准与测量基准重合后，沉孔深度尺寸可直接测量获得。

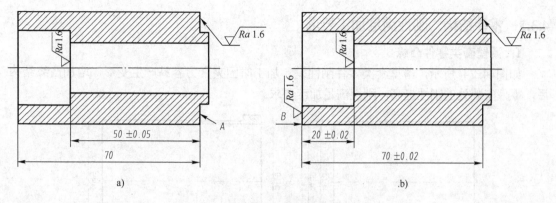

图 4-21　改为设计基准与测量基准重合

a) 原设计　b) 改进设计

4.3.4　零件结构符合热处理工艺规范

1. 轴肩倒角结构

如图 4-22 所示，轴肩处在热处理工艺中易产生应力集中，形成表面裂纹，影响轴的质量。改为倒角结构后，避免了热处理后的应力集中，保证轴的工作的稳定和可靠。

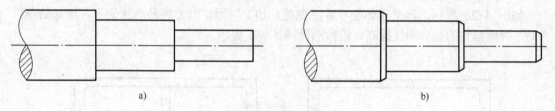

图 4-22　轴肩倒角结构

a) 原设计　b) 改进设计

2. 套类零件工艺孔

如图 4-23 所示，套类零件增加工艺孔后，改善了此处壁厚而整体结构不均匀的情况，避免了热处理后的应力集中，保证套的工作强度稳定可靠。

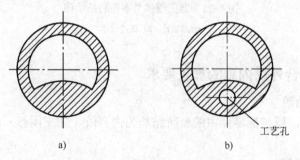

图 4-23　套类零件工艺孔结构

a) 原设计　b) 改进设计

4.3.5 零件结构、刚性满足加工要求

1．薄壁套类零件凸缘

如图 4-24 所示，薄壁套类零件刚性差，加工时因夹紧力容易产生变形，增加凸缘结构后，零件安装处的刚性提高，刚性满足加工要求。

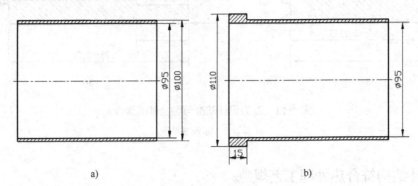

图 4-24 薄壁套类零件凸缘结构

a) 原设计 b) 改进设计

2．薄壁箱体类肋条

如图 4-25 所示，薄壁箱体类零件刚性差，加工时因切削力容易产生变形，增加肋条结构后，薄壁箱体的整体刚性提高，箱体刚性满足加工要求。

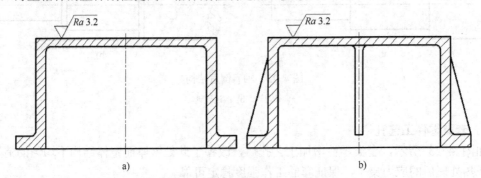

图 4-25 薄壁箱体类零件肋条结构

a) 原设计 b) 改进设计

4.3.6 零件结构符合外易内难的加工要求

1．内台阶改外台阶

如图 4-26 所示，原相配零件中的台阶结构为内台阶，加工困难，改成外台阶后，加工装配方便。

2．内装配改外装配

如图 4-27 所示，原相配零件装配在箱体内，装配面加工困难，装配时也不方便，改成将零件装配在箱体外后，装配面加工容易，装配也方便。

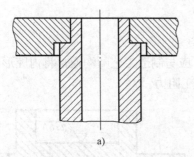
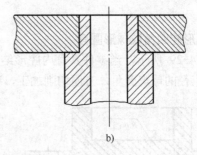

a)　　　　　　　　　　　　　　b)

图 4-26　内台阶改外台阶

a) 原设计　b) 改进设计

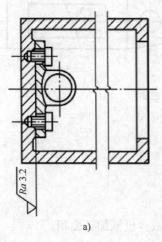
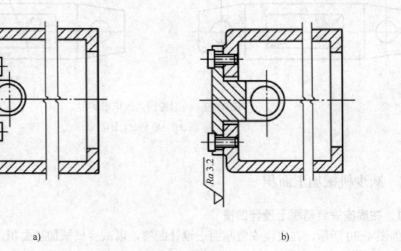

a)　　　　　　　　　　　　　　b)

图 4-27　内装配改外装配

a) 原设计　b) 改进设计

3．零件去除所有的内形结构

如图 4-28 所示，原相配零件的台阶结构为内台阶，加工困难，将内台阶能去掉的直接去掉，其余全部改成零件外台阶后，加工难度减小。

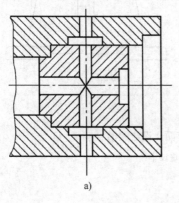
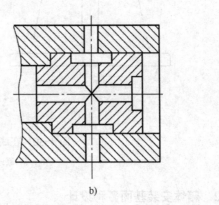

a)　　　　　　　　　　　　　　b)

图 4-28　去除零件所有的内台阶结构

a) 原设计　b) 改进设计

4．内形腔四角改球形圆角

如图 4-29 所示，当零件具有内腔形结构时，应与制造工艺师沟通，将内腔形四周底部改为刀具半径的球形圆角，方便切削加工，减小加工阻力。

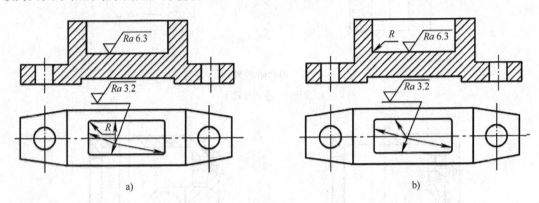

图 4-29　内形腔四角改球形圆角

a) 原设计　b) 改进设计

4.3.7　减少机械加工面积

1．在底座安装基面上设计凹槽

如图 4-30 所示，在底座安装基面上设计凹槽，以减少机械加工面积。

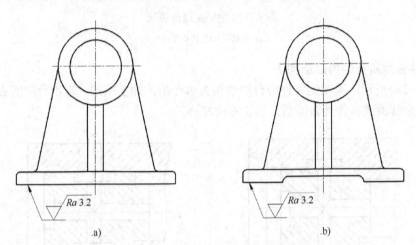

图 4-30　在底座安装基面上设计凹槽

a) 原设计　b) 改进设计

2．箱体安装基面多种设计

如图 4-31 所示，将箱体安装基面设计成凹形，以减少机械加工面积。

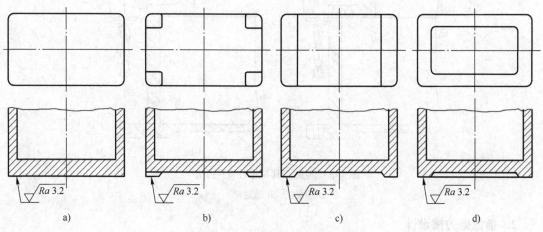

图 4-31　箱体安装基面多种设计

a) 原设计　b) 凸台设计　c) 通槽设计　d) 凹槽设计

3. 箱体边缘多种设计

如图 4-32 所示，将箱体边缘设计为凸台或沉孔结构，均可减少机械加工面积。

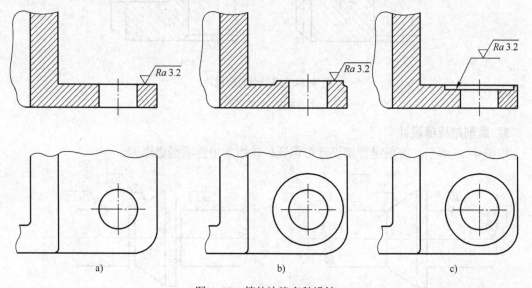

图 4-32　箱体边缘多种设计

a) 原设计　b) 凸台设计　c) 沉孔设计

4.3.8　结构便于加工和进退刀

1. 避免刀具与零件发生干涉

如图 4-33 所示，待加工的孔与侧壁的距离一定要大于刀具的装夹尺寸，否则会造成刀具与零件发生干涉，使刀具无法进入加工部位。

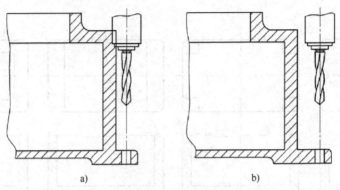

图 4-33 避免刀具与零件发生干涉

a) 原设计 b) 改进设计

2. 插齿退刀槽设计

如图 4-34 所示，插齿退刀槽设计可保证插齿时能顺畅进退刀。

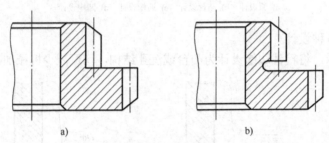

图 4-34 插齿退刀槽设计

a) 原设计 b) 改进设计

3. 磨削越程槽设计

如图 4-35 所示，磨削越程槽设计可保证砂轮磨削中能顺畅进退刀。

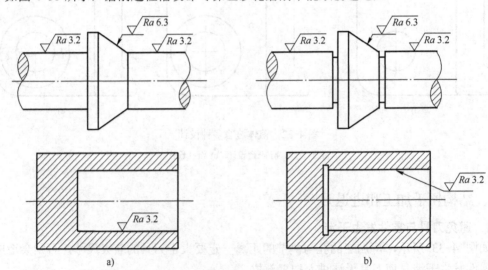

图 4-35 磨削越程槽设计

a) 原设计 b) 改进设计

4. 钻削表面与轴线垂直

如图 4-36 所示，钻进/钻出表面应与轴线垂直。

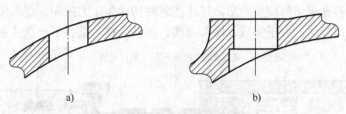

图 4-36 钻削表面与轴线垂直

a) 原设计 b) 改进设计

5. 待加工表面与侧壁垂直

如图 4-37 所示，待加工的表面与侧壁应尽可能保持相互垂直，靠近侧壁根部应留有退刀槽，方便铣、磨削时的进退刀。还要控制 Z 轴的下刀深度，侧壁不能太高，内腔不要太深。

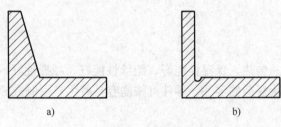

图 4-37 待加工表面与侧壁垂直

a) 原设计 b) 改进设计

4.4 DFMA 在塑料成型上的应用

4.4.1 概述

1. 塑料的定义

塑料主要由碳、氧、氢、氮构成，成品为固体，在制造过程中是熔融状的液体。加热使其熔化，加压力使其流动，冷却使其固化，从而形成各种形状。此类庞大而变化多端的材料族群，称为塑料。

2. 塑料的成型工艺

塑料的成型工艺有注射成型、压延成型、真空成型、吹塑成型、挤塑成型等加工制造工艺。其中，注射成型、压延成型为最常用的塑料件成型工艺，这两种成型工艺加工的精度高、质量好、生产效率高，可加工复杂结构。

3. 注射成型

注射成型由注射成型机（图 4-38）将熔融塑料挤压进入塑料模型腔，经冷却保压成型。其具体过程如下：

1）进料　将粒状塑料在料筒内混合、融化、搅动。

2）注射　合模后，螺杆快速向前移动，将熔融的塑料挤入塑料模型腔。

3）保压　塑料充满塑料模型腔后，停止注射并切换为压力控制，进入保压及冷却。

4）成型　浇口凝固、保压完成、冷却继续、螺杆后移，准备下一次注射熔融塑料。

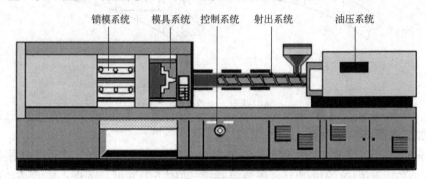

锁模系统　模具系统　控制系统　射出系统　油压系统

图 4-38　注射成型机示意图

4.4.2　塑料件的特点

1．塑料件的优点

塑料件不生锈、不易传热、保温性能好、绝缘性能好、减振性好、消声性优良、透光性好、易于加工成几何形状复杂的零件、零件可按需容易着色、可制成轻质高强度的产品、产品制造成本低等。

2．塑料件的缺点

塑料件耐热性差、易于燃烧、易受某些溶剂及药品的腐蚀、机械强度较低、受力易变形、易受损伤、尺寸稳定性差、耐久性差、易老化、易沾染灰尘及污损等。

4.4.3　塑料的性能与用途

1．常用塑料的性能及用途

1）通用塑料　通用塑料是指综合力学性能较低，不能作为结构件，但成型性能好、价格便宜、产量大的塑料。如 PE、PP、EEA、PVC，可用于薄膜、管材、鞋材、盆子、桶、包装材料等。

2）普通工程塑料　普通工程塑料是指综合力学性能中等，在工程方面用作非承载的材料。如 PS、HIPS、ABS、AAS、ACS、MBS、AS、PMMA，可用于非承载的产品外壳等壳体类零件。

3）结构工程塑料　结构工程塑料是指综合力学性能较高，用作工程方面的结构件，可以承受较高载荷的材料。如 PA、POM、NORYL、PC、PBT、PET，可用于可承受较高载荷的产品外壳。

2．特殊塑料的性能及用途

1）耐高温工程塑料　耐高温工程塑料是指在高温条件下仍能保持较高力学性能的塑料，耐高温，具备良好的刚性。如 PI、PPO、PPS、PSF、PAS、PAR，可用于汽车发动机部件、油泵和气泵盖、仪表用高温插座等。

2）塑料合金　塑料合金是指利用物理混合或化学的方法获得的高性能、功能化、专用化的一类新材料，能改善或提高现有塑料的性能并降低成本。如 PC/ABS、PC/PBT、PC/PMMA，可用于汽车、电子、精密仪器、办公设备、包装材料、建筑材料等。

3）热塑性弹性体（TPE）　热塑性弹性体是指物理性能介于橡胶和塑料之间的一类高分子材料，它既具有橡胶的弹性，又具有塑料的易加工性，可用于汽车、电子、电气、建筑、工程及日常生活用品等多方面。包括各种护套、管材、电线和电缆、垫片、零配件、鞋件、密封条、输送带、涂料、油漆、黏合剂、热熔胶、纤维。

4）改性塑料　改性塑料是指在塑料原料中添加各种添加剂、填充料和增强剂（如玻璃纤维、导电纤维、阻燃剂、抗冲击剂、流动剂、光稳定剂等），使塑料具有高阻燃性、高机械强度、高冲击性、耐高温性、高耐磨性、导电性等性能的一类材料，从而扩大塑料的使用范围。如玻璃纤维增强塑料，简称玻璃钢，是在原有塑料（如 PC、PP、PA、PET、PBT）的基础上加入玻璃纤维复合而成的工程结构塑料，是一种具有高强度、高性能的新材料。改性塑料可用于汽车、机械、电器、轮船、航空航天等领域，目前是替代传统金属材料的最佳选择。

常用塑料可分为结晶塑料与非结晶塑料，其特性对比见表 4-1。

表 4-1　常用塑料的特性对比

特性 ＼ 分类	非结晶塑料	结晶塑料
密度	较低	较高
拉伸强度	较低	较高
拉伸模量	较低	较高
延展性	较好	较差
抗冲击性	较好	较差
最高使用温度	较低	较高
收缩率和翘曲度	较低	较高
流动性	较差	较好
耐化学性	较差	较好
耐磨性	较差	较好
抗蠕变性	较差	较好
硬度	较低	较高
透明性	较好	较差
加玻璃纤维增强效果	较差	较好

4.4.4　塑料的选取

1. 塑料件的载荷状况

塑料件的载荷状况分为：短期载荷应力-应变行为，长期载荷-蠕变，反复性载荷-疲劳强度，高速和冲击性载荷-抗冲击强度，极端温度下载荷-热应力、应变行为。

2. 塑料件的使用环境

塑料件只能在一定的温度范围内保持性能，低于或者超过该温度范围，塑料件在机械应力或化学侵蚀下容易发生失效。而不同塑料的工作温度范围不一样，如 POM 在不同温度下的拉伸应力-应变曲线，如图 4-39 所示。

3. 工艺要求

选择塑料时要考虑零件的装配方式及对尺寸稳定性要求。当零件以卡扣结构装配时，足够的韧性和疲劳强度应是选择塑料的主要考虑因素。

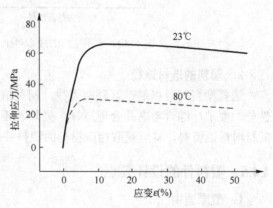

图 4-39　POM 在不同温度下的拉伸应力-应变曲线

4．外观要求

根据零件是否有透明度、网格、电镀、表面光泽度等要求，选取表面有相应特性的塑料。

5．安全规范要求

选择塑料时，应充分考虑产品符合安全规范或特定的认证要求，满足阻燃、绝缘等方面的具体要求。

4.4.5 塑料的成本与选材途径

1．塑料的成本

常用塑料的类型与成本关系为：高性能工程塑料（PI>PSU>PPS>PP0）>工程塑料（PET>PA66>PBT>PA6>PC>POM>ABS）>通用塑料（PMMA>PP>PS>PE>PVC）。

常用塑料的成本对比如图 4-40 所示，可作为选用时的参考。

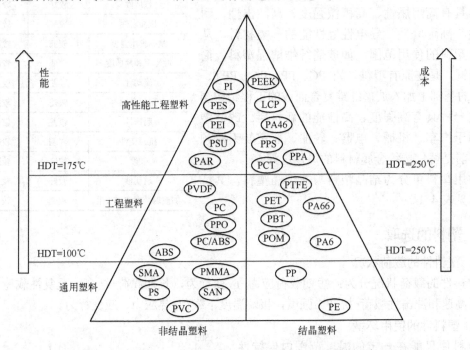

图 4-40　常用塑料的成本对比（图中 HDT 表示热变形温度）

2．塑料的选材途径

选择塑料时可以通过互联网查找，相关信息以获取塑料的基本物性表，根据设计对材料性能的要求，综合考虑并合理选择。另外，还可通过各大材料供应商的官网，查得更为详细的材料性能资料，甚至获取相应材料的塑料件设计指南。

4.4.6 塑料件的设计要点

1．壁厚适中

塑料件的壁厚太薄，流动阻力大时塑模型腔难以充满，且零件强度低；塑料件的壁厚太厚，则零件容易产生缩水、气孔和翘曲等质量问题；过厚还会使零件冷却时间增加、成型周期加长，同时零件用料增加，双重因素导致成本增加。常用塑料合适的壁厚范围见表4-2。

表4-2 常用塑料合适的壁厚范围 （单位：mm）

壁厚 \ 材料	PE	PP	Nylon	PS	AS	PMMA	PVC	PC	ABS	POM
最小值	0.9	0.6	0.6	1.0	1.0	1.5	1.5	1.5	1.5	1.5
最大值	4.0	3.5	3.0	4.0	4.0	5.0	5.0	5.0	4.5	5.0

2. 减小壁厚的因素

保证零件有足够的强度条件下，应尽量减小壁厚。零件强度可通过增设加强肋的方法解决。减小壁厚时应考虑：

1）因脱模力大小的影响，零件顶出时是否发生变形。

2）有金属镶件时，镶件周围强度是否足够。

3）孔的强度是否足够。

3. 零件壁厚均匀

零件理想的状态是任何截面都呈现均匀的壁厚，不均匀的壁厚会引起不一致的冷却和收缩，造成零件表面缩水、内部气孔及翘曲变形、尺寸超差等缺陷。在很多情况下，可通过改进设计使零件壁厚尽可能均匀，如图4-41和图4-42所示。

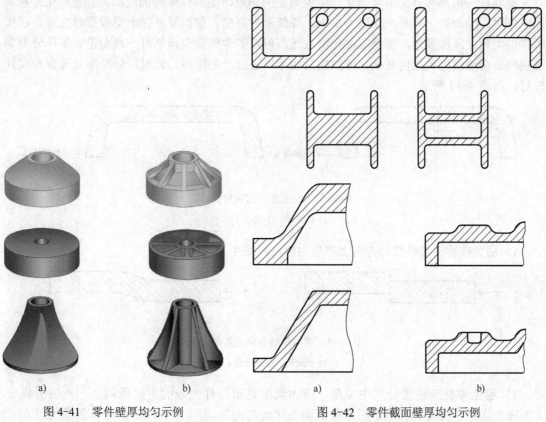

图4-41 零件壁厚均匀示例
a) 原设计 b) 改进设计

图4-42 零件截面壁厚均匀示例
a) 原设计 b) 改进设计

4. 避免零件截面突变

在零件截面发生突变处，应设有平缓过渡的结构，如图 4-43 所示。

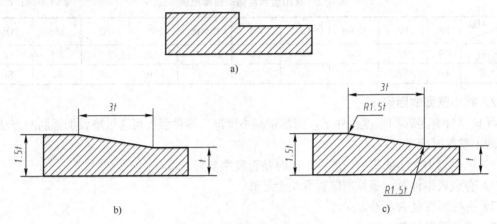

图 4-43　零件平缓过渡的结构

a) 原设计　b) 改进设计　c) 改进设计

5. 避免尖角

塑料件的内部和外部需要避免产生尖角。尖角阻碍塑料件熔料的流动，容易产生外观缺陷。同时在尖角处，容易产生应力集中，降低零件强度，使得零件在承受载荷时失效。在塑料件的尖角处添加圆角，使得零件光滑过渡，但对零件外部尖角不可一概而论。零件分型面处的圆角会造成模具结构复杂，增加模具成本，还会产生接痕。此时，分型面处按直角设计较好，如图 4-44 所示。

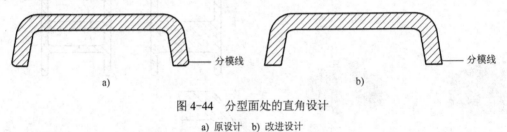

图 4-44　分型面处的直角设计

a) 原设计　b) 改进设计

1）避免在塑料熔料流动方向上产生尖角，如图 4-45 所示。

图 4-45　熔料流动方向应避免尖角

a) 原设计　b) 改进设计

2）避免零件壁连接处产生尖角。应力集中是塑料件失效的主要原因之一，应力集中大多发生在零件尖角处。改进后零件截面变化处的内部圆角 R 为 $0.5t$，外部圆角为 $1.5t$，如图 4-46 所示。

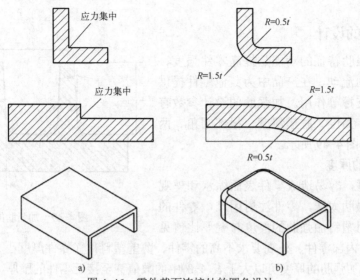

图 4-46　零件截面连接处的圆角设计

a) 原设计　b) 改进设计

6. 脱模斜度

如图 4-47 所示，大多情形下塑料件的脱模斜度一般取 1°～2°，在零件功能和外观等允许情况下，零件脱模斜度尽可能取大值，凸模侧脱模斜度小于凹模侧，以利于脱模。特殊情况下，可以不设置脱模斜度，但模具需设计为侧抽芯，使模具结构复杂、成本高。

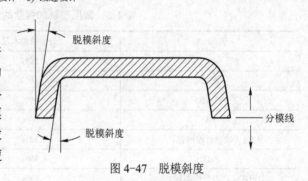

图 4-47　脱模斜度

决定脱模斜度的因素如下：

1）收缩率较大的塑料件，脱模斜度较大。

2）尺寸精度要求较高的特征处，取较小的脱模斜度。

3）壁厚较厚时，成形收缩大，取较大的脱模斜度。

4）咬花面与复杂面，取较大的脱模斜度。

5）玻纤增强塑料，取较大的脱模斜度。

6）脱模斜度的大小与方向不能影响零件的功能，如图 4-48 所示。

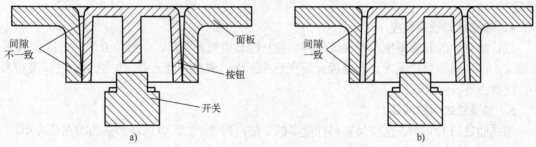

图 4-48　脱模斜度不影响零件的功能

a) 原设计　b) 改进设计

4.4.7 加强肋的设计

塑料件加强肋特征的功能是提高零件强度、辅助塑料熔料的流动，在产品中为其他零件提供导向、定位和支撑等作用。加强肋的设计参数有加强肋的厚度、高度、脱模斜度、根部圆角、两肋的间距等，如图 4-49 所示。

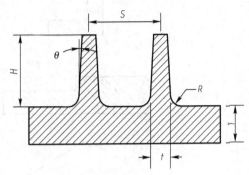

图 4-49　加强肋的设计

1．加强肋的厚度

加强肋太厚，容易造成零件表面缩水和外观质量问题。加强肋太薄，零件注射困难，零件的强度不够。常用塑料加强肋的厚度与壁厚比值见表 4-3。对产品内部零件、外观要求不高的零件、薄壁塑料件（零件厚度小于 1.5mm），为了提高其强度，加强肋的厚度可以大于表 4-3 中的数值甚至接近零件的壁厚，但应使加强肋靠近浇口，同时调整注射工艺参数，降低零件表面的缩水。

表 4-3　常用塑料加强肋的厚度与壁厚比值

塑　　料	最小的缩水量	较小的缩水量
PC	50%	66%
ABS	40%	60%
PC/ABS	50%	50%
PA	30%	40%
PA（玻璃纤维增强）	33%	50%
PBT	30%	50%
PBT（玻璃纤维增强）	33%	50%

2．加强肋的高度

为了提高零件的强度，加强肋的高度越大越好；但加强肋的高度太大；零件注射困难，难以充满。特别是当加强肋引起脱模斜度增加后，加强肋的顶部尺寸变得更小。加强肋的高度 H 一般不超过塑料件壁厚 T 的 3 倍，即 $H \leqslant 3T$（T 为壁厚）。

3．加强肋的根部圆角

为避免零件根部应力集中，增加塑料熔料的流动性，加强肋的根部圆角 $R=0.25T \sim 0.5T$。

4．加强肋的脱模斜度

设计加强肋的脱模斜度，要保证加强肋能从模具中顺利脱出，一般为 0.5°～1.5°。脱模斜度太小，加强肋脱模困难，容易因此而变形或刮伤；脱模斜度太大，加强肋的顶部尺寸太小，注射困难、强度低。

5．加强肋之间的间距

加强肋之间的间距 S 至少为塑料件壁厚的 2 倍，即 $S \geqslant 2T$，以保证加强肋的充分冷却。

6．加强肋设计壁厚均匀原则

加强肋的设计需要遵守壁厚均匀原则。加强肋与加强肋连接处、加强肋与零件壁连接处添加圆角后，容易造成零件壁厚局部过厚，导致零件表面缩水。此时，可在局部壁厚处做挖空处理，以保持零件壁厚均匀，避免零件表面缩水，如图 4-50 所示。

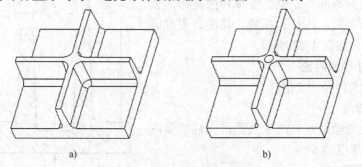

图 4-50 避免零件壁厚局部过厚

a) 原设计 b) 改进设计

7. 在加强肋顶端增加斜角避免困气

注射过程中，直角的设计容易造成顶端困气，带来注射困难和产生注射缺陷。此时，可在加强肋顶端增加斜角或圆角，避免零件产生困气，如图 4-51 所示。

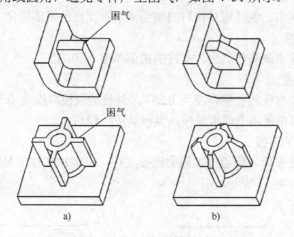

图 4-51 加强肋顶端增加斜角

a) 原设计 b) 改进设计

8. 加强肋方向与塑料熔料流向一致

加强肋方向应与塑料熔料流动方向一致。确保熔料的流动顺畅，可提高注射效率，避免产生困气等注射缺陷，如图 4-52 所示。

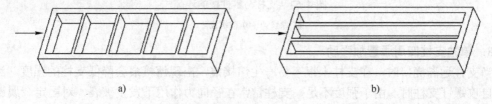

图 4-52 加强肋方向与塑料熔料流向一致

a) 原设计 b) 改进设计

4.4.8 支柱的设计

支柱的功能有导向、定位、支撑和固定等。支柱的设计参数有外径、内径、厚度、高度、根部圆角和脱模斜度等，如图 4-53 所示。

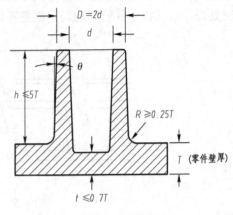

1. 支柱的外径和内径

支柱的外径为内径的 2 倍。

2. 支柱的厚度

为避免零件表面缩水和产生气孔，支柱的厚度不应该超过零件厚度的 60%。

3. 支柱的高度

支柱太高，因脱模斜度原因会使顶部尺寸太小，导致零件注射困难；如果保证顶部尺寸，又会造成支柱底部太厚，造成零件表面缩水和产生气孔。因此，支柱的高度 h 一般不超过零件壁厚 T 的 5 倍，$h \leqslant 5T$。

图 4-53　支柱的设计

4. 支柱的根部圆角

为避免零件应力集中，保证塑料熔料的顺畅流动，支柱的根部圆角 $R=0.25T \sim 0.5T$。

5. 支柱的根部厚度

为避免外观表面缩水缺陷的产生，支柱的根部厚度 $t \leqslant 0.7T$。

6. 支柱的脱模斜度

一般情况下，支柱内径的脱模斜度为 0.25°，外径的脱模斜度为 0.5°。但支柱也可以不用脱模斜度，可在模具中使用套筒来脱模，但模具费用稍高。

7. 支柱与零件壁的连接

尽量避免单独支柱设计，可通过加强肋连接支柱，以增加支柱的强度，并使得塑料熔料的流动更加顺畅，如图 4-54 所示。

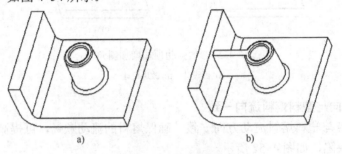

a)　　　　　　　　　　　　　b)

图 4-54　支柱与零件壁的连接

a) 原设计　b) 改进设计

8. 单独支柱四周添置加强肋

当支柱远离浇口时，在支柱上很容易产生熔接痕，出现熔接痕会降低支柱的强度。当支柱是自攻螺钉支柱时，由于强度不足，支柱常常在径向力作用下发生破裂，对固定金属镶件的支柱也是如此。因此，需要在单独的支柱四周添加加强肋，增加支柱的强度。同时，在加强肋与支柱的连接处添加圆角。单独支柱四周添加加强肋的设计如图 4-55 所示。

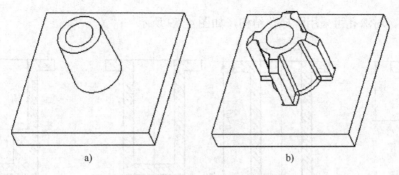

图 4-55　单独支柱四周添加加强肋

a) 原设计　b) 改进设计

9. 支柱设计的壁厚均匀原则

当支柱过于靠近零件壁时，容易产生局部壁厚过厚，导致零件表面缩水和产生气泡，应用支柱设计的壁厚均匀原则，如图 4-56 所示。

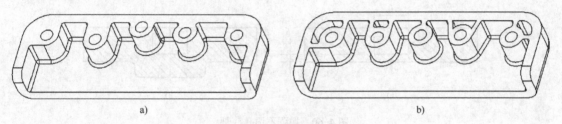

图 4-56　支柱设计的壁厚均匀原则

a) 原设计　b) 改进设计

4.4.9　孔的设计

1. 孔的深度

1）不通孔　不通孔直径小于 5mm 时，孔的深度 h 不应该超过孔直径 D 的 2 倍；不通孔直径大于 5mm 时，孔的深度 h 不超过孔直径 D 的 3 倍，如图 4-57 所示。

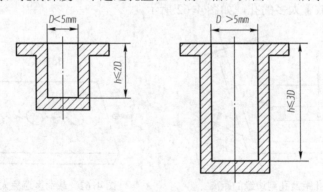

图 4-57　不通孔的深度

2）通孔　通孔直径小于 5mm 时，孔的深度 h 不应该超过孔直径 D 的 4 倍；通孔直径大于 5mm 时，孔的深度 h 不超过孔直径 D 的 6 倍，如图 4-58 所示。

3）深孔　对深孔可采用阶梯孔结构，如图 4-59 所示。

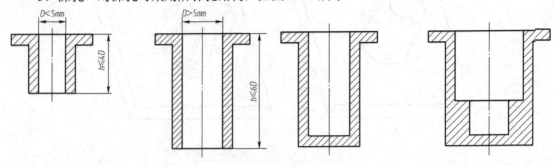

图 4-58　通孔的深度　　　　　　　图 4-59　阶梯深孔结构

2. 避免不通孔底部太薄

不通孔底部厚度 h 应大于孔直径 D 的 20%。小于此值时的结构则如图 4-60b 所示，应增强不通孔的强度。

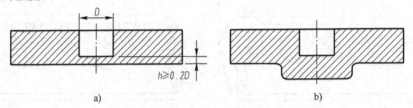

图 4-60　增强不通孔底部

a) 原设计　b) 改进设计

3. 孔距及孔到边缘的距离

孔与孔的间距、孔与零件边缘的距离 S 应大于或等于孔直径 D 或零件壁厚 t 的 1.5 倍，即 $S \geqslant 1.5D$ 或 $S \geqslant 1.5t$，可取两者的最大值，如图 4-61 所示。

4. 孔要远离载荷区

过多的孔会削弱零件强度。另外，孔会形成熔接痕，进一步影响受力。因此，在零件的载荷区应尽量避免放置太多的孔，如图 4-62 所示。

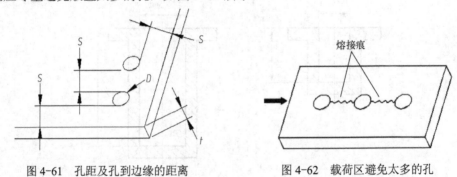

图 4-61　孔距及孔到边缘的距离　　　　图 4-62　载荷区避免太多的孔

5. 孔边缘增加凸缘

可在孔的边缘增加凸缘提高孔的强度。长孔或槽也可以使用类似的设计，如图 4-63 所示。

6. 避免与零件脱模方向垂直的侧孔

在保证零件功能的前提下，设计时避免与零件脱模方向垂直的侧孔；确实需要侧孔时，可优化设计，避免侧向抽芯机构的使用，如图 4-64 所示。

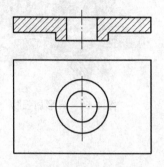

图 4-63　孔边缘增加凸缘

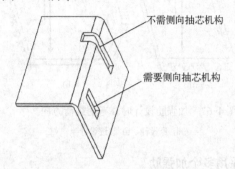

图 4-64　不需侧向抽芯机构

7. 长孔的方向

长孔的方向应与塑料熔料的流动方向一致，如图 4-65 所示。

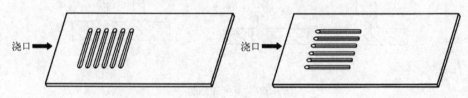

图 4-65　长孔的方向

a) 原设计　b) 改进设计

8. 风孔的设计

一般情况下，进出风的孔为圆孔时，模具的型芯为圆柱形，加工容易，模具成本低。

过多的风孔会造成零件强度降低，可以通过加强肋或凸缘等方法，增加进出风口处零件的强度。

4.4.10　提高塑料件强度的设计

1. 加强肋提高零件强度

添加加强肋提高零件强度的方式远比增加壁厚的效果好，如图 4-66 所示。

2. 增设加强肋时需要考虑载荷方向及多载荷

加强肋只能加强塑料件一个方向的强度，设计中要考虑载荷方向，如图 4-67 所示。如果零件承受的载荷是多个方向的载荷或扭曲载荷，可以考虑添加 X 型加强肋或发散形加强肋来提高零件强度，如图 4-68 所示。

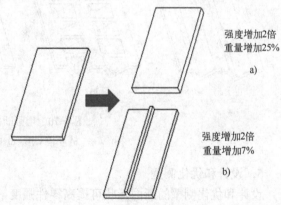

强度增加2倍
重量增加25%

a)

强度增加2倍
重量增加7%

b)

图 4-66　加强肋提高零件强度

a) 增加壁厚时　b) 添加加强肋时

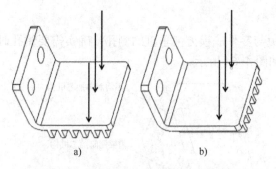

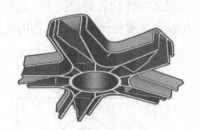

图 4-67　加强肋设计时要考虑载荷方向

a) 原设计　b) 改进设计

图 4-68　异形加强肋

3. 采用多个加强肋

当单个加强肋太高或太厚时，可以用两个较小的加强肋来替代，如图 4-69 所示。

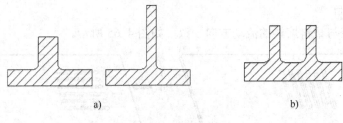

图 4-69　多个加强肋

a) 原设计　b) 改进设计

4. 设计增强断面

常见的零件增强断面包括 V 形、锯齿形和圆弧形，如图 4-70 所示。这种方法的缺点是，零件没有一个平整的平面，在某些情况下不能使用。

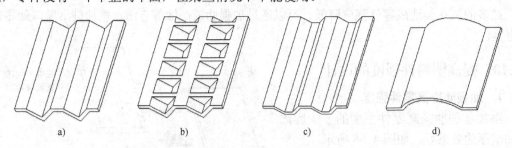

图 4-70　增强断面的形状

a) V 形　b) 小格 V 形　c) 锯齿形　d) 圆弧形

5. 设计和优化侧壁

设计和优化侧壁的断面形状可提高零件强度，如图 4-71 所示。

6. 优化浇口设计区位

零件熔接痕区域的强度最低，容易发生失效。此时，可优化浇口的位置和数量，避免零件在熔接痕区域承受载荷，如图 4-72 所示。

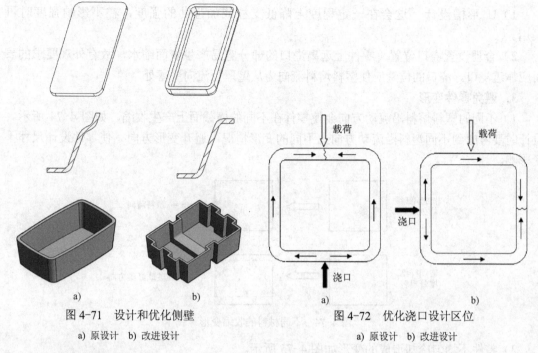

图 4-71　设计和优化侧壁

a) 原设计　b) 改进设计

图 4-72　优化浇口设计区位

a) 原设计　b) 改进设计

7. 其他强度因素

1）避免零件发生应力集中。

2）常用玻璃纤维增强塑料来代替普通塑料，以提高塑料件的强度。需要注意的是，玻璃纤维增强塑料只在玻璃纤维的方向上提高零件的强度。

3）塑料件承受压缩载荷的能力比承受拉伸载荷的能力强。

4）避免零件承受圆周方向上的载荷。例如金属镶件处若承受圆周载荷时，容易发生破裂而失效。

5）在承受冲击载荷时，为保持零件断面的完整性，应避免在冲击载荷方向上的零件断面出现缺口和应力集中。

4.4.11　改善塑料件外观的设计

1. 选择合适的塑料

针对塑料件外观的要求，选择合适的塑料。

2. 避免零件外观表面缩水

通过改变设计，掩盖零件表面缩水。如采用 U 形槽设计、表面断差设计、表面咬花设计等方式可掩盖塑料件表面缩水，如图 4-73 所示。

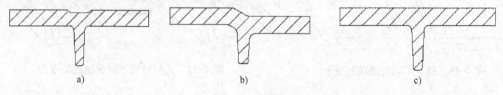

图 4-73　避免表面缩水

a) U 形槽　b) 表面断差　c) 表面咬花

1）U 形槽设计 这会在一定程度上降低支柱或加强肋的强度，在不影响强度时可采用。

2）合理设置浇口位置 零件上远离浇口的部分容易产生表面缩水，故有外观要求的表面应靠近浇口。浇口的位置应使塑料熔料流向为从壁厚处流向壁薄处。

3. 避免零件变形

1）不同的塑料熔料沿流动方向会使零件在不同的横截面上产生收缩，如图 4-74 所示。设计时要考虑到不同塑料沿流动方向上不同的变形情况，避开变形方向，使零件设计尺寸不受影响。

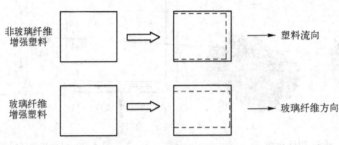

图 4-74 不同材料的收缩变形

2）零件不均匀冷却造成的变形如图 4-75 所示。

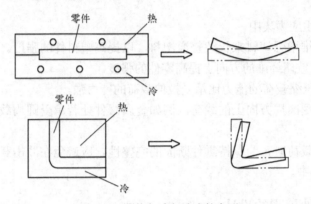

图 4-75 不均匀冷却造成的变形

3）零件壁厚不均匀造成的变形如图 4-76 所示。

4）零件几何特征不对称造成的变形如图 4-77 所示。正确的方法是将图示特征设计成对称特征。

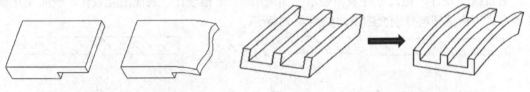

图 4-76 壁厚不均匀造成的变形   图 4-77 几何特征不对称造成的变形

4. 美工沟的设计

相配零件接合处美工沟的设计可起美观作用，如图 4-78 所示。

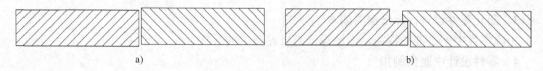

图 4-78　美工沟的设计

a) 原设计　b) 改进设计

5．避免出现熔接痕

1）塑料件表面的咬花可以部分掩盖熔接痕，但并不能完全掩盖熔接痕。

2）喷漆可以掩盖熔接痕。

3）合理设置浇口的位置和数量可避免在零件重要外观的表面产生熔接痕。

6．避免出现断差或飞边

1）模具凸凹模交汇处、型芯与型芯交汇处、型芯与凸凹模交汇处，容易出现断差或飞边，因此不选取零件重要外观的表面作为分型面。

2）模具顶出结构不要置于零件重要外观的表面处，对透明塑料件应更为注意。

4.4.12　降低塑料件成本的设计

1．设计多功能的零件

多功能的塑料件可替代多种传统工艺方法加工的零件，而多个塑料件也可以合并为一个塑料件，如图 4-79 所示。

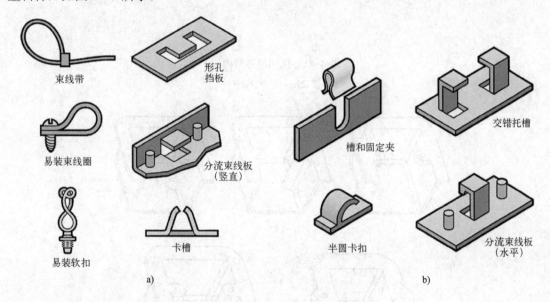

图 4-79　塑料件替代多个传统零件

a) 替代绳索类零件　b) 替代卡簧类零件

2．降低零件材料成本

1）不影响强度时，降低零件厚度，并去除零件中较厚部分。

2）不增加壁厚，采用加强肋提高零件强度。

3. 简化零件设计，降低模具成本

去除零件中不必要的特征，谨慎设计有公差要求的尺寸。

4. 零件设计中避免倒扣

1）通过重新设计分型面，避免外侧倒扣，如图 4-80 所示。

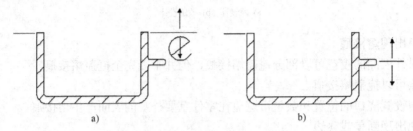

图 4-80　重新设计分型面

a) 原设计零件不能脱模　b) 改进设计零件顺利脱模

2）优化设计：优化抽芯结构如图 4-81 所示；避免零件倒扣如图 4-82 所示。

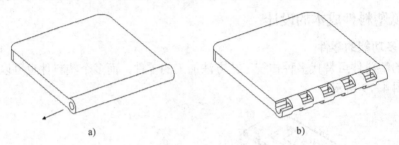

图 4-81　优化抽芯结构

a) 原设计　b) 改进设计

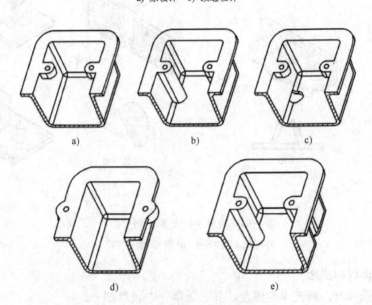

图 4-82　避免零件倒扣

a) 原设计　b) 改进设计 1　c) 改进设计 2　d) 改进设计 3　e) 改进设计 4

5．降低模具修改成本

后期模具修改成本非常高，不正确的塑料件设计会增加模具后期修改费，因此需考虑以下因素，以减少或避免模具后期修改。

1）零件的可注射性设计　充分运用塑料成型工艺知识，按照塑料零件的设计要求，设计工艺性好的塑料零件。

2）减少产品设计修改次数　产品零件设计一定要以严谨而科学的态度，在充分论证并运用 CAE 分析、仿真后，才能确定设计方案，然后谨慎设计所有零件的结构及尺寸，最后完成模具的设计开发，确保减少或避免模具修改。

3）避免添加材料的模具修改　对尚需试验和检测后才能确定结构及尺寸的零件，其模具设计应按只对模具实施减材料的方法预定模具结构，以降低模具修改成本。

6．使用卡扣代替螺钉等固定结构

塑胶件的固定方式包括卡扣、螺钉、热熔和超声波焊接等，使用卡扣可降低模具成本。

7．其他

1）零件外观装饰特征、文字和符号宜向外凸出，这样模具加工时为下凹，加工容易。

2）零件的浇口应便于切除，或采用隐藏式浇口及分型面。

4.4.13　塑料件影响注射模具设计的因素

1．预留足够的滑块退出空间

如在两个相交方向上均设计有卡扣，另外还邻近支柱，如图 4-83 所示，要为滑块至少应预留 7mm 的行程空间，以保证在两个相交方向上滑块退出时均不发生干涉。

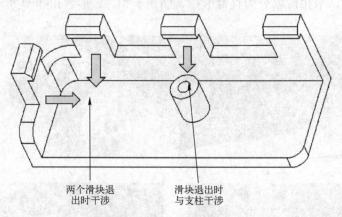

图 4-83　滑块退出空间

2．支柱不要离侧壁太近

避免支柱太靠近零件侧壁，造成模具成型部分出现薄楔状，降低了模具强度，如图 4-84 所示。

4.4.14　装配塑料件的设计

塑料件各种装配方式的优缺点对比见表 4-4。

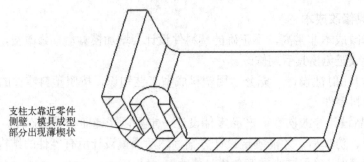

支柱太靠近零件
侧壁，模具成型
部分出现薄楔状

图 4-84 支柱不要离侧壁太近

表 4-4 塑料件各种装配方式的优缺点对比

装配方式	优点	缺点
卡扣	1. 成本低 2. 可以拆卸 3. 设计灵活 4. 快速装配和拆卸	1. 卡扣配合间隙的存在使得固定不牢固和产生噪声 2. 不可用于有预紧力下的装配，长期受力时易蠕变而失效 3. 不适用于经常需要拆卸的应用场合
机械紧固件	1. 设计稳定、牢固 2. 可反复拆卸	1. 塑料支柱在扭力作用下易破裂 2. 用（自攻螺钉）易产生滑牙 3. 成本中等
焊接	1. 强度高 2. 不会产生蠕变	1. 二次加工，成本可能会上升 2. 不可拆卸 3. 有些塑料之间焊接性能差

1. 卡扣的分类

1）根据形状，卡扣可以分为直臂卡扣、圆周卡扣、L 形卡扣和 U 形卡扣，如图 4-85 所示。

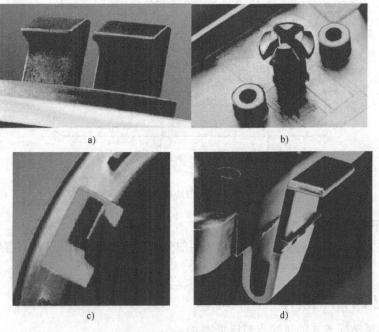

图 4-85 卡扣按形状分类

a) 直臂卡扣　b) 圆周卡扣　c) L 形卡扣　d) U 形卡扣

2）根据装配状态，卡扣可以分为可拆卸卡扣和不可拆卸卡扣，如图 4-86 所示。

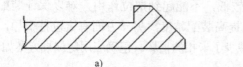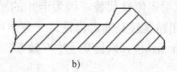

a)　　　　　　　　　　　　　　　b)

图 4-86　卡扣按装配状态分类

a) 不可拆卸卡扣　b) 可拆卸卡扣

2. 卡扣的设计

1）在设计卡扣之前应了解所选用塑料的力学性能，装拆次数，装配时能承受的应力和应变，以及装配后作用于卡扣上的机械压力。

2）在卡扣尺寸的设计上，要保证卡扣具有足够的强度和弹力，保证在装配和拆卸过程不会发生折断而失效，因此合理的卡扣尺寸非常重要。典型的直臂卡扣的尺寸如图 4-87 所示，其各参数尺寸如下：

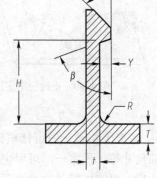

① 卡扣的厚度 $t=(0.5\sim0.6)T$。

② 卡扣的根部圆角 $R_{min}=0.5t$。

③ 卡扣的高度 $H=(5\sim10)t$。

④ 卡扣的装配导入角 $\alpha=25°\sim35°$。

⑤ 卡扣的拆卸角度 β：

● $\beta\approx35°$，用于不需外力的可拆卸的装配；

● $\beta\approx45°$，用于需较小外力的可拆卸的装配；

● $\beta\approx80°\sim90°$，用于需很大外力的不可拆卸的装配。

⑥ 卡扣的顶端厚度 $Y\leqslant t$。

图 4-87　直臂卡扣的尺寸

卡扣的厚度太薄则强度不够，太厚则弹性不足。设计时除参考上述经验公式外，最好通过建立数值力学模型，通过有限元分析，验证尺寸设计是否满足强度条件。

3）卡扣的根部圆角　卡扣最常见的失效是根部发生折断，根部锐角连接时容易造成应力集中。正确方法是在卡扣根部增加圆角，以避免应力集中，如图 4-88 所示。

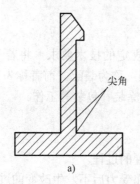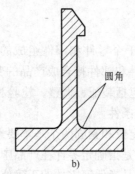

a)　　　　　　　　　　　　　　　b)

图 4-88　根部增加圆角

a) 原设计　b) 改进设计

4）卡扣的布置　卡扣均匀分布在零件四周，可以使受力均匀；对容易变形的零件，靠近变形区域设置卡扣，可提高零件强度，减小变形。

5）使用定位柱代替　因为卡扣的精度较低，不能起到定位作用，难以保证装配精度。此时若采用精度较高的定位柱，一方面可以提高装配精度，另一方面有定位柱引导，辅助卡扣迅速、准确到位，既提高了生产效率，还减少了卡扣的损坏。正确应用定位柱方案如图 4-89 所示。

6）优化卡扣设计　卡扣若倒扣，模具成型时需用到侧向抽芯机构，增加了模具的复杂度，但根部开孔可避免倒扣，从而简化了模具机构，如图 4-90 所示。

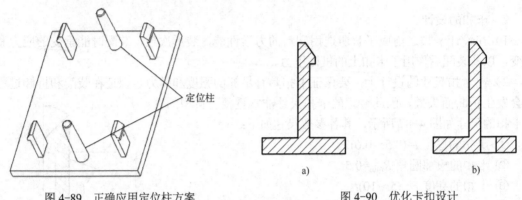

图 4-89　正确应用定位柱方案

图 4-90　优化卡扣设计

a）原设计　b）改进设计

7）卡扣设计时留修模预案　经产品反复装调后，才能最后确定卡扣的长度、厚度、顶部尺寸等。预案一，可用快速成型方法制造样件，用于产品反复装调，最后确定卡扣设计尺寸后，再完成模具的设计开发，确保减少或避免模具修改。预案二，卡扣尺寸稍做小些，以增加后期模具修改的便利性。

4.5　DFMA 在装配上的应用

4.5.1　装配概述

1．装配的定义

产品都是由若干个零件和部件组成的。按照规定的技术要求，将若干个零件接合成部件，或将若干个零件和部件接合成产品的劳动过程，称为装配。前者称为部件装配，后者称为总装配。它一般包括装配、调整、检验和试验、涂装、包装等工作。

2．装配的基本条件

装配必须具备定位和紧固两个基本要素。

1）定位　定位是指确定零件在产品中正确位置的过程。

2）紧固　紧固是指保证零件的正确位置，并在受力后不发生改变的过程。

3．装配工艺

装配工艺是指规定产品及部件的装配顺序、装配方法、装配技术要求和检验方法及装配所需设备、工夹具、时间、定额等技术规范。

装配工艺有互换装配法、分组装配法、修配装配法、调整装配法四种。

4. 装配工艺规程

装配工艺规程是指规定产品或部件装配工艺规程和操作方法等的工艺文件，是制订装配计划和技术准备的支撑文件，也是指导装配工作和处理装配工作问题的重要依据。它对保证装配质量、提高装配生产效率、降低成本和减轻工人劳动强度等，都有积极的作用。

4.5.2 装配线工艺规程的制订

1. 制订装配线工艺的基本原则及原始资料

制订装配线工艺时应合理安排装配顺序，尽量减少钳工装配工作量，缩短装配线的装配周期，提高装配效率，保证装配线的产品质量。这一系列要求，是制订装配线工艺的基本原则。制订装配线工艺的原始资料包括产品的验收技术标准、产品的生产纲领和现有生产条件。

2. 装配线工艺规程的内容

装配线工艺规程的内容：分析产品总装图，划分装配单元，确定各零部件的装配顺序及装配方法；确定装配线上各工序的装配技术要求、检验方法和检验工具；选择和设计在装配过程中所需的工具、夹具和专用设备；确定装配线装配时零部件的运输方法及运输工具；确定装配线上各装配工序的时间定额。

3. 制订装配线工艺规程的步骤

制订装配线工艺规程的步骤：分析产品原始资料；确定装配线的组织形式及装配方法；划分装配单元；确定装配顺序；划分装配工序、拟订工序内容；拟订工艺过程、编制装配工艺文件；制订产品检测与试验规范。

4. 设计装配工序

装配线工艺规程的设计基础是装配工序。装配工序的好坏决定了装配质量、效率、成本、劳动强度等。好的装配工序特征与差的装配工序特征见表4-5。

表4-5 好的与差的装配工序特征

好的装配工序	差的装配工序
1. 零件很容易识别	1. 零件很难识别
2. 零件很容易被抓起和放入到装配位置	2. 零件不容易被抓起
3. 零件结构容易对齐，且位置正确	3. 零件需要被不断调整，才能对齐
4. 在固定之前，零件具有唯一正确的装配位置	4a. 在固定之前，零件能够放到两个或者两个以上的位置 4b. 很难判断哪一个装配位置是对的 4c.在错误的位置上，零件仍然可以被固定
5. 快速装配，紧固件很少	5. 螺钉、螺柱、螺母牙型、长度、头型规格多，令人眼花缭乱
6. 不需要工具或夹具的辅助	6. 需要工具或夹具的辅助
7. 零件尺寸超过规格时依然能够顺利装配	7. 零件尺寸在规格范围之内依然装不上
8. 装配过程不需要过多的调整	8. 装配过程需要反复的调整
9. 装配过程容易且轻松	9. 装配过程困难且费力

5. 装配注意事项

1）保证产品质量。装配中，要严格调试、检验，以保证产品的可靠性稳定性，延长产品的使用寿命。

2）合理安排工序。尽量减少手工劳动量，满足装配周期的要求，以提高装配效率。

3）减少装配占地面积，以提高单位面积的生产率。

4）降低装配成本，以提高装配工作机械化、自动化、智能化程度，提高装配单元模块程度，简化装配工序和装配内容，从而大幅提高劳动生产率。

4.5.3 DFA 概述

1. DFA 的定义

面向装配的设计（Design for Assembly，DFA）是指针对装配环节，系统的产品设计思想和方法。在设计过程中，采用系统分析、规划及仿真，评估装配中各种因素的影响。将评估结果应用于产品设计中，使设计的产品具有良好的装配性，确保装配工序简单、装配效率高、装配质量高、装配不良率低和装配成本低。

DFA 是一种统筹兼顾的设计工作方式。DFA 要求在满足产品性能与功能的前提下，尽可能地优化结构并优化装配过程，保证产品能顺利装配。

2. DFA 的意义

1）DFA 研究的对象是装配工序。通过针对装配的产品设计，使每个装配工序成为最优设计，可简化产品装配工序、缩短产品装配时间、减少产品装配错误、减少产品设计修改次数、提高产品装配质量、提高产品装配效率、降低产品成本和优化产品设计的目的。

2）DFA 既是一种优化设计的方法，同时也是一种设计思想。可装配性分析提醒设计者少犯或不犯装配结构上的错误，而包括大量知识和经验的分析为设计者优化结构提供了设计指南。DFA 中在产品设计的早期阶段就考虑与装配有关的约束，指导设计师设计同一零件时对不同材料和装配工艺进行选择，对不同装配方案进行装配时间和成本的快速评估，全面比较与评价各种设计方案与装配工艺方案。设计团队根据这些反馈信息，在零件的早期设计阶段就能够及时改进设计，确定一种最满意的设计和装配工艺方案。正是由于 DFA 的这些特点和功能，使 DFA 技术成为并行工程的核心技术。

4.5.4 DFA 的简约设计理念

1. 最少零件

最少零件设计理念是指产品的设计越简单越好，简单就是美，任何没有必要的复杂都是需要避免的。

《乔布斯传》中提出，只要不是绝对必需的部件，我们都应想办法去掉；为达成这一目标，就需要设计师、产品开发人员、工程师以及制造团队的通力合作。我们一次次地返回到最初，不断问自己：我们需要那个部分吗？我们能用它来实现其他部分的功能吗？

2. 化繁为简

完美的产品是指没有多余零件的产品。把产品设计得复杂，是一件简单的事情；把产品设计得简单，是一件复杂的事情。

零件的开发过程包括概念设计、概念讨论、详细设计、CAE 分析、DFMA 检查、DFMA 分析、公差分析、设计讨论、设计修改、样品制作、样品验证、设计修改、工程图出图等 29 道流程，如图 4-92 所示。减少一个零件，意味着可免去很多零件开发的繁杂事项，从而简化产品开发过程、提升工作效率、大幅降低产品开发成本。因此，要把产品设计得简单，就得化繁为简。

图 4-91　零件的开发过程

3. 美的体现

简单就是美。一款方便实用的多味宝如图 4-92 所示。该款多味宝可分装 6 种调味料，具有密封防潮、不会串味，便于从外观察调味料颜色，便于倒出任一款调味料等功能。除此之外，该款多味宝适合居家使用、方便旅行携带，具有产品色彩素雅、价格低廉等特点，受到消费者欢迎。

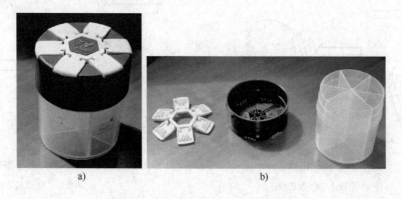

图 4-92　由三个零件组成的多味宝

a) 多味宝　b) 容器盒、盒盖、翻板

该款多味宝具有多种功能，但它仅由三个零件组成，这三个零件分别是容器盒、盒盖和翻板，分装 6 种调味料，能分别倒出任一调味料，同时还能满足容器盒与盒盖之间、盒盖与翻板之间准确定位与固紧的装配要求。此类简洁的产品设计，充分秉承了简单就是美的设计理念。

4. 零件合并

1）合并不同类型零件可减少零件数量，使产品更简单。合并不同零件的实例如图 4-93 所示。在原设计中，产品由零件 A 和零件 B 通过焊接装配而成，具有卡扣的功能。其中，零件 A 是钣金件，零件 B 是机械加工件。在改进的设计中，去除了零件 B，将原卡扣的功能合并到零件 A 上。同样是实现卡扣的功能，改进的设计中仅包含一个零件，而原设计中包含两类零件。而且还两类零件还需要通过焊接装配而成。设计的优劣一目了然。

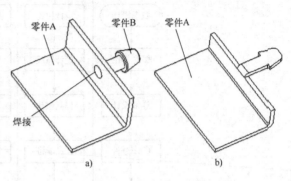

图 4-93 合并不同类零件的实例

a）原设计 b）改进设计

2）合并相似零件可减少零件数量，同样使产品更简单。如图 4-94 所示，合并后，零件 C 同时具有零件 A、零件 B 的结构特征，满足两种零件的功能要求，并且减少了零件数量。

设计技巧：在三维软件中，通常产品设计工程师先设计好一个零件，然后把零件装配到相似零件的位置，由装配关系确定零件的特征。由此可获取所有相似特征，完成满足产品要求的合并零件设计。

3）合并不对称零件遵循同样的思路，也可将左右不对称的零件 A 和零件 B 合并成左右对称的零件 C，这样产品更简单，如图 4-95 所示。

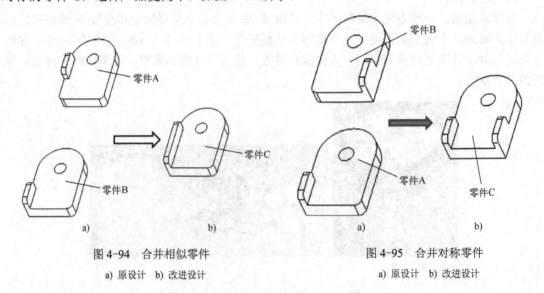

图 4-94 合并相似零件

a）原设计 b）改进设计

图 4-95 合并对称零件

a）原设计 b）改进设计

5. 优选工艺

1）由不同工艺制造的零件，复杂程度不同、功能不同。如图 4-96 所示的零件，当采用冲压加工时，变成一个钣金件代替焊接组件（一个钣金件+三个机加工件）。

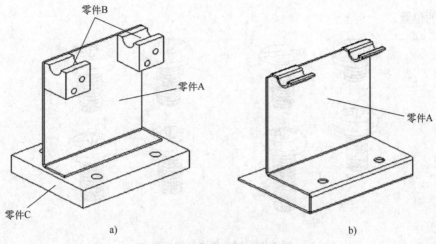

图 4-96　用钣金件代替多个零件

a) 原设计　b) 改进设计

2）合理选用零件的制造工艺，可以用复合功能零件代替多个零件，以降低产品成本。如图 4-97 所示的零件，当采用压铸加工时，变成一个压铸件代替焊接组件（一个钣金件+两个机加工件）。

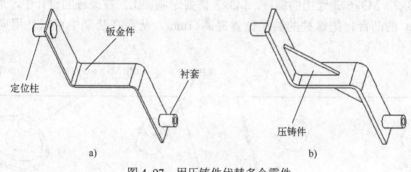

图 4-97　用压铸件代替多个零件

a) 原设计　b) 改进设计

6. 简约固定

1）使用同一种类型的紧固件　如果一个产品中有多种类型的紧固件，产品设计工程师需要考虑减少紧固件的类型，尽量使用同一种类型的紧固件。其优点如下：

- 方便设计和制造过程中对紧固件的管理。
- 批量购买可带来成本优势。
- 使用同一种类型的紧固件能够减少装配线上辅助工具的种类。对紧固件类型和数量越少越好，最好只使用一种紧固件。
- 防止产生装配错误。紧固件类型太多，容易造成用错紧固件，带来产品质量和功能问题。出错后需花费更大的精力来返工，也使操作人员花费大量的精力去防止错误的产生。

2）简约固定的应用　如图 4-98 所示，在一个产品中，原设计采用四种类型的螺钉，其螺钉的长度、头型和牙型不同，通过优化设计，改用一种最常见的 M3×6 螺钉，并能用在产品中不同的位置。

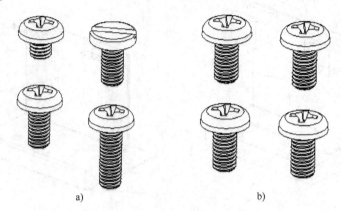

图 4-98　减少紧固件的类型

a) 原设计　b) 改进设计

3）简约固定的灵活应用　如何减少紧固件的类型，需要具体问题具体分析。例如，当钣金件的螺柱高度不一样时，通过在钣金中增加凸台，调整装配高度后，即可使用同一种螺柱，以达到减少螺柱类型的目的。如图 4-99 所示，在原设计中需要两种不同高度的螺柱，M3×6 和 M3×7。M3×6 是通用的螺柱，M3×7 需要定制加工。在改进的设计中，通过在钣金中增加 1mm 的凸台，把螺柱的装配位置提高 1mm，从而在装配中可以使用同一种螺柱M3×6。

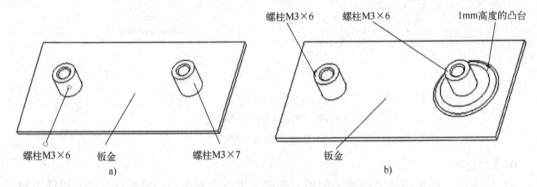

图 4-99　减少紧固件的类型

a) 原设计　b) 改进设计

7. 使用卡扣代替紧固件

紧固件装配耗时较多，装配成本可达到制造成本的 5 倍以上。常用四种装配方式成本的排序，如图 4-100 所示。其中，卡扣成本最低，拉钉成本次之，螺钉成本较高，螺栓和螺母的成本最高。

1）塑料件用卡扣装配是经济、环保的装配方式。如图 4-101 所示，该塑料件用卡扣装配，简易迅捷，能够节省大量的装配时间和装配成本。

2）钣金上用折边固定，同样能够节省大量的装配时间和装配成本。如图 4-102 所示，原设计中，两个钣金件通过四个螺钉固定；改进后，用折边（类似塑胶件中卡扣的功能）来固定，螺钉的数量由四个减少到两个。

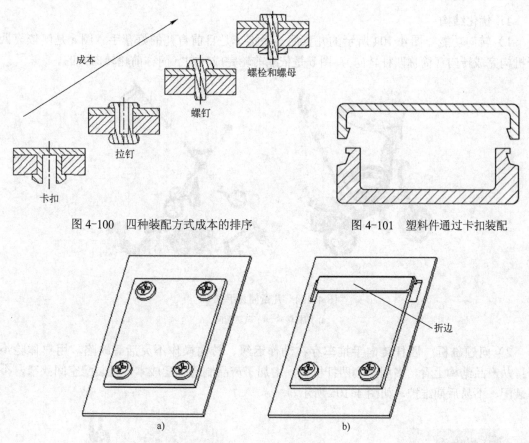

图 4-100　四种装配方式成本的排序　　　　图 4-101　塑料件通过卡扣装配

图 4-102　钣金上用折边固定

a) 原设计　b) 改进设计

8. 避免分散的紧固件设计

把紧固件设计为一体，能够减少紧固件的类型、缩短装配时间和提高装配效率，如图 4-103 所示。

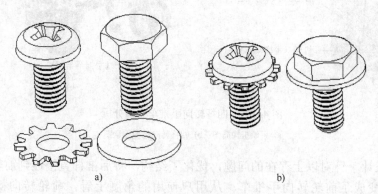

图 4-103　避免分散的紧固件设计

a) 原设计　b) 改进设计

4.5.5 DFA 的简约设计理念应用

1. 优化结构

1）转向功能 图 4-104 所示的儿童简易手推车是目前育儿的好帮手。图 a 是侧依靠四杆机构完成转向（简称四杆转向），图 b 是依靠前轮完成转向（简称前轮转向）的。

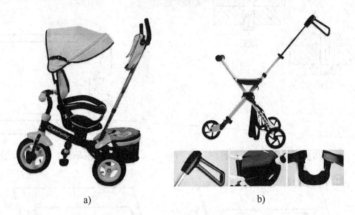

图 4-104 儿童简易手推车

a) 四杆转向 b) 前轮转向

2）问题剖析 四杆转向手推车存在动作迟缓、转向操作不灵活等缺陷，用户体验不好；从产品结构上看，多用一套四杆机构，增加了产品制造装配成本，且装配空间狭窄，不易装配、不易后期维护，如图 4-105 所示。

图 4-105 四杆转向手推车结构分析

a) 手绘机构简图 b) 四杆转向结构示意图

3）改进设计 针对以上存在的问题，优化了结构，将后推杆直接连到前轮上，减去了四杆转向机构变成了前轮转向手推车。从用户使用的角度上看，前轮转向操作灵活、方便，用户体验好；从产品结构上看，前轮转向通过优化结构，减少了零件，简化了机构，如图 4-104b 所示，降低了产品制造装配成本。

2．提升功能

1）功能分析　多味宝具有多方面的功能，但它仅由三个零件组成。这三个零件分别是容器盒、盒盖、翻板，分装 6 种调味料、密封防潮、不会串味、能方便倒出任一调味料，还能满足容器盒与盒盖之间、盒盖与翻板之间准确定位与固定的装配要求。

2）巧妙设计　通常情形下，相关联零件在产品中的位置关系要用定位件来确定，紧固件则保证零件在受力下不发生位置改变。多味宝分隔六种调味料，容器盒中用了均分的隔板实现。为了密封防潮、不会串味，盒盖又有相应的隔板槽，将隔板嵌入隔板槽中。装配时，两者只有对准方位，才能相互镶嵌，保证多味宝具有密封防潮、不会串味的功能，如图 4-106 所示。设计时没有使用定位件，也没有使用紧固件，而是采用标识特征来完成定位，利用塑料的弹性变形张力完成固定。同样，对盒盖六个均布的出料孔槽及其翻板的设计，要保证每一味调料能单独倒出，不用时还得密封防潮、不会串味。因此，采用盒盖六方凸台与翻板六方孔相配，起到定位两者的作用，如图 4-107 所示；翻板上凸圆柱与盒盖的出料孔采用过盈配合，既能隔绝空气中的潮气、异味，还能保证调料在不使用时不撒出，还能起到装配时对两者固定的作用。两处需要定位、固定的装配要求，均通过巧妙设计零件上的特征，最终在不增加零件的前提下实现了定位、固定。简约设计不仅减少了不必要的零件，降低了产品的成本，同时还提升了零件的使用功能，使产品简单实用、美观大方，产品的实用性得到增强。

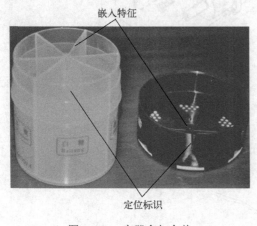

图 4-106　容器盒与盒盖

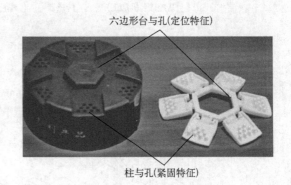

图 4-107　盒盖与翻板

3．化繁为简

简约设计最大的特点是化繁为简。下面通过一个电动机的实例来说明如何化繁为简，优化产品设计。

1）产品用途　电动机组件通过闭环方式，控制基座在导轨中的精确位置。

2）设计要求　电动机外壳美观；外壳的侧面可以拆卸，方便调整传感器的位置；电动机和传感器固定于基座上，基座需要有足够的强度，方便其在导轨上滑行；电动机和传感器分别通过线缆与电源和控制面板连接。

3）原设计　如图 4-108a 所示，用两个螺钉将电动机固定在基座上，传感器与基座的侧孔配合（定位），通过止动螺钉固定在基座上。基座上装有两个金属衬套，起导向作用；辅助后盖上的多个安装孔，安装时便于对齐后定位。后盖通过两个螺钉固紧在基座的两个螺柱上，使后盖与基座固定。后盖顶部固定有一个塑料衬套，电动机和传感器电缆穿过衬套与外部相连。最后，一个盒子状的外壳将上述所有零部件覆盖。两个螺钉分别从上侧将基座和后盖固定。原设计共有12种零件，数量为19个。

4）改进设计分析　首先检查每一个零件的必要性，然后通过合并零部件、合理选用制造工艺等方法减少零件数量。

① 基座：基座提供了支撑电动机与传感器的功能，不能去除。

② 金属衬套：后盖可以与外壳合并成一个零件，则不再需要金属衬套起导向作用，可去除。

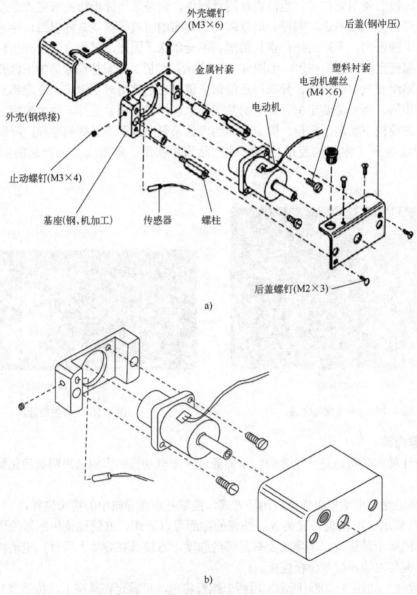

图 4-108　驱动马达化繁为简实例

a) 原设计　b) 改进设计

③ 电动机：电动机是部件的关键零件，不能去除。

④ 电动机螺钉：理论上可以使用卡扣替代。

⑤ 传感器：传感器是部件的关键零件，不能去除。

⑥ 止动螺钉：理论上可以通过卡扣替代，但此处不易设计卡扣，因此保留止动螺钉，整体结构更简单。

⑦ 螺柱：可以去除，使用卡扣替代。

⑧ 后盖：后盖可以与外壳合并成一个零件，使用塑料设计卡扣以固定基座。

⑨ 后盖螺钉：使用卡扣替代。

⑩ 塑料衬套：在外壳上直接开孔，孔的两侧增加光滑圆角以避免线缆被刺破，线缆可直接从孔通过，从而与外部连接。

⑪ 外壳：与后盖合并成一个零件。

⑫ 外壳螺钉：使用卡扣替代。

5）化繁为简　改进设计后，产品结构大为简化，电动机部件仅由基座、电动机、传感器、外壳、电动机螺钉组成，如图 4-108b 所示。

4. 上例化繁为简的设计亮点

1）外壳与后盖合并的优点　外壳与后盖合并后，装配由内装配方式变外装配方式，装配更方便简单；改变了基座与外壳的定位、固定方式，使装配更简单，零件减少。

2）改金属材料为塑料的优点

① 塑料的成型工艺更简单，材料及加工成本大幅降低，生产效率、装配效率得到提高。

② 可使用卡扣装配，减少紧固件成本，提高装配效率。

③ 产品质量和性能得到提高。

4.5.6　DFA 的其他设计理念

1. 标准化

1）标准化的好处　标准化可减少新零件开发时间和资源的浪费，缩短产品开发周期；零件标准化能够带来零件成本的优势；减少出现零件质量问题的风险。

2）标准化的实施　制订常用零件的标准库，并在企业内部不同产品之间实行标准化策略，鼓励在产品开发时从标准库中选用零件，鼓励重复利用之前产品中应用过的零件，鼓励五金零件（例如螺钉、螺柱、导电泡棉等）也选用供应商的标准零件。

2. 模块化

1）模块化设计　所谓模块化设计，简单地说，就是将产品的某些要素组合在一起，构成一个具有特定功能的子系统。将这个子系统的通用性要素与其他产品要素进行多种组合，构成新的系统，产生多种不同功能和相同功能而不同性能的系列产品。模块化设计多用于大型复杂产品的设计中，如机床、汽车、轮船、飞机、电子设备等。

未采用模块化设计时，产品装配线冗长，如图 4-109 所示。采用模块化设计后，产品装配线大为缩短，如图 4-110 所示。

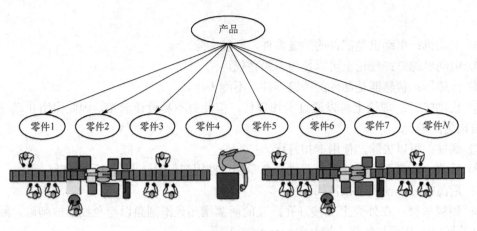

图 4-109　未采用模块化设计的装配线

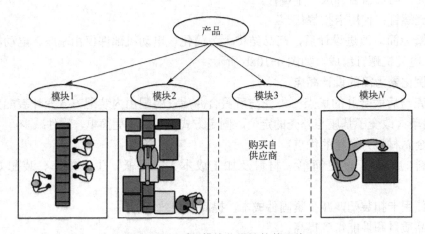

图 4-110　采用模块化设计的装配线

　　2）模块化设计的好处　模块化设计可提高装配灵活性，在不同的模块合理使用人工或机械装配；尽早发现质量问题，提高产品质量；采用互换性设计，避免因质量问题造成整个产品的返工或报废；提高产品的可拆卸性和可维修性。

　　3．稳定基座

　　稳定的基座保证装配能顺利进行，同时可以简化产品装配工序，提高装配效率，减少装配质量问题。

　　1）稳定的基座具有较大的支撑面和足够的强度支撑所有零件，并辅助后续零件的装配；在装配件的移动过程中，基座支撑并固定零件，使其不发生晃动和脱落；基座包括导向或定位特征，可辅助其他零件的装配。其典型应用举例如图 4-111 所示，前者支撑基面太小不稳，改进设计后成为一个稳定的基座。

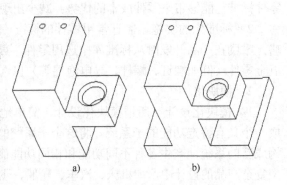

图 4-111　基座的典型应用举例

a) 原设计　b) 改进设计

2）最理想的装配方式是金字塔式装配方式。一个大而且稳定的零件用作产品基座，然后依次按大小装配零件，最后装的是最小零件；同时基座零件能够对后续的零件提供定位和导向功能，如图 4-112 所示。

3）避免把大的零件置于小的零件上进行装配，如图 4-113 所示。

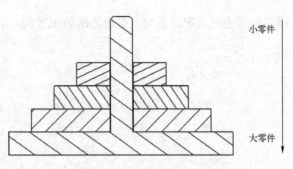

图 4-112　金字塔式装配方式

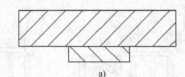 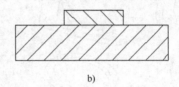

a) b)

图 4-113　避免大零件在小零件上装配

a) 原设计　b) 改进设计

4. 容易抓取

1）避免零件太小、太重、太滑、太黏、太热和太柔软，或有锋利的边角。

2）设计抓取特征：如果零件不适合抓取，可以改变尺寸或增加其他特征进行辅助抓取，如图 4-114 所示。

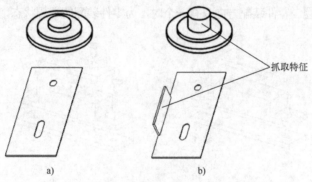

图 4-114　设计零件的抓取特征

a) 原设计　b) 改进设计

5. 避免缠绕与卡住

1）装配时，如果零件缠绕在一起，操作人员在抓取零件时，不得不耗费时间和精力把缠绕的零件分开，而且还可能造成零件的损坏，互相缠绕的零件还无法进行后续的自动化装配，因此应采取改进措施消除零件的缠绕特征，如图 4-115 所示。

2）不合适的零件形状会使零件在装配过程中可能被卡住，从而降低装配效率并产生装配质量问题，如图 4-116 所示。

6. 减少装配方向

1）零件的装配方向通常分为六个。从上至下的装配，可以充分利用重力，是最佳的装配方向；从侧面进行装配（前、后、左、右），是次佳的装配方向；从下至上的装配，由于要克服重力对装配的影响，是最差的装配方向。

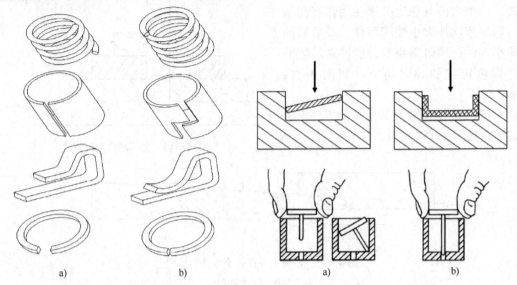

图 4-115　消除零件的缠绕特征

a) 原设计　b) 改进设计

图 4-116　消除零件的不良形状

a) 原设计　b) 改进设计

2）零件装配方向越少越好，以避免在装配过程中对零件进行移动、旋转和翻转，从而降低零件装配效率。同时，零件的移动、旋转和翻转等动作，容易造成零件与操作台上的设备碰撞，从而可能产生质量问题。零件装配方向只有一个时，为零件装配的理想状态，如图 4-117 所示。

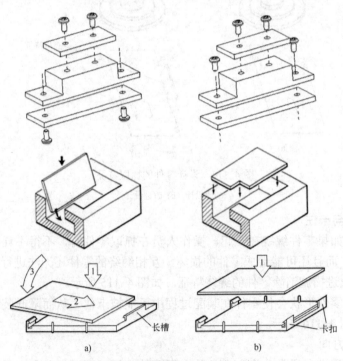

图 4-117　零件的装配方向越少越好

a) 原设计　b) 改进设计

3）零件的装配方向从上至下最好，如图 4-118 所示，零件装配方向为从上至下时，利用自身的重力被轻松地放置到预定的位置上，然后进行固定工序。

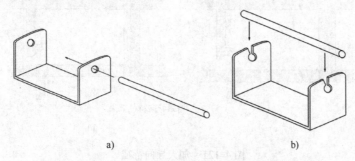

图 4-118　零件的装配方向从上至下最好

a) 原设计　b) 改进设计

7. 导向特征

如图 4-119 所示，导向特征可使零件自动对齐到正确的位置，可减少装配过程中的调整，减少零件互相卡住的可能性，提高装配质量和效率。对于盲装，更应该使用导向特征。此时,如果零件没有设计导向特征，可能会遇到操作人员强行装配的情况，造成零件碰撞而损坏。

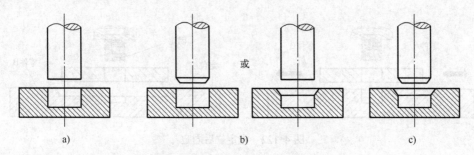

图 4-119　设计导向特征

a) 原设计　b) 较好的设计　c) 更好的设计

1）导向特征是装配中最先接触的点。在装配时，导向特征先行接触对应的装配件；否则难以起导向作用，如图 4-120 所示。

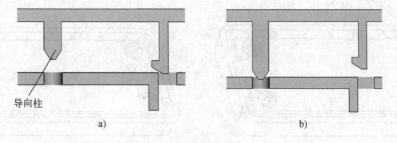

图 4-120　导向特征的先行接触

a) 原设计　b) 改进设计

2）导向特征越大越好。导向特征越大，导向效果越好，如图 4-121 所示。

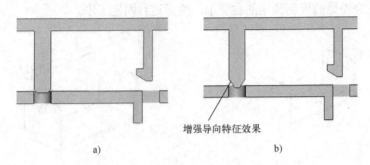

增强导向特征效果

a)   b)

图 4-121   加大导向特征

a) 原设计   b) 改进设计

8. 先定位后固定

定位可使零件自动对齐到正确位置；固定可使零件受力后仍不发生位置改变。

正确的装配应该是先定位后固定，这样能减少装配过程的调整，大幅提高装配效率。特别是通过电动螺钉旋具、拉钉枪来固定的零件，在固定之前先定位，能够减少操作人员手工对齐零件时的调整工作量，方便零件的固定，提高装配效率，如图 4-122 所示。

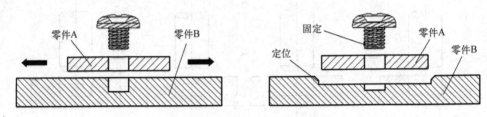

图 4-122   先定位后固定

a) 原设计   b) 改进设计

印制电路板定位时可在四周增加限位（图 4-123）使用定位柱（图 4-124）。

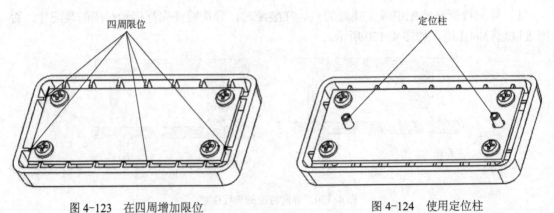

图 4-123   在四周增加限位   图 4-124   使用定位柱

9. 避免干涉

1）避免零件在装配过程中发生干涉现象。在产品的装配路线上，应确保装配过程没有零件阻挡。这是产品设计基本的常识，但也是设计师最容易犯的错误之一。正确的方法是：在三维软件中，动态模拟相关零件装配过程并查看有无干涉，依此确认设计。

2）避免运动机构在运动过程中发生干涉。很多产品由运动机构组成，这些运动机构在运动过程中若发生干涉，会阻碍产品实现相应的功能，造成产品故障甚至损坏。正确的方法是：在三维软件中进行运动仿真，在判定运动过程中无干涉时，依此确认设计。

3）避免产品使用过程中发生零部件干涉，如图 4-125 所示。

图 4-125　避免产品使用过程中发生零部件干涉
a）原设计　b）改进设计

10. 止位特征

1）对重要零部件设计止位特征可确保重要零部件在装配和使用过程中不被损坏。没有设计止位特征时，由于操作人员或者消费者用力不当，使得零部件继续前进，碰到其他零件而损坏。设计止位特征后，重要零部件装配到正确位置后因被止位特征阻止而不再前进，避免了失效发生。

2）对一般零部件设计止位特征需要阻止其零件装配到正确位置后还继续前进，避免其损坏已经装配好的其他重要零部件。

11. 正确约束

如果零件在六个自由度上均存在约束，称之为零件完全约束。如果零件在一个或一个以上的自由度上没有约束，称之为零件欠约束。如果零件在一个自由度上有两个或者两个以上的约束，称之为零件过约束。

欠约束时，零件多出的自由度，使定位或运动不确定，影响产品的功能。

过约束时，零件装配过程中相互干涉，造成装配困难甚至无法进行，只有消除后才能保证装配顺利进行。如图 4-126 所示，零件 A 与零件 B 在 X 方向相互干涉，第二个孔改为长圆孔后，干涉消除。其他常见的零件过约束及其改进设计如图 4-127 所示。

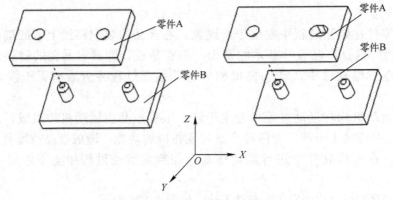

图 4-126　避免零件过约束

a) 原设计　b) 改进设计

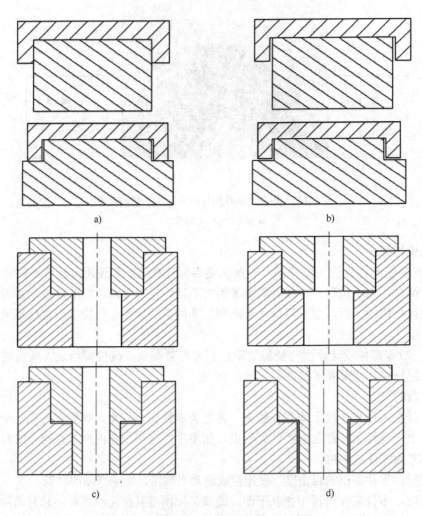

图 4-127　常见的零件过约束及其改进设计

a) 原设计　b) 改进设计　c) 原设计　d) 改进设计

12. 宽松装配

1）宽松的装配可简化产品的装配关系，避免重要装配尺寸涉及更多的零件，从而减少尺寸链中尺寸的数目，减少累积公差，允许零件有较大的公差。

2）设计合理的装配间隙，可防止零件过约束，避免不必要的公差要求，能有效降低产品成本，如图 4-128 所示。

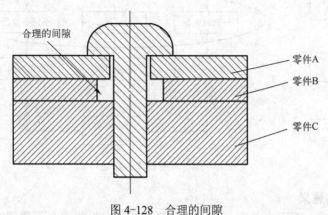

图 4-128　合理的间隙

3）使用点或线与平面配合，代替平面与平面的配合方式，如图 4-129 所示，可避免平面的变形或者表面粗糙对零件运动的阻碍，从而可以允许零件的平面度和表面粗糙度有较大的公差。

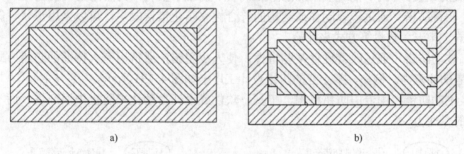

图 4-129　使用点或线与平面配合
a) 原设计　b) 改进设计

4.5.7　防错设计

1. 防错设计的定义

防错设计是指通过产品设计，防止错误的产生。即在错误发生前即加以防止，是一种在作业过程中采用自动执行、报警、提醒等手段，使作业不发生错误的方法。

2. 防错设计的由来

防错设计起源于日本 Poka-Yoke。Poka：因粗心而做出意外的蠢事、错误；Yoke：防、挡、遮，指为免受其害而备置的东西。防错设计也称防呆法，即一个呆子来操作，也不会发生错误。

3. 防错设计的好处

防错设计可减少时间浪费，提高生产效率，提高产品利润率，减少由于检查而导致的浪费，消除返工及其引起的浪费，提高产品质量和可靠性，提高产品使用人性化、消费者满意度和产品信誉，如图4-130所示。

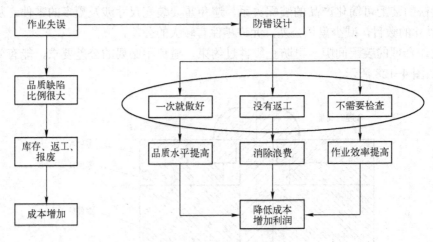

图4-130 防错设计的好处

4. 防错设计的意义

采用防错设计后，不需要专注力，即使疏忽也不会发生错误；不需要经验和知觉，外行人也可以做；不需要专门知识，谁做都不会出错；不需要检查，第一次就能把事情做好。

5. 从原理上防错设计的分类

这类防错设计属于从原理上依照预设的特性、特征、机构，而防止错误发生。

1）相符防错 通过检查动作或结构的符合性来防止错误发生，可以采用形状、符号、数学公式、声音、数量等方式来检验。

2）被动防错 通过改善硬件某些特性，使人少犯错，通常用夸大特征的防错方式来提高操作者的注意力。例如，某企业的防错设计工序卡如图4-131所示。

3）主动防错 用专门防错机构、工具、软件或设计自动化来防止失误产生，而不依赖操作者的专注力。

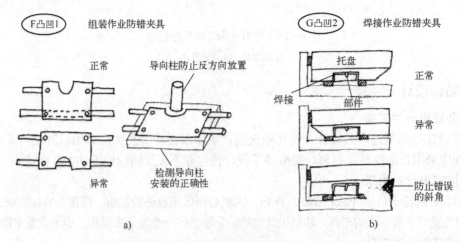

图4-131 某企业的防错设计工序卡

a) 在组装作业中，因为操作者的不专心，而引起装配方向错误

b) 焊接件由于存在方向上误装的可能，因此在焊接夹具上设置斜角以防止焊接方向错误

6. 从方法上防错设计的分类

这类防错设计属于从方法上通过措施的实施，杜绝错误发生。

1）设计防错　零件仅具有唯一正确的装配位置；零件的防错设计特征越明显越好；夸大零件的不相似处；夸大零件的不对称性；设计明显的防错标识。

2）过程防错　改变或增添工具、工装；改变加工步骤；增加使用清单、模板或测量仪；执行控制图表。

完美的防错是不必防错，举例如图 4-132 所示。

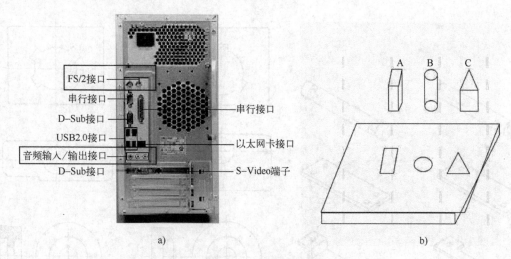

图 4-132　不必防错举例

7. 防错设计指南

1）夸大不相似性　零件太相似会导致操作人员不容易区分，增加装配时间，容易把零件装配在错误的位置，如图 4-133 所示。

2）零件的对称性　完美零件是对称的，提高了使用过程的人性化和用户体验度，如图 4-134 所示。提高零件的对称性，使其在任何角度都可装配，减少了装配操作时的调整时间和总装配时间，如图 4-135 所示。若零件完全对称，可以进行盲装而大幅提高装配效率。

3）零件的对称度　零件的对称性可以用对称度来衡量，可改变对称度来提高零件的对称性，如图 4-135 所示。α 对称度：垂直于零件装配时的插入方向，是轴的首尾对称角度，如图 4-136 所示。β 对称度：绕着零件装配时的插入方向，是轴的对称角度，如图 4-136 所示。各种零件的 α 和 β 对称度如图 4-137 所示。

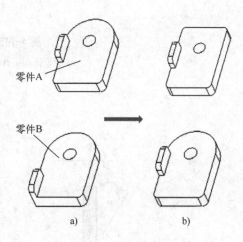

图 4-133　减少零件的相似性

a) 原设计　b) 改进设计

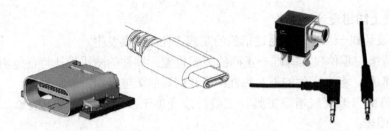

图 4-134　完美的对称零件

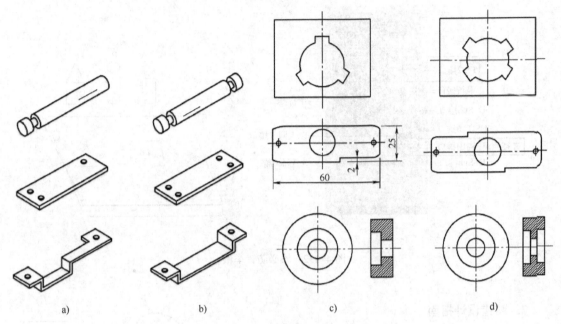

a)　　　　　　　　b)　　　　　　　　c)　　　　　　　　d)

图 4-135　提高零件的对称性

a) 原设计　b) 改进设计　c) 原设计　d) 改进设计

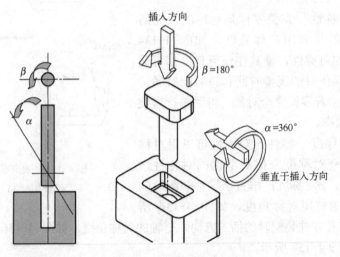

图 4-136　α 对称度和 β 对称度图示

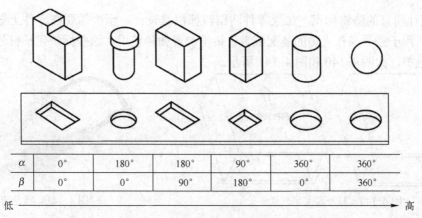

α	0°	180°	180°	90°	360°	360°
β	0°	0°	90°	180°	0°	360°

低 ─────────────────────────────────→ 高

图 4-137　各种零件的 α 对称度和 β 对称度

提高典型零件的 β 对称度如图 4-138 所示。

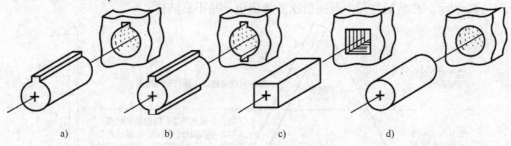

图 4-138　提高典型零件的 β 对称度

a) 需要较大调整　b) 需要较大调整　c) 不需要很大调整　d) 不需要调整

4）夸大零件的不对称性　零件存在微小的不对称性时，容易装错，需仔细对齐，因此会增加装配时间和降低装配效率。如果零件无法对称设计，则需要夸大零件的不对称性，使其不对称性越明显越好。

如图 4-139 所示，在原设计中，零件左侧凸台高度为 4mm，右侧为 5mm，这是零件的功能要求，无法更改，相对于两孔中心连线零件是不对称；在改进设计中，增加左侧凸台的长度，夸大零件的不对称性，使其不对称性非常明显，从而可避免装配错误的产生。

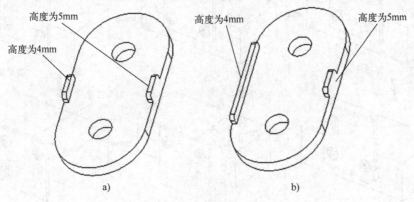

图 4-139　夸大零件的不对称性

a) 原设计　b) 改进设计

5）设计明显的防错标识 如果零件防错特征很难设计，至少需要在零件上做出明显的防错标识，用于指导操作人员的装配或者告诉消费者如何使用。这些标识包括符号、文字和鲜艳的颜色等，如图 4-140 和图 4-141 所示。

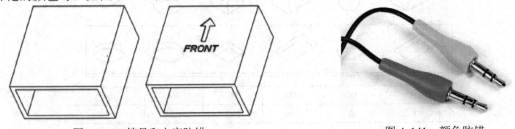

图 4-140 符号和文字防错

图 4-141 颜色防错

8．完美的防错设计是不必防错

综上所述，防错设计方法很多，不同级别的防错设计方法所起到的作用不尽相同，如图 4-142 所示。在装配过程中最高级别的防错设计是不必防错。

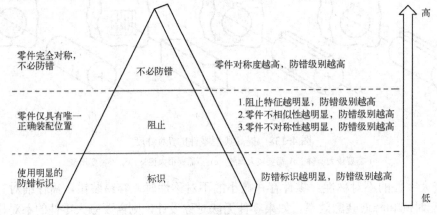

图 4-142 防错级别

1）唯一装配位置 零件仅具有唯一正确的装配位置，如图 4-143 所示。

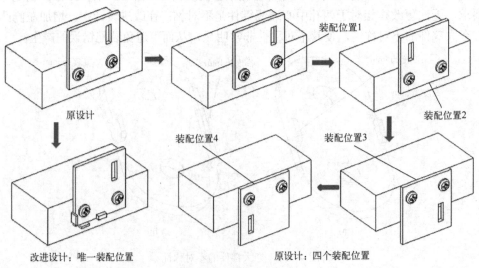

图 4-143 唯一装配位置

2）完美的防错特征　此时零件根本就不必防错，不仅仅可以阻止错误的产生，还可以阻止产生错误的想法。人性化的设计是具有高用户体验度的设计。

3）完美防错设计的要求　不仅仅要做到防错，而且要做到完美的防错；无法实现完美防错时，也需要尽量提高防错级别。

4.5.8　装配中的人机工程学

1．避免视线受阻

操作人员视觉上应对整个装配工序过程进行掌控，避免发生操作人员视线被阻挡的情况，如图4-144所示。如弯下腰、偏着头、仰着脖子等才能看清楚零件的装配过程，甚至通过触觉来感受装配过程，通过反复调整才能对齐等装配情况，不仅不人性化、不友好，使操作人员容易疲劳，不符合装配中的人机工程学，而且装配过程不可靠，容易出现装配质量问题，装配效率非常低。

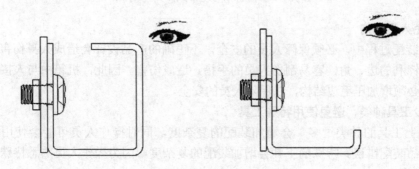

图4-144　避免视线受阻

2．避免操作受阻

在进行装配操作时，操作人员会有诸如抓取零件、移动零件、放置零件、固定零件等动作，产品设计应当为这些动作提供足够的操作空间，避免操作受阻，造成错误甚至使装配无法进行，如图4-145所示。

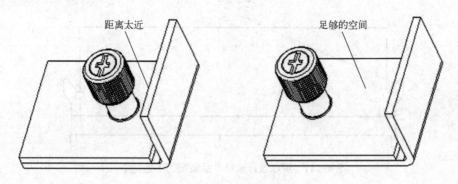

图4-145　避免操作受阻

3．装配空间开阔

在开阔的空间装配，操作人员的装配操作不容易受阻，装配效率更高，装配不容易出现质量问题，如图4-146所示。

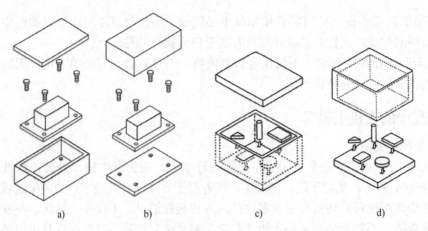

图 4-146　在开阔的空间装配

a) 原设计　b) 改进设计　c) 原设计　d) 改进设计

4．避免人员受伤

在产品装配过程中，必须保障人员的安全，不正确的产品设计会造成人身伤害。例如，钣金机箱中锋利的边、角，容易刮伤人员的手指，造成伤害。因此，机箱中与人接触的边、角，设计时必须增加压毛边结构，以保障人员的安全。

5．减少工具种类、避免使用特殊工具

装配线上工具的种类过多，会增加装配的复杂度，同时操作人员可能会使用错误的工具，引起产品装配错误。特殊的工具会增加装配的复杂度，因为操作人员熟悉特殊的工具需要一定的时间。

6．设计工艺特征以辅助产品的装配

操作人员的推、拉、举、按等施力动作都有一定的极限。当施力超出极限时，容易造成操作人员疲劳，此时应当通过人性化设计减少产品装配过程中所需的施力。必要时，可设计用以辅助产品装配的工艺把手，如图 4-147 所示。

工艺把手

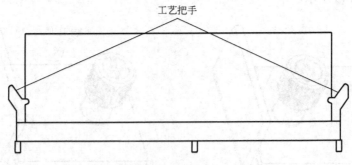

图 4-147　用以设计辅助产品装配的工艺把手

第5章　机械创新设计实践

【学习提示】

本章目标是机械创新设计能力培养，建议列为重点教学内容。着重创新概念、创新思维、创新实践学习，是机械设计应用型人才重要的能力。本章以校企合作项目中关键零件创新设计的典型案例和实践，提供机械工程中设计难点的解决思路；以日常生活中有创意的日用品展示了零件结构设计的巧妙；通过借鉴优秀的典型产品设计，了解零件结构设计的理论应用及创新。另外，通过边拆边分析现有优秀产品的设计方式，在解析前人创新设计思路的基础上，总结出有益的经验，并进一步地归纳和总结，探讨性地提出新的观点和新的设计概念。深入剖析实物产品的机构、零件，透视其中的创新和奥妙之处，是学习结构设计的有效途径。遵循这一条思路，指导学生发展其结构设计的能力。

5.1　概述

创新是人类所特有的创造性劳动的体现，是人类社会进步的核心动力和源泉。高尔基曾说过，"如果学习只在模仿，那么我们就不会有科学，也不会有技术"。

1936年10月15日，爱因斯坦在美国高等教育300周年的纪念大会上说："没有个人独创性和个人志愿，由统一规格的人所组成的社会，将是一个没有发展可能的不幸的社会。"福特公司创始人亨利·福特说，"不创新，就灭亡"。人类社会的发展就是一部创新的历史，是一部创造性思维实践和创造力发挥的历史。

5.1.1　创新的概念

什么是创新呢？

1. 创新的由来

创新的英文是 innovation，起源于拉丁语。其原意是：更新，创造新的东西，改变。创新作为一种理论，形成于20世纪。美国哈佛大学政治经济学教授约瑟夫·熊彼特（Joseph Alois Schumpeter），第一次把创新引入了经济领域。1912年，其发表了《经济发展理论》一书，提出了"创新"及其在经济发展中的作用，即经济发展是创新的结果。

2. 创新的定义

创新是指以新颖独创的方法解决问题的过程。创新是人们在认识世界和改造世界的过程中，对原有理论、观点的突破，对过去实践的超越。说别人没说过的话，做别人没做过的事，想别人没想的东西，这些都叫创新。通俗地讲，创新就是跨界，就是超越原有知识、能力、事物的界限。它改善了工作质量，改善了生活质量，提高了工作效率；由此提升了竞争力，对经济、对社会、对技术产生了根本影响。

3．创新思维

创新思维是指以超常规甚至反常规的方法、视角去思考问题，提出与众不同的解决方案，从而产生新颖的、独到的、有社会意义的思维成果。创新思维是创新实践和创造力发挥的前提。

5.1.2　创新案例

1．正面案例

1）曾有一个公司负责人用过很多方法提高劳动生产率，当提高到一个临界点后，再提高就非常难了。原有的方法行不通时其思路转到分析员工结构上。他发现，第一个车间都是男孩，加了几个女孩进去，男女搭配、工作不累，效率提高了；第二个车间都是青年人，加了几个中老年人进去，老成持重可改掉作风毛糙的毛病，效率提高了；第三个车间都是中老年人，加了几个年轻人进去，增加活力，效率提高了；第四个车间老的、少的、男的、女的都有，怎么提高效率？于是另辟蹊径，创新思维：这个车间都是本地人，那么加几个外地人进去，让本地人有危机感，于是效率提高了。

2）鹰一生的年龄可达 70 岁。但要活那么长的寿命，在 40 岁时，它必须做出困难而重要的决定。在这个时候，它的喙变得又长又弯，几乎碰到胸脯；它的爪子开始老化，无法有效地捕捉猎物；它的羽毛长得又浓又厚，翅膀变得十分沉重，使得飞翔十分吃力。此时的鹰，只有两种选择：要么等死；要么经过一个十分痛苦的更新过程，即 150 天漫长的蜕变。它努力地飞到山顶，在悬崖上筑巢，并停留在那里，因为不能高空飞翔。鹰首先用它的喙击打岩石，直到完全脱落；然后静静地等待新的喙长出来；接着鹰会用新长出的喙把爪子上老化的趾甲一根一根拔掉，让鲜血一滴滴洒落；当新的趾甲长出来后，鹰便用新的趾甲把身上的羽毛一根一根拔掉。5 个月以后，新的羽毛长出来了；此时的鹰，英气勃发、焕然一新。于是，它又展开新的羽翼，重新开始在蓝天翱翔了，并顺利地度过了又一个 30 年！

2．反面案例

很多产业巨头，曾经很强大，它们辉煌一时，成为各自领域的霸主。但当它们停下创新的脚步，时代发展的浪潮袭来时，它们几乎彻底丧失了应变能力，只能"无可奈何花落去"。下面的案例深刻地说明：胜利者只属于善于运用新技术与新模式的创新者。

（1）柯达（KODAK）

颠覆指数：★★★★★

颠覆原因：不愿放弃既有市场，寄望通过专利保护来阻挡新技术，但终究被数码技术的洪流颠覆。

柯达曾经是世界上最大的影像产品公司，占有全球 2/3 的胶卷市场。柯达从来都不缺少技术储备，它曾经站在照相技术的巅峰，拥有一万多项专利技术，世界上第一台数码相机，正是柯达于 1975 年发明的。

然而，柯达在发明出第一台数码相机后，没有重视对其继续研发，而是妄图通过专利保护，把数字影像技术雪藏起来，以保护现有产品。殊不知，一些企业充分借鉴柯达专利技术，同时巧妙地绕开了专利保护的障碍，开发出更廉价的数码产品。柯达没有想到，在申请专利保护的同时，大量数字技术扑面而来，当意识到问题的严重性时，为时已晚。柯达最终于 2012 年 1 月申请破产保护。

（2）诺基亚（NOKIA）

颠覆指数：★★★★★

颠覆原因：当革命性的智能手机技术出现后，依然固守传统思维与产品，终于错失良机而江河日下。

曾几何时，诺基亚几乎就是手机的代名词。它曾经连续 14 年占据市场第一的份额，是当之无愧的移动老大。诺基亚最早提出了智能手机的概念，并宣称自己不再是一个手机制造厂，而是一家互联网公司。但是它在理念上照搬了计算机和传统互联网的概念，想把智能手机做成像计算机一样强大，于是想尽办法要把键盘、鼠标、桌面管理方法都搬到智能手机上。

2007 年，苹果手机（iPhone）出现了，它用手指替代了实体键盘，独创了平铺桌面。通过应用商店（App Store）拉拢了无数开发者，彻底颠覆了旧有的智能手机概念。在认识到自己的问题后，诺基亚本可以学习苹果系统的用户界面，重新构建塞班系统，甚至可以全面转向安卓（Android）系统，以它的技术积累可以很快在安卓系统的阵营里占据一席之地，但是诺基亚不愿意学习苹果系统的用户界面，也不愿意学习安卓系统，而是选择与微软公司合作，微软的 WP 系统相比苹果系统和安卓系统并不具优势，再加上缺少第三方应用软件，消费者不得不选择其他产品。诺基亚最终以 72 亿美元的价格卖给了微软。

（3）《读者文摘》

颠覆指数：★★★★★

颠覆原因：面对互联网的冲击，无法突破原有的商业模式，因此无力应对产业的变革。

《读者文摘》曾经风行 60 多个国家，拥有 1.3 亿读者。然而从 2008 年开始，它的发行量和广告收入大幅下滑，最终于 2009 年 8 月在美国申请破产保护。

它的破产，一方面是因为杂志定位老化，忠诚的老读者不断离去，而年轻人的阅读更依托于互联网和移动端；另一方面，它的产品结构过于单一，它的产业都集中在传统媒体领域，盈利模式单纯依靠发行和广告收入，又无法突破原有的商业模式。当杂志的发行量和广告收入大幅下滑时，《读者文摘》无力承担巨额负债而倒闭。面对互联网的冲击，平面媒体如果不积极利用新的传播方式主动探索新的商业模式，只有死路一条。

（4）摩托罗拉

颠覆指数：★★★★

颠覆原因：注重以技术推动创新，却忽视消费者的驱动力，未能根据市场变化调整产品研发和营销方式。

摩托罗拉曾经发明了第一部寻呼机、第一部手机、第一部车载电话。它以技术推动创新，却忽视了消费者的需求。随着社交网络时代的来临，消费者掌握了信息传播权，完全可以根据自己的需求，找到最适合自己的产品。这个时代的成功者，是那些能认识到消费者力量，并构建新的技术系统，帮助消费者使用信息技术的企业。反观摩托罗拉的做法：一味在自己认为正确的产品上投入过多资源。过去的辉煌没能挽救摩托罗拉今日的衰落。2011 年 8 月 15 日，摩托罗拉被谷歌收购，后又被联想收购。

（5）百代唱片（EMI）

颠覆指数：★★★★

颠覆原因：面对数字音乐的冲击，未能突破传统的盈利模式，唱片逐渐沦为艺人的"豪华大名片"。

百代唱片成立于 1897 年，是真正的百年老店。在留声机、黑胶唱片、卡带以及 CD 时代，百代唱片一直走在行业前列，是全球五大唱片公司之一。在 20 世纪 90 年代末期，百代唱片在中国内地的影响力达到巅峰，之后便开始走下坡路，其主要的商业模式是通过发行唱片、销售歌曲来盈利。

互联网上数字音乐模式出现后，百代唱片的传统优势一去不复返。在过去唱片公司就是艺人的老板。但是现在唱片公司的宣传效果可能还不如名人的一条微博转发。历史残酷，没有给这个"音乐帝国"一点颜面。曾经捧出披头士乐队、滚石乐队、王菲、那英的辉煌，成为渐渐被淡忘的记忆。2011 年 2 月，百代唱片被花旗集团收购。

（6）瑞星

颠覆指数：★★★★

颠覆原因：传统的通过销售软件进行杀毒和升级时收费模式被互联网免费杀毒模式颠覆，它不愿自我革新，只能被社会淘汰。

瑞星曾靠成功的营销方式，连续 9 年蝉联杀毒软件市场第一，占有率曾超 60%。作为收费杀毒软件市场最大的受益者，瑞星的盈利模式主要是出售软件、升级时收费。当 360 免费杀毒袭来时，它既没动力推动免费，也没想到会如此致命。

根据公开信息，2007 年瑞星靠卖杀毒软件赚了 8 亿元，是历史最高点。2008 年，受 360 免费杀毒软件的影响，收入减半。2009 年再次减半，甚至出现亏损。2010 年年末，360 杀毒软件的市场份额高达 70%，而瑞星仅剩 20% 不到。2011 年 3 月，瑞星迫于压力宣布软件免费。但 360 在免费杀毒市场已经占据大部分江山，瑞星至今无法恢复元气。

5.2　机械创新设计模式

5.2.1　追随型创新

华为不断在技术上的超越，以技术和价格的强大优势，彻底颠覆了通信产业的传统格局，创新式地让更多人享受到低价优质的信息服务。但客观地讲，华为只是一家追随型的创新企业。截至 2017 年年底，华为累计获得授权的专利 74307 件；申请中国专利 64091 件，申请外国专利累计 48758 件，其中 90% 以上均为发明型专利。但是在核心芯片、操作系统、核心元器件方面，华为还依赖于美国。

什么叫追随型创新呢？就是在模仿中超越。中国大量科技企业的创新，都属于追随型创新，包括华为的早中期，甚至在今天，很多产品也都属于追随型创新。

由于历史、文化、制度等诸多因素的影响，东方人在追随型创新方面，非常有智慧。日本人在这方面，尤其突出。但在颠覆性创新方面，与西方国家尤其是美国相比，东方人还有很大的差距，这也不完全是坏事。几年前，有两位美国学者，在一篇相对客观的报告中评价说，中国人的创新本质不在于突破常规的层面上，而在于对现有商业化运筹的突破。换言之，美国人认为创新应是一次大飞跃，而中国式创新是通过一连串的增量式步骤逐步完成的。

5.2.2 增量式创新

日本中生代国际级平面设计大师原研哉（Kenya Hara）认为：再设计是一种手段，让我们修正和更新对设计实质的感觉。……从零开始搞出新东西来是创造，而将已知变成未知，也是一种创造行为。要搞清设计到底是什么，后者可能还更有用。"再设计"所包含的主题，乃是全社会普遍共享与认同的事物。把日常用品作为项目的主题不是什么新花样，而"再设计"是对设计理念进行再审视的最自然、最适当的方法，因为设计面对的就是我们普遍的、共享的价值。

机械行业是传统行业，鲜有"颠覆式创新"发生。这样的机械设计过程，往往只是不断地改进原有设计，渐进式地超越以往的局限。

5.3 创新设计实践

5.3.1 小型水泥预制件自动生产设备

1. 设备简介

小型水泥预制件在建筑中大量使用，避免了现浇时生产率低、影响建筑工期等缺陷。但人工生产小型水泥预制件，同样存在工人劳动强度大、生产条件恶劣、生产率低、质量不稳定等问题。小型水泥预制件自动生产设备取代了工人繁重的体力劳动，生产率提高、质量稳定。该设备问世后，受到企业和工人的欢迎。原设备在现场是边设计边装配边安装的，所以设备结构粗糙、体积庞大，如图 5-1a 所示。再设计时，整套设备产品不适合长途运输、安装，成为必须考虑的问题；这也是再设计时需要突破、创新之处。许多小型水泥预制件场设在偏僻地区，缺少配套安装的大型吊装设备。面向生产制造和装配的改进方案中将大型机架拆开，现场下地脚安装，然后组装机架，再装配其他零部件以组成整套生产设备。该设备再设计后如图 5-1b 所示。

 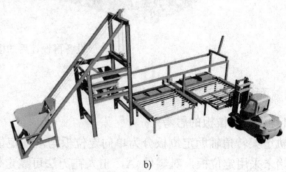

a)　　　　　　　　　　　　　　　　b)

图 5-1　小型水泥预制件自动生产设备

a) 原设备使用现场　b) 设备再设计后渲染图片

2. 设计所面对的问题

整套设备占地两百多平方米，如何运输？大型机架，如何便于焊接，如何便于现场安装？这些都是设计中必须解决的问题。

1）方便运输　将整套设备先拆分为操作控制系统、空气压缩机、电动机、减速器、振动工作台、传输台、上下料斗总成、螺旋送料总成、机架等，再将长达近 20m 的机架拆成方便运输的支架组件、导轨、横梁等，现场下地脚安装后，通过机械连接的方式组装成完整的机架。

2）方便焊接　由于现场工作条件简陋，因此要在没有专用设备辅助工具的条件下，依靠设计的人性化结构，方便工人现场焊接。因为长杆零件或是方钢或是槽钢、工字钢，在面对面焊接时其横截面的接触面小，加上杆长最短也在 2m 以上，以及自身的尽量达几十千克，焊接时定位、固定都很困难。机架导轨上运行的送料车，往返运行必须平稳、可靠，机架长杆零件的相互位置关系一定要保证正确。因此，一定要有工艺性良好的结构设计思路。

3）方便组装　设备再设计后的模型全图如图 5-2 所示，其中拆分的部件以不同的色彩渲染。其主要结构由机架组成，保证机架的装配质量和生产效率，也就保证了设备的安装质量和效率。将大型结构件机架设计成易于装配的组件，应是更可取的方案。拆分以后，相互零件如何保证正确的位置关系，又能顺利安装到位？特别是长达十多米的两处导轨，要保证两辆送料车能可靠、平稳地运行，对导轨的平行度、平直度都有很高的要求。为方便运输将导轨分拆成多段后，在现场没有专用设备的情况下，组装时如何保证装配精度？针对这些问题，设计便于组件安装的定位零件成为本项目设计的关键。

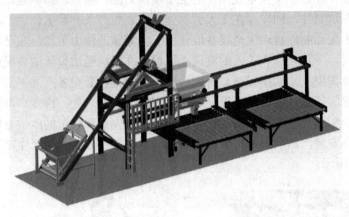

图 5-2　设备再设计后的模型全图

5.3.2　面向加工与安装的设计

1. 设计定位板的思考

轨道架转角辅助定位板分为单向定位板与双向定位板，如图 5-3 所示。如图 5-4 所示，刚开始未采用定位板，对零件 A，工人在无法可靠定位的情况下，单是在焊接工序中就很难保证此处两两相互垂直的要求。后续组装工作中，定位难度更大，定位质量难以保证。如图 5-5 所示，改进转角定位板设计后，可在找正零件 A 的侧平面后将定位板焊接在零件 A 的端面上。然后借助定位板顺利地将零件 B 和零件 C 分别准确定位后，焊接在定位板上，既方便了工人操作，又保证此处一个方向上两两相互垂直的要求，使装配质量、效率均得到提高。如图 5-6 所示，采用双向定位板后，则顺利保证两个方向上两两相互垂直的要求。而在机架的组装过程中，通过预焊在零件上的定位板，更利于各组件的现场定位、安装。工程实践证明，对相关装配零件预焊定位板，既方便了焊接工序、装配工序时的定位，又保证了工序加工质量，提高了工作效率，使轨道架转角外强度也大大增强。

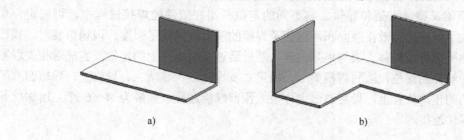

a)　　　　　　　　　　b)

图 5-3　转角定位板

a) 单向定位板　b) 双向定位板

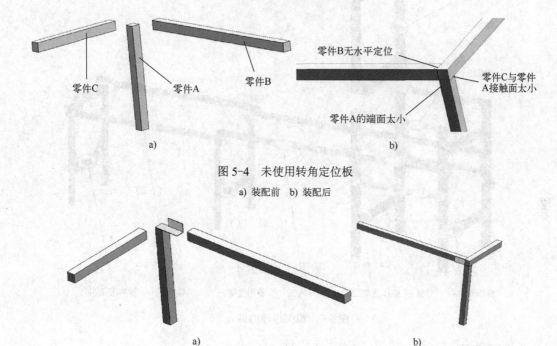

a)　　　　　　　　　　b)

图 5-4　未使用转角定位板

a) 装配前　b) 装配后

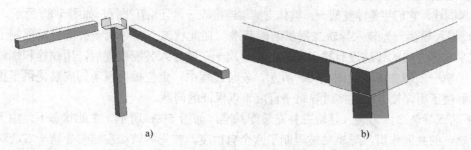

a)　　　　　　　　　　b)

图 5-5　使用单向转角定位板辅助焊接及装配

a) 装配前　b) 装配后

a)　　　　　　　　　　b)

图 5-6　使用双向转角定位板辅助焊接及装配

a) 装配前　b) 装配后

2. 定位板利于焊接及组装

机架组件的拆分如图 5-7 所示，其中拆分的组件以不同的色彩渲染。该机架组件分为起重机支架、横梁、整体支架和导轨。将不同的定位板用在组件的焊接过程中，可起定位作用，同时增大了焊接的有效接触面积，保证了焊接的质量并提高了强度。现场组装时，找正定位后，用地脚螺钉使整体支架与地基固连，然后通过支架组件上的定位板完成对相关联零件（横梁、导轨）的定位，顺利将横梁一、横梁二及导轨一、导轨二、导轨三、导轨四准确地安装到机架的正确位置上，最后通过定位板上预留螺栓过孔（数量为 4~6 个）用螺栓和螺母将相关零件连接。

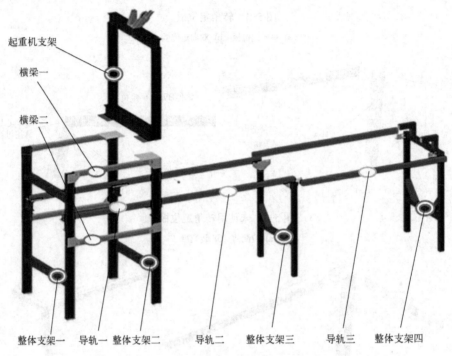

起重机支架

横梁一

横梁二

整体支架一　导轨一　整体支架二　　导轨二　　整体支架三　　导轨三　　整体支架四

图 5-7　机架组件的拆分

3. 组装工序

1）装横梁一、横梁二，连接整体支架一、整体支架二。待组装整体支架一、整体支架二通过下地脚定位并固定在地基上，如图 5-8a 所示。然后横梁一、横梁二通过定位板定位好后用螺栓和螺母固连，它们将整体支架一、整体支架二连接成一体且相互平行，如图 5-8b 所示。

2）装入导轨一为装入导轨二提供装配基准。在此状态下，导轨一被定位板限制了五个自由度（水平方向的移动没有被限制）。在导轨一正确导入装配位置后，用螺栓和螺母加以固定，导轨一安装完成，如图 5-8c 所示。安装过程中，定位板为现场的安装提供了极大便利性，解决了用焊接方法连接时导轨平直度难以保证的问题。

3）装入导轨二，为装入导轨三补充装配基准，如图 5-9a 所示。在此状态下，由于定位板及导轨一的共同作用，导轨二被限制了六个自由度。首先导轨二左端与导轨一右端对接好（此时，导轨二水平方向的移动被限制），再由螺栓和螺母将其固定在整体支架二、整体支架三上。导轨二通过定位板限制了六个自由度，使其正确进入装配位置，并减少了现场安装时找正的时间，便捷、可靠地保证了导轨二的平直度，如图 5-9b 所示。

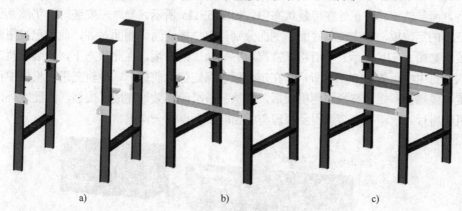

图 5-8　装入横梁、导轨一连接整体支架一、二

a) 整体机架一、二固定在地基上　b) 横梁一、二连接整体支架一、二　c) 导轨一装入整体支架一、二

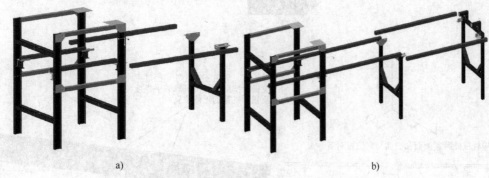

图 5-9　通过定位板对接装入导轨二

a) 导轨二待装　b) 导轨二装入，导轨三待装

4）导轨三处于待装状态如图 5-10a 所示。安装时，首先将导轨三左端与导轨二右端对接好，并且底面、侧面与定位板对齐，然后由螺栓和螺母将其固定在整体支架三、整体支架四上，如图 5-11b 所示。导轨三在安装过程中，仍然使用定位板对接，既保证整条导轨可靠的平直度，又提高了现场安装的工作效率。

图 5-10　导轨二和导轨三装配工序图

a) 导轨三待装　b) 导轨三装入

5）导轨三安装过程中的定位要点详解。导轨二已安装到位，导轨二的底面及侧面已与定位板对齐，而导轨三此时正处在待装状态中，如图 5-11a 所示。导轨三安装时，仍然是通过整体支架三上的定位板，首先使其底面、侧面分别与定位板底面、侧面对齐，此时已被限制了五个自由度，如图 5-11b 所示。然后将其左端对齐导轨二的右端，在此状态下，待装导轨三已被限制了六个自由度，如图 5-11c 所示。在定位板确保定位的前提下，导轨三进入机架中正确的相对位置，经螺栓和螺母被紧固到机架后，导轨三被准确高效地完成了安装。除此之外，机架上起重机的斜行导轨，其安装过程及原理与此相同，不再一一详述。

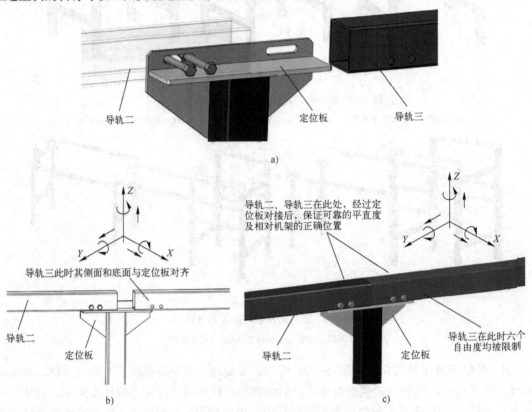

图 5-11　导轨通过定位板对接时的状态分析

a) 导轨二已安装到位，导轨三处在待装状态

b) 导轨二已安装到位，导轨三处在待装状态，当导轨三侧面和底面与定位板完全接触并对齐后，

而与导轨二尚未接触时，此时已有五个自由度被限制

c) 导轨二右端与待装入导轨三左端对接前

6）在高空作业时，将起重机支架正确地装入整体支架二上具有一定的工作难度。为了保证工作能顺利进行，针对两支架的结构特点，为两者之间连接而设计的连接板如图 5-12 所示。连接板上有销孔、螺栓过孔，通过上下左右对称的连接板上的圆柱销，将起重机支架正确导入整体支架二上。圆柱销将上下连接板定位后，再用螺栓进行固连，如图 5-13 所示。通过连接板上的两圆柱销限制了起重机支架的六个自由度，保证起重机支架与整体支架二经过连接板对接后，顺利进入正确的相对位置，解决了现场安装时难以定位的难题，并提高了工作效率。

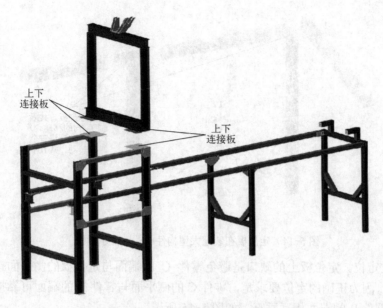

图 5-12　起重机支架通过连接板在高空装入

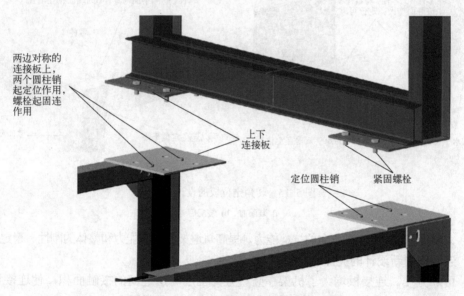

图 5-13　通过连接板装入时定位与紧固示意

4. 定位板创新设计的亮点

1）适用于有位置精度要求的大型组件安装。定位板与连接板用于异型钢构件（导轨长度大于 15m）的焊接和组装过程中，通过定位板限制了五个自由度如图 5-14 所示。定位板使得原设备导轨不平直、双向导轨不平行的问题得到了很好的解决。更重要的是，批量生产该设备的生产率得到了大幅提升。所以，面向实际工程应用的机械设计师，永远不要忽视小零件的结构设计。真正的创新，正是在针对实际问题和关键性零件所实施的改进中产生。

2）可靠定位。定位板角尺面两两相互垂直，当零件 B 的水平面及垂直侧平面接触到定位板角尺面后，零件 B 与零件 A、零件 C 的正确位置关系确定。

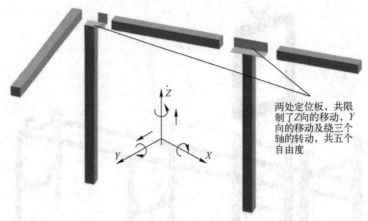

图 5-14　定位板在装配大型构件中的定位示意图

3）防止过定位。定位板上的缺口是避免零件 C 的端面与定位板的侧平面接触时对零件 C 的定位干涉。因为正确的定位要求是，零件 C 的侧平面与零件 B 的端面可靠接触，即零件 C 的侧平面与零件 B 的端面相互垂直，如图 5-15 所示。

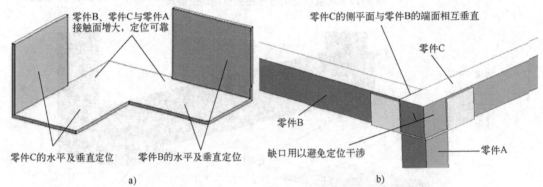

图 5-15　转角定位板的设计亮点

a) 装配前　b) 装配后

4）大幅提高转角处水平方向的抗剪能力，提高轨道架的抗振能力和整体的刚性、稳定性。

5．连接板创新设计的亮点

1）可靠方便。连接板增大了机架在竖直方向上层与层之间的接触面积，使连接稳定可靠，同时还方便了高空作业时组件之间安装时的对齐定位及紧固。

2）增强刚性。连接板厚度达 10mm，增加连接板后，机架结构的强度和刚性更好，层间抗剪切的强度大大提高。此措施提高机架刚性的效果好、成本低。

3）使用安全。用内藏式连接板将立杆与地基固连时，地脚螺栓穿过底层连接板后，仍藏于机架内，不会磕碰工人的脚，防止了事故发生，为工人安全生产提供了保障。

5.3.3　多味宝设计

日常生活中，经常需要用调味盒盛装味精、胡椒、花椒、辣椒、孜然粉等调味料。常见的是用一盒装一料的调味盒，如图 5-16 所示。但当旅行中需配多种调味料时，或餐馆菜肴需多种调味料并用的情况下，一盒装一料满足不了此类情况下的需求。能同时装多种调味料、按需可选择不同调味料的多味宝应运而生，如图 5-17 所示。其详细设计过程参见本书第 6 章 6.5 节中的具体内容。

图 5-16　两种材质的调味盒

图 5-17　多味宝

1. 调味盒的功能与组成

调味盒有不锈钢或食品级塑料 HDPE 两种材质，如图 5-18 所示。当用不锈钢材质时，分别由容器盒、上盖组成。其中上盖由内圈和外盖（用铆钉铆接而成）组成，外盖上的铆钉同时也是上盖与内圈的转轴，支撑上盖相对内圈旋转。当用食品级塑料 HDPE 材质时，分别由容器盒、上盖组成。其中上盖由内圈、外盖（用塑料熔焊而成），外盖上的塑料柱同时也是上盖与内圈的转轴，支撑上盖相对内圈旋转。

图 5-18　调味盒的组成

2. 多味宝的功能与组成

多味宝能装六种调味料，能方便地倒出任一调味料，兼有密封防潮、不串味等多方面功能，还具有结构简单、制造容易、成本低的特点。

多味宝由三个零件组成，分别是容器盒、盒盖、翻板，如图 4-92 所示。其组成要求：容器盒与盒盖之间的准确定位与固定；盒盖与翻板之间的准确定位与固定；还要保证产品的基本使用功能。

3. 多味宝创新设计的亮点

多味宝创新设计的亮点可看 4.5.5 DFA 的简约设计理念应用中的 2. 提升功能部分。

5.3.4 香水瓶止位设计

非圆形截面香水瓶瓶盖，在未使用定位卡扣时，瓶盖与瓶体容易密封性不良，如图 5-19 所示。瓶盖与瓶体设计止位后，瓶盖与瓶体更容易对齐。让产品完美的止位结构、螺纹收口结构如图 5-20 和图 5-21 所示。其详细设计过程参见本书第 6 章 6.3.1 节中的具体内容。

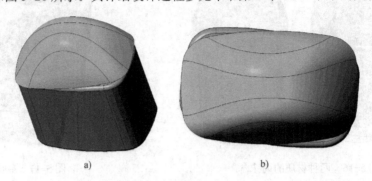

图 5-19　瓶盖与瓶体不易对齐香水瓶

a) 产品立体外观　b) 产品俯视外观

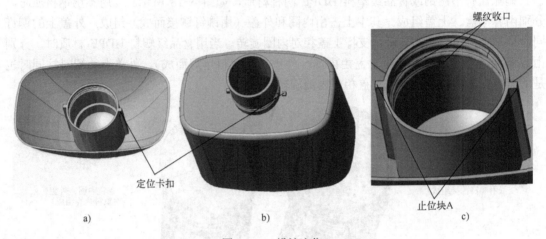

图 5-20　设计止位

a) 香水瓶盖　b) 香水瓶体　c) 止位块 A 及螺纹收口

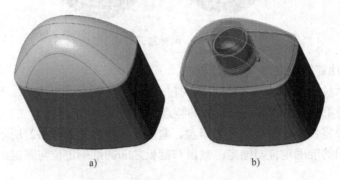

图 5-21　瓶盖与瓶体易对齐香水瓶

a) 非透明盖外观　b) 透明盖外观

5.4 创新设计借鉴

本节所选的两类借鉴产品，都是市场上容易看到的普通产品，便于读者按照书中给出的思路，自己去逐一探究和思考。

5.4.1 易拆剃须刀设计借鉴

很多产品为了使用人性化，要设计成易拆和易闭合结构。结构设计要突破常规，首先需要突破对产品传统装配关系的理解。只有在这样的前提下，设计师才能突发奇想，巧妙地用弹性定位、弹性紧固去代替刚性定位、刚性紧固，设计出巧妙的装配结构零件。

十多年用下来仍然舒适好用，当属易拆剃须刀头，如图 5-22 所示。

图 5-22 易拆剃须刀头

a) 易拆剃须刀外观 b) 刀头转轴部件 c) 上盖部件

1．产品简介

该产品能完全吻合人的面颊，完成贴面剃须。这既给用户带来舒适的感受，又能快速和便捷地完成剃须工作。能取得如此好的使用效果，与该产品剃须刀面大角度的可动性密切相关。这样的功能是如何实现的呢？下面先从外到内，从部件连接到组件的连接逐一剖析。

2．剃须刀头的外特征分析

如图 5-23 所示，剃须刀头由三片各自独立的刀片网罩组成。其中，网罩被嵌在刀网外框组件内，三片刀网外框组件又是浮动式拼合起来的，其与上盖外壳用转轴连接，可绕轴摆动。刀网外框组件两两相对的侧面，一边是凸筋、一边是凹槽，相邻两者之间互相嵌入对边，并留有足够的间隙，手指只要轻轻触碰一下网罩、刀网外框组件，它们都会灵巧地跟随手指进行起伏和运动。它的两侧用了摆动转轴和橡胶气垫，既防水又能够支撑刀头浮动。前侧用单橡胶气垫，能支撑刀头浮动。不同的是，后侧用了双橡胶气垫，能支撑刀头浮动，如图 5-23 所示。

3．剃须刀头的内结构分析

当用手按下弹性卡舌，上盖跃然翻起。上盖与刀头转轴的连接方式和两大部件的内部细节如图 5-24～图 5-26 所示。刀头总成由刀头转轴部件、上盖两大部件组成，两者之间采用弹性连接，其相应的定位、紧固均为弹性，刀头转轴部件上凸起的定位半球起定位作用，上盖部件中弹簧片是上盖部件与刀头转轴部件的连接件，弹簧片插入卡槽时，弹簧卡上的定位孔与槽内半圆球配合，起弹性定位作用；弹簧卡出入弹簧片卡槽时，由弹性变形产生张力，起到了紧固作用。刀头转轴用橡胶包裹着，既防水，又便于弹性连接。三角棱柱伸出端与刀片底座三角形槽相配（图 5-25 和图 5-26），起传递动力和运动作用；圆锥面与刀片锥面相配，与对应刀片组件起定位作用。刀头转轴部件中心的凸圆球面，与上盖部件的凹圆球面相配，两部件自动定心，实现弹性连接。工作时，靠反作用压力、摩擦力带动刀片组件相对刀网旋转，完成剃须工作。

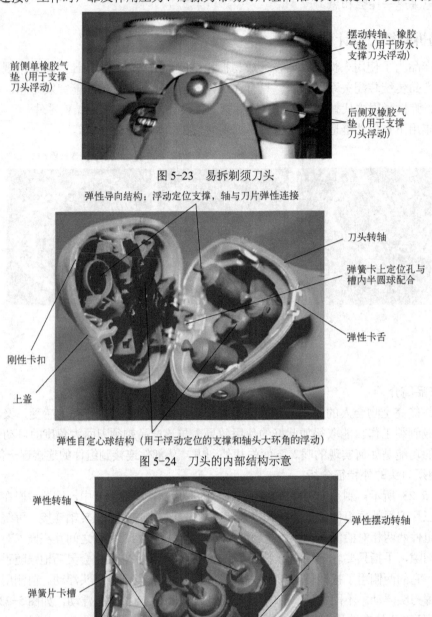

图 5-23　易拆剃须刀头

图 5-24　刀头的内部结构示意

图 5-25　刀头转轴部件的结构示意

144

图 5-26　刀头上盖部件的结构示意

刚性卡扣（上盖连接刀头时，与弹性卡舌起弹性紧固作用）

三个浮动刀片（与刀头转轴弹性连接）

弹簧（用于翻弹上盖）

弹簧卡上定位孔（用于弹性定位）

弹簧卡（用于连接刀头，弹性定位、弹性紧固）

4. 剃须刀上盖的结构分析

上盖是浮动功能的关键部件。上盖暂分为外壳组件与保持架组件两大部分，如图 5-27 和图 5-28 所示。

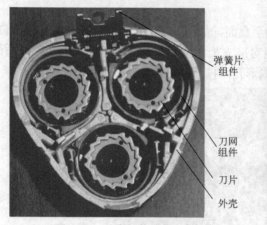

弹簧片组件

刀网组件

刀片

外壳

图 5-27　外壳组件结构示意

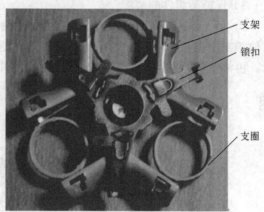

支架

锁扣

支圈

图 5-28　保持架组件结构示意

1）外壳组件　由弹簧片组件、刀网外框组件、外壳、刀片组件、刀网组成，此处未细拆弹簧片组件、刀网外框组件，如图 5-29 所示。将刀片组件、刀网对准后放入，再将其放入到刀网外框组件中，扣紧保持架组件，上盖组件即装配到位。

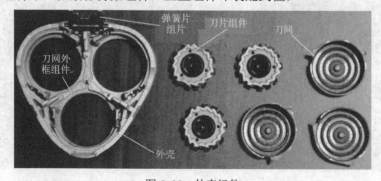

弹簧片组片　刀片组件　刀网

刀网外框组件

外壳

图 5-29　外壳组件

2）保持架组件　由支架、支圈、锁扣、支圈簧片组成，如图 5-30 所示。

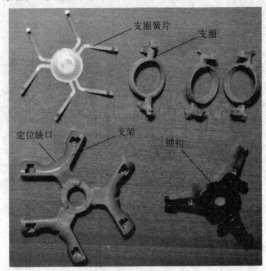

支圈簧片　支圈

定位缺口　支架　锁扣

图 5-30　保持架组件

3）保持架组件的装配

① 第一步：装配时，将支架、支圈簧片翻至反面，如图 5-31 所示。然后将支圈簧片的定位槽对准支架凸筋配合处，支圈簧片六只腿对准支架对应腿，按下即可，如图 5-32 所示。再将支圈上两个成形凸台对准支架的两个成形孔，按下即可，如图 5-33 所示。

支圈簧片与
支架配合处

支圈与支
架配合处

图 5-31　保持架组件组成零件置于对应处

图 5-32　支圈簧片置于对应处　　图 5-33　支圈置于对应处

② 第二步：将第一步装好的支架翻回正面，以锁扣上三只腿对准支架上的对应定位缺口处，此时锁扣上中心内弹簧卡扣正好卡入支架中心圆孔，锁扣上外弹簧卡扣正好卡入支架中心外圈处，按下正好到位，如图 5-34 所示。

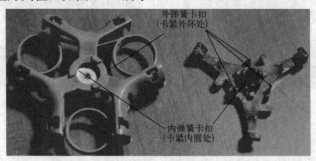

图 5-34　保持架组件弹簧卡扣装配示意

5.易拆剃须刀创新设计的亮点

1）具有柔性机构的某些特征　其刀头总成从大部件到小部件再到组件、零件，相互间的位置关系仅用到了弹性定位、弹性紧固，因此具有柔性装配的结构特征。

2）多零件自定位　上盖共有 20 多个零部件（保持架组件上 6 个零件未拆分、保持架组件 9 个零件未拆分），相互位置定位均由零件自身结构完成，如图 5-35 所示。

图 5-35　上盖组件零部件

3）小锁扣大作用　当用手将所有的零部件顺序放置到位后，只要将锁扣轻轻旋转一下，所有的零部件即刻被全部紧固并约束到位，如图 5-36 和图 5-37 所示。

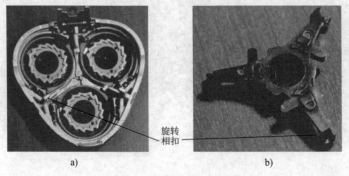

图 5-36　锁扣相扣部位

a) 外壳组件　b) 锁扣

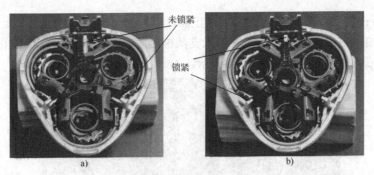

图 5-37 锁扣状态

a) 未锁 b) 锁紧

4）半圆球定心加紧固 上盖与刀头转轴之间采用弹簧片连接，如图 5-38 所示。刀头转轴部件上凸起的定位半球是设计的一大亮点，起自动定心的定位作用，还起辅助紧固作用，约束弹簧片沿球截面方向进行周向移动。

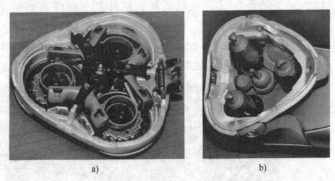

图 5-38 上盖与刀头转轴连接

a) 上盖部件 b) 刀头转轴部件

5.4.2 易拆卷笔刀借鉴

易拆卷笔刀分卷刀部件和后仓部件两部分。卷刀部件用来完成卷削铅笔，后仓部件存贮笔屑。两者之间由筋与缺口槽配合保证相应的定位，采用弹性卡扣紧固实现连接，如图 5-39 所示。

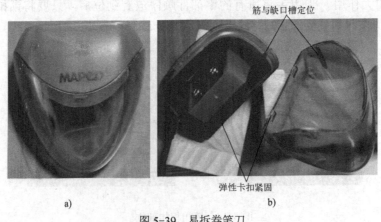

图 5-39 易拆卷笔刀

a) 产品外观 b) 连接示意

5.4.3 柔性装配结构概念探讨

本章以创新为主题，由于作者的实践和经验有限，未能对创新设计做更全面和深入的探讨，但这里还是想探讨一个概念——柔性装配结构。

1．柔性机构

柔性机构（Compliant Mechanism）的概念于 1968 年由 Buens 和 Crossley 提出的，一般是指通过其部分或全部具有柔性的构件变形而产生位移而传动力的机械结构。

2．柔性结构的优点

相对于传统的刚性结构而言，柔性结构具有以下优点：

1）可减少构件数目，无需装配，从而降低了成本。

2）无需铰链或轴承等运动副，运动和力的传递是利用组成它的某些或全部构件的变形来实现。

3）无摩擦、磨损及传动间隙，无效行程小，且不需要润滑，可实现高精度运动，避免污染而提高寿命。

4）可存储弹性能，自身具有回程反力。

5）易于小型化和大批量生产。

6）易于与其他非机械动力相匹配。

暂时没有找到准确定义之前，现以探索的方式给出如下定义。

柔性装配结构：装配产品的各相关零部件被确定相互位置关系并保持不变，未使用刚性的紧固约束，易于手工装配或拆卸。

第 6 章　Creo 3.0 平台设计实践

【学习提示】

根据第 4 章、第 5 章的内容，本章以 Creo 3.0 为设计平台，拓展学生对正逆向设计技术、方法的学习和运用的能力。侧重设计平台应用训练，循序渐进的过程分为三段。第一段，重温构建基础。第二段，以构建机架零件的技能训练为先导，通过典型曲面构建，过渡到模拟真实产品的设计过程，加强产品设计实践，指导学生从理论设计迈向实际设计。第三段，以多味宝的再设计，贯穿全局设计思想，对相关的零件从整体毛坯出发，分别加工出各个零件，关联尺寸、整体尺寸借助复制实现一体化，超越传统设计途径去开启学生的创新意识，实现创新设计能力拓展的目的。引入自顶向下的设计方法，使学生学习用新的设计方式完成典型的产品设计，为今后从事数字化设计和再设计打下牢固的基础。可结合课件及教学资源库组织学生自学，也可由教师通过课堂进行示范教学，并指导学生以点对点形式进行深入学习。

6.1　零件构建基础

6.1.1　确定绘图平面及方位

要点提示：

1）特征构建时，草绘平面决定空间构建平面（XOY、XOZ、YOZ）及空间构建高度。

2）草绘平面确定以后，空间构图的基面其方位将由指定的参考面配合四个参考方向来唯一确定。以下分两种情况讨论。

① 确定参考面，变换参考方向（下、上、左、右）。确定草绘平面及方向后，需指定与草绘平面垂直的参考面，确定构建特征在草绘平面内的方位。如图 6-1 所示，选 TOP 面为草绘平面，选 FRONT 面为参考面。选定不同的参考方向，实体的方位（朝向）也将不同。

② 确定参考方向，变换参考面。当确定了参考方向后，选择不同的参考面时，实体的方位将会不同，变化情况如图 6-2～图 6-7 所示。

6.1.2　构建三维实体基础特征

1. 拉伸

草绘截面后，沿着截面的法线方向延伸出零件截面的厚度，如图 6-8 所示。

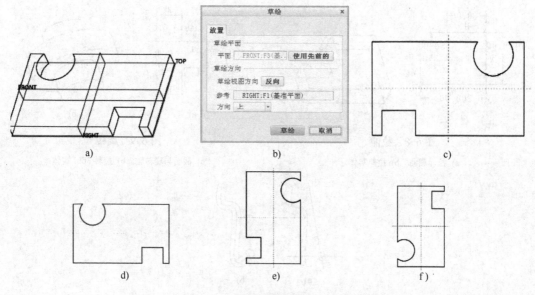

图 6-1   确定参考面变换参考方向

a) 缺口的长方体   b) 更改参考面的指向   c) FRONT 面指向下

d) FRONT 面指向上   e) FRONT 面指向左   f) FRONT 面指向右

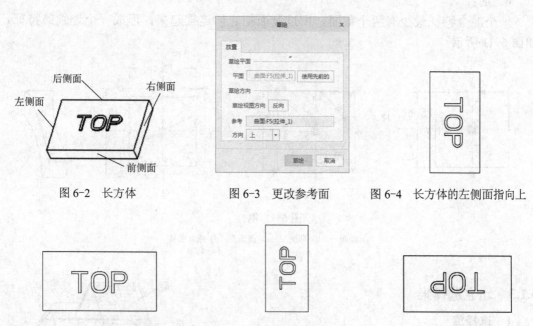

图 6-2   长方体   图 6-3   更改参考面   图 6-4   长方体的左侧面指向上

图 6-5   长方体的后侧面指向上   图 6-6   长方体的右侧面指向上   图 6-7   长方体的前侧面指向上

2. 旋转

截面绕一中心线旋转，生成旋转实体，如图 6-9 所示。

3. 扫描

截面沿指定路径扫描出一实体，路径本身可以是零件的外形线，如图 6-10 所示。

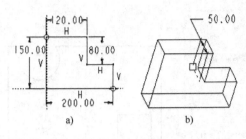

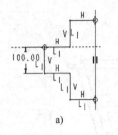

图 6-8 拉伸

a) 拉伸截面 b) 拉伸实体

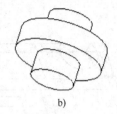

图 6-9 旋转

a) 截面与旋转轴 b) 旋转 360° 实体

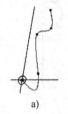

图 6-10 扫描

a) 扫描轨迹 b) 扫描实体

4. 混合

一个混合特征最少有两个截面，用过渡面把它们连接起来，形成一个连续的特征，如图 6-11 所示。

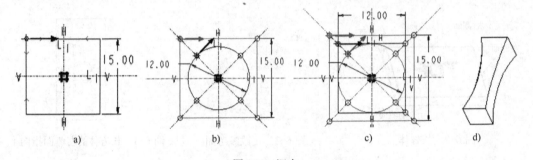

图 6-11 混合

a) 截面一 b) 截面二 c) 截面三 d) 混合实体

6.1.3 建立选择集

1. 选择集

一般情况下，选择集由多于一个以上的元素组成，特殊的情况下可以是一个元素。元素包括"点""边""面""基准曲线"（Curve）、"曲面"（Surface）、"面组"（Quilt），如图 6-12 所示。

2. 智能选择

Creo 3.0 在进行元素智能选择时，光标所指的元素均会高亮显示，右击可以查询所选择

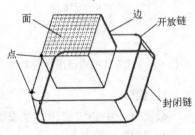

图 6-12 选择集的元素

的情况，单击使元素被选中。

6.1.4 选择方式

1. 要点提示

Creo 3.0 中可用菜单项配合功能键操作完成不同的选择，熟练掌握后可提高建模效率。因此，需要对选择方式的操作进行总结。

2. 操作步骤

1）对相连的实体、曲面边链，若要逐段选取或间隔选取线段时，可在单击第一段后，按住〈Ctrl〉键后逐段单击所要的线段或曲面，如图 6-13 和图 6-14 所示。

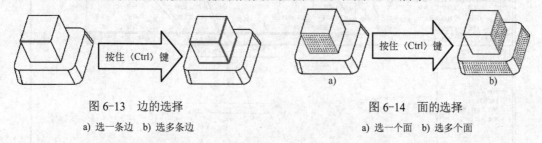

图 6-13　边的选择

a) 选一条边　b) 选多条边

图 6-14　面的选择

a) 选一个面　b) 选多个面

2）对相切的实体、曲面边链，若要整段选中时，可单击其中一段后，按住〈Shift〉键后单击其中任一段，则所有相切的线段将全部被选中，如图 6-15 所示。

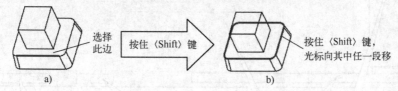

图 6-15　链的选择

a) 选一条边　b) 选一条相切链

3）对命令操作中的曲线（Curve），若单击所要的线段时，可先将光标移到曲线上，依次右击，可以查询所选择的情况；要任选其中一段时，先将光标移到该曲线上，右击使该线段呈现高亮状态，再单击，则加亮的线段被选中。

4）是选闭合链，还是选闭合（链中的）面，可以按住〈Shift〉键，或按住〈Ctrl〉键来配合选择链或面，如图 6-16 所示。

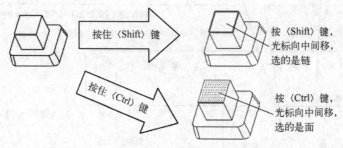

图 6-16　配合〈Shift〉键和〈Ctrl〉键的使用

6.1.5 用户界面

为方便读者的实际操作，操作过程中经常要单击相应区域、按钮及在模型的各种绘图状态中切换，现分别介绍如下。

1. 区域、按钮

程序运行后的区域、按钮，如图6-17所示。

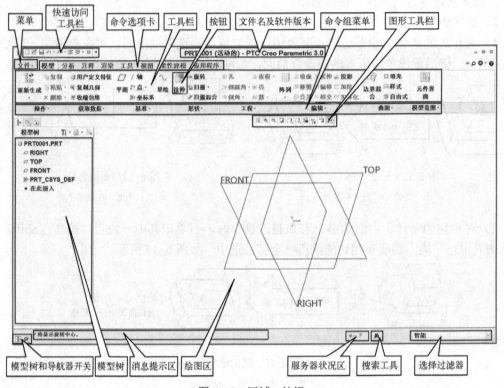

图6-17 区域、按钮

2. 操控板及选项对话框

截面绘制完后，单击操控板中的"确定"按钮✓时，弹出操控板及选项对话框，如图6-18所示。

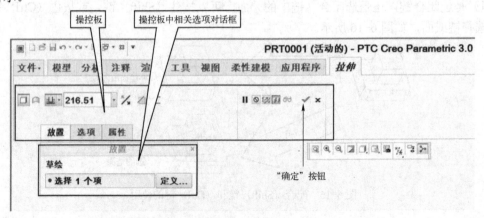

图6-18 操控板及选项对话框

3. 浮动工具栏

选中对象后，按住鼠标右键弹出浮动工具栏，如图 6-19 所示。

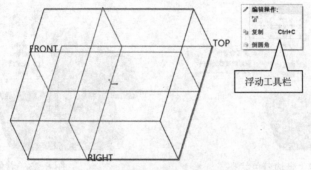

图 6-19　浮动工具栏

4. 弹出窗口示例

操作过程中，单击按钮或命令项时，会弹出对话框。例如，单击"草绘"按钮时，弹出"草绘"对话框，如图 6-20 所示。

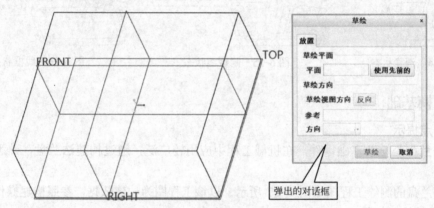

图 6-20　弹出对话框示例

5. 基准及旋转中心开关

基准及旋转中心开关如图 6-21 所示。

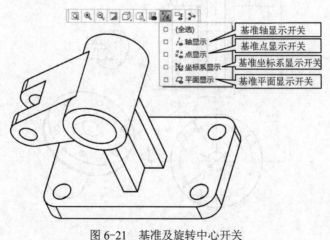

图 6-21　基准及旋转中心开关

6. 模型显示状态及控制

模型显示状态及控制如图 6-22～图 6-26 所示。

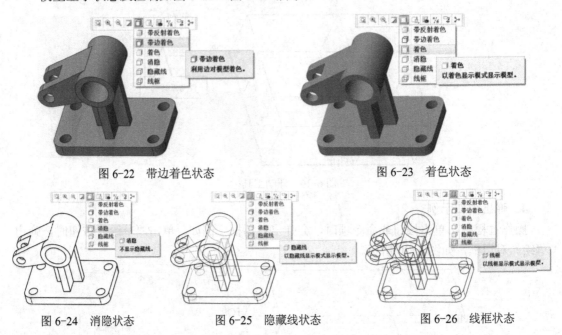

图 6-22　带边着色状态　　　　　　　　图 6-23　着色状态

图 6-24　消隐状态　　　　图 6-25　隐藏线状态　　　　图 6-26　线框状态

6.1.6　建模基础

1. 要点提示

1）法兰盘是一个基础零件，在机械工程中应用较广泛，通过构建法兰盘，熟悉基础构建操作。

2）法兰盘的测绘工程图如图 6-27 所示。以该工程图为构建依据，参照构建操作步骤，完成法兰盘的构建任务。

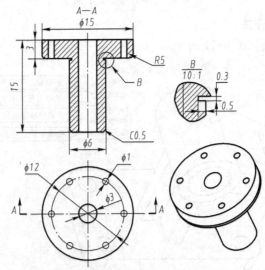

图 6-27　法兰盘的测绘工程图

2. 操作步骤

1）单击工具栏中"新建"按钮 ，弹出"新建"对话框，在"名称"文本框中输入：falanpan，如图 6-28 所示，取消选中"使用默认模板"复选框，单击"确定"按钮，弹出"新文件选项"对话框，选择"模板"：mmns_part_solid，单击"确定"按钮，如图 6-29 所示。

图 6-28 新建文件

图 6-29 选择模板

2）单击工具栏中"旋转"按钮 →单击 FRONT 作为草绘平面→单击图形工具栏中"草绘视图"按钮 ，对草绘平面重新定向→绘制法兰盘旋转截面，并绘制一条竖直的中心线作为旋转轴如图 6-30 所示→单击操控板中"确定"按钮 →在操控板中输入旋转角度：360°→单击"确定"按钮 ，生成法兰盘基体，如图 6-31 所示。

3）单击工具栏中"倒圆角"按钮 →选择圆盘底部边线，输入倒圆角数值：5→单击"确定"按钮 ，生成倒圆角，如图 6-32 所示。

4）单击工具栏中"倒角"按钮 →选择法兰盘底边，在操控板中选择倒角模式：**45 x D**，输入倒角值：0.5→单击"确定"按钮 ，生成倒角，如图 6-33 所示。

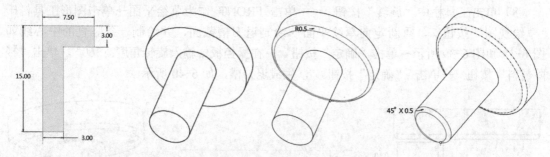

图 6-30 法兰盘旋转截面   图 6-31 法兰盘基体   图 6-32 倒圆角生成图   图 6-33 倒角生成图

5）单击工具栏中"孔"按钮 →单击操控板中 "放置"选项→在"放置"选项卡中，选择法兰盘顶面→单击"偏移参考"选项，按住〈Ctrl〉键依次选择 RIGHT 和 FRONT 作为基准平面，并分别输入偏移值：6 和 0，如图 6-34 所示→在操控板中输入孔直径值：1，单击深度控制"钻孔至与所有曲面相交"按钮 →单击"确定"按钮 ，生成圆孔，如图 6-35 所示。

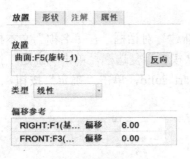

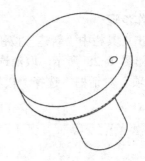

图 6-34　孔参数设置　　　　　　　　　　图 6-35　圆孔生成图

6）单击模型树中上一步生成的 孔→单击"工具栏"中"阵列"按钮→确保操控板中以"轴"的方式进行阵列，单击绘图区中法兰盘的中心线→修改操控板中第 1 方向的阵列个数和间隔角度使其设置为 1个项　／ 6　60.00 →单击"确定"按钮✔，生成孔的阵列，如图 6-36 所示。

7）单击工具栏中"孔"按钮 孔→按住〈Ctrl〉键后单击绘图区中法兰盘顶面和法兰盘中心线→在操控板中输入孔直径值：3，单击深度控制"钻孔至与所有曲面相交"按钮→单击"确定"按钮✔，生成中心孔，如图 6-37 所示。

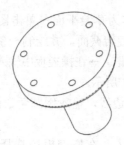

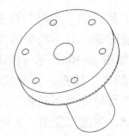

图 6-36　阵列孔生成图　　　　　　　　　图 6-37　中心孔生成图

8）单击工具栏中"旋转"按钮 →单击 FRONT 作为草绘平面→单击图形工具栏中"草绘视图"按钮，重新定向草绘平面→绘制退刀槽截面，并绘制一条竖直的中心线如图 6-38 和图 6-39 所示→单击"确定"按钮✔→在操控板中输入旋转角度：360°，单击"移除材料"按钮→单击 "确定"按钮✔，生成退刀槽，如 6-40 所示。

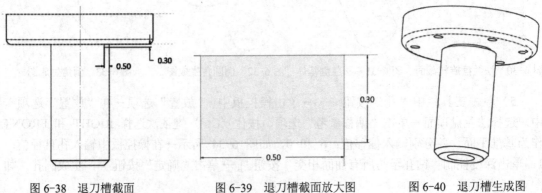

图 6-38　退刀槽截面　　　　图 6-39　退刀槽截面放大图　　　　图 6-40　退刀槽生成图

6.2 支座零件构建实操

6.2.1 悬臂支座构建

1. 要点提示

1）复杂的零件构建中，为便于后续使用时作为参考，大多数选用已有特征的点、线、面等实体，所以此类构建具有很强的父子关系依赖性，容易给后期的修改造成麻烦。

2）采用此类方法构建前，设计者的意图一定要清晰、正确。进行复杂零件的构建时，尽量从下至上一气呵成地完成构建任务，避免中途做大的修改和调整。

3）尽量采用零件工程图中的设计基准。

4）悬臂支座的测绘工程图如图 6-41 所示。以工程图为构建依据，参照构建操作步骤，完成悬臂支座的构建任务。

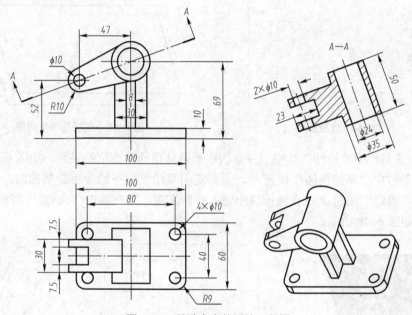

图 6-41　悬臂支座的测绘工程图

2. 操作步骤

1）单击工具栏中"新建"按钮，弹出"新建"对话框，在"名称"文本框中输入：zhizuo，如图 6-42 所示，取消选中"使用默认模板"复选框，单击"确定"按钮，弹出"新文件选项"对话框，选择"模板"：mmns_part_solid，单击"确定"按钮，如图 6-43 所示。

2）单击工具栏中"拉伸"按钮→单击 TOP 作为草绘平面→单击图形工具栏中"草绘视图"按钮，重新定向草绘平面→绘制底板截面，如图 6-44 所示→单击操控板中"确定"按钮→在操控板中输入拉伸高度：10→单击"确定"按钮，生成矩形底板基体，如图 6-45 所示。

提示：草绘时，首先绘制两条中心线使其与 RIGHT 和 FRONT 重合，绘图时可使图形自动约束对称，后同。

图 6-42　新建文件

图 6-43　选择模板

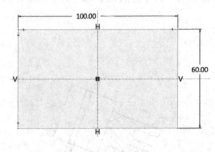

图 6-44　底板截面

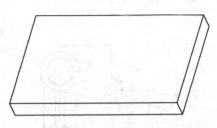

图 6-45　底板基体生成图

3）单击工具栏中"拉伸"按钮 →单击底板基体顶面作为草绘平面，如图 6-46 所示→单击图形工具栏中"草绘视图"按钮 ，重新定向草绘平面→绘十字肋架截面，如图 6-47所示→单击"确定"按钮 →在操控板中输入拉伸高度：50→单击 "确定"按钮 ，生成十字肋架，如图 6-48 所示。

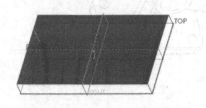

图 6-46　选择底板基体顶面

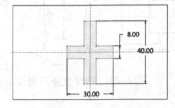

图 6-47　十字肋架截面

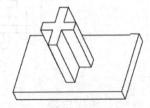

图 6-48　十字肋架生成图

4）单击工具栏中"拉伸"按钮 →单击 FRONT 作为草绘平面→单击图形工具栏中"草绘视图"按钮 ，重新定向草绘平面→绘制圆柱体截面，如图 6-49 所示→单击"确定"按钮 →单击操控板中"双侧拉伸"按钮 ，输入数值：50→单击"确定"按钮 ，生成叠加圆柱体，如图 6-50 所示。

5）单击工具栏中"拉伸"按钮 →单击 FRONT 作为草绘平面→单击图形工具栏中"草绘视图"按钮 ，重新定向草绘平面→绘制悬臂截面，如图 6-51 所示→单击"确定"按钮 →单击操控板中"双侧拉伸"按钮 ，输入数值：30→单击"确定"按钮 ，生成悬臂，如图 6-52 所示。

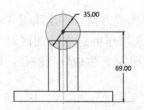
图 6-49　圆柱体截面

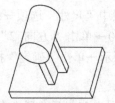
图 6-50　圆柱体生成图

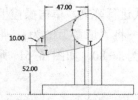
图 6-51　悬臂截面

图 6-52　悬臂生成图

6）单击工具栏中"拉伸"按钮 → 单击 FRONT 作为草绘平面 → 单击图形工具栏中"草绘视图"按钮，重新定向草绘平面 → 绘制悬臂切槽截面，如图 6-53 所示 → 单击"确定"按钮 → 单击操控板中"双侧拉伸"按钮，输入数值：30，单击"移除材料"按钮，调整材料的拉伸方向 为：箭头指向左侧 → 单击"确定"按钮，生成悬臂切槽，如图 6-54 所示。

7）单击工具栏中"拉伸"按钮 → 单击 FRONT 作为草绘平面 → 单击图形工具栏中"草绘视图"按钮，重新定向草绘平面 → 绘制同心孔截面，如图 6-55 所示 → 单击"确定"按钮 → 单击操控板中"双侧拉伸"按钮，输入数值：60 → 单击"移除材料"按钮 → 单击"确定"按钮，生成悬臂通孔，如图 6-56 所示。

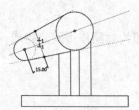
图 6-53　悬臂切槽截面

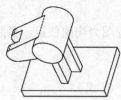
图 6-54　悬臂切槽生成图

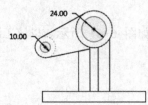
图 6-55　同心孔截面

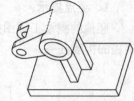
图 6-56　悬臂通孔生成图

8）按住〈Ctrl〉键后选择矩形基体的四条竖边，如图 6-57 所示，再对其右击则弹出浮动工具栏，选择"倒圆角"按钮 倒圆角 → 在操控板中输入圆角值 9 → 单击"确定"按钮，生成圆角，如图 6-58 所示。

9）单击工具栏中"孔"按钮 孔 → 单击操控板中"放置"选项 → 在"放置"选项组中选择底板基体的顶面 → 单击"偏移参考"选项组，按住〈Ctrl〉键后依次选择 RIGHT 和 FRONT 作为基准平面，并分别输入偏移值：40 和 20，如图 6-59 所示 → 在操控板中输入孔直径：10，单击深度控制的"钻孔至与所有曲面相交"按钮 → 单击"确定"按钮，生成底孔，如图 6-60 所示。

图 6-57　选四条竖边

图 6-58　圆角生成图

图 6-59　孔参数设置

图 6-60　底孔生成图

10）单击模型树中上一步骤生成的 孔 → 单击"工具栏"中"阵列"按钮 → 确保操控

板中以"尺寸"的方式进行阵列，单击操控板中"尺寸"选项→单击"方向 1"选项组并选取绘图区尺寸"20"→将"增量"改为：-40→单击"方向 2"选项组并选取绘图区尺寸"40"→将"增量"改为：-80，如图 6-61 所示→单击"确定"按钮 ✔，生成阵列的孔，如图 6-62 所示。

提示：Creo 3.0 中若阵列成功，阵列预览特征将用黑色圆点表示。

图 6-61　阵列参数设置

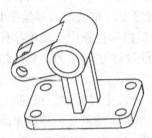

图 6-62　生成阵列的孔

6.2.2　座盖构建

1. 要点提示

座盖的测绘工程图如图 6-63 所示。以该工程图为构建依据，参照构建操作步骤，完成座盖的构建任务。

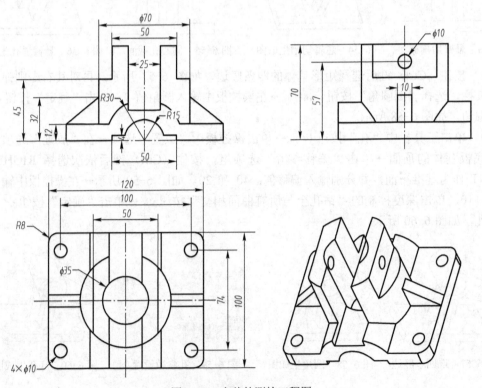

图 6-63　座盖的测绘工程图

2. 操作步骤

1）单击工具栏中"新建"按钮 → 弹出"新建"对话框，在"名称"文本框中输入：zuogai，如图 6-64 所示，取消选中"使用默认模板"复选框，单击"确定"按钮，弹出"新文件选项"对话框 → 选择"模板"：mmns_part_solid，单击"确定"按钮，如图 6-65 所示。

图 6-64　新建文件

图 6-65　选择模板

2）单击工具栏中"拉伸"按钮 → 单击 FRONT 面作为草绘平面 → 单击图形工具栏中"草绘视图"按钮 ，重新定向草绘平面 → 绘制弧形截面，如图 6-66 所示 → 单击操控板中"确定"按钮 → 在操控板中选择"双侧拉伸"按钮 ，输入数值：100 → 单击"确定"按钮 ，生成弧形基体，如图 6-67 所示。

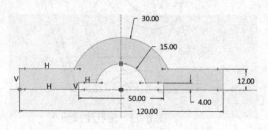

图 6-66　弧形截面

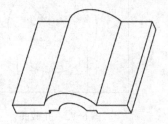

图 6-67　弧形基体生成图

3）单击工具栏中"平面"按钮 → 弹出"基准平面"对话框，选择 TOP 基准平面作为参考 → 输入偏移距离：70（确保向上方偏移），如图 6-68 所示 → 单击"确定"按钮，生成偏移基准面 DTM1，如图 6-69 所示。

图 6-68　"基准平面"对话框

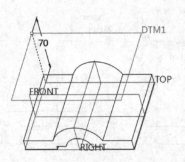

图 6-69　基准面 DTM1 生成图

4）单击工具栏中"拉伸"按钮 ![拉伸] →单击 DTM1 面作为草绘平面→单击图形工具栏中"草绘视图"按钮 ![草绘视图]，重新定向草绘平面→绘制圆柱截面，如图 6-70 所示→单击"确定"按钮 ![确定] →单击操控板中"拉伸至下一曲面"按钮 ![拉伸至下一曲面]，调整材料的拉伸方向 ![方向]，确保向下拉伸→单击"确定"按钮 ![确定]，生成圆柱，如图 6-71 所示。

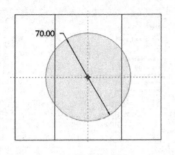

图 6-70　圆柱截面

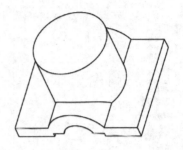

图 6-71　圆柱生成图

5）单击工具栏中"拉伸"按钮 ![拉伸] →单击圆柱体顶面作为草绘平面→单击图形工具栏中"草绘视图"按钮 ![草绘视图]，重新定向草绘平面→绘制孔截面，如图 6-72 所示→单击"确定"按钮 ![确定] →单击操控板中"拉伸至与所有曲面相交"按钮 ![拉伸至与所有曲面相交] 和"移除材料"按钮 ![移除材料] →单击"确定"按钮 ![确定]，生成通孔，如图 6-73 所示。

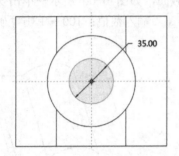

图 6-72　孔截面

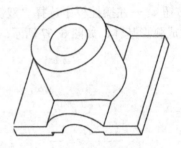

图 6-73　通孔生成图

6）单击工具栏中"拉伸"按钮 ![拉伸] →单击 FRONT 面作为草绘平面→单击图形工具栏中"草绘视图"按钮 ![草绘视图]，重新定向草绘平面→绘制缺口槽截面，如图 6-74 所示→单击"确定"按钮 ![确定] →在操控板中选择"双侧拉伸"按钮 ![双侧拉伸] 和"移除材料"按钮 ![移除材料]，输入数值：100 →单击"确定"按钮 ![确定]，生成缺口槽，如图 6-75 所示。

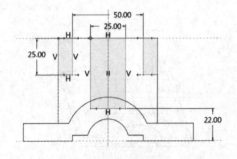

图 6-74　缺口槽截面

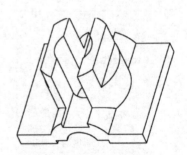

图 6-75　缺口槽生成图

7）单击工具栏中"孔"按钮 孔→单击操控板的"放置"选项→在"放置"选项组中选择底座矩形的上表面→单击"偏移参考"选项组，按住〈Ctrl〉键后依次选择 RIGHT 和 FRONT 基准平面为偏移参考，并分别输入偏移值：50 和 37，如图 6-76 所示→在操控板中输入孔直径：10，单击操控板中深度控制"钻孔至与所有曲面相交"按钮 →单击"确定"按钮 ，生成底板右下底孔，如图 6-77 所示。

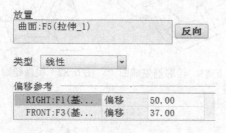

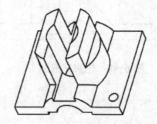

图 6-76　孔参数设置　　　　　　　　　图 6-77　孔生成图

8）单击模型树中上一步骤生成的 孔→单击工具栏中"阵列"按钮 →确保操控板中以"尺寸"的方式进行阵列，单击操控板中"尺寸"选项→单击"方向 1"选项组并选取绘图区尺寸"37"→将"增量"改为：-74→单击"方向 2"选项组并选取绘图区尺寸"50"→将"增量"改为：-100，如图 6-78 所示→单击"确定"按钮 ，生成孔的阵列，如图 6-79所示。

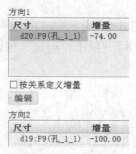

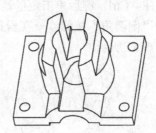

图 6-78　阵列参数设置　　　　　　　　图 6-79　阵列孔生成图

9）单击工具栏中"轮廓筋"按钮 →单击 FRONT 面作为草绘平面→单击图形工具栏中"草绘视图"按钮 ，重新定向草绘平面→绘制轮廓筋截面，如图 6-80 所示 →单击"确定"按钮 →在操控板中输入厚度：10→单击"确定"按钮 ，生成轮廓筋，如图 6-81 所示。

提示：利用左侧边和左顶点为参考，绘一斜线即可确定草绘截面。输入厚度后，依次单击操控板中的 图标可调整轮廓筋定位方式，为使轮廓筋对称，建议采用对称方式。轮廓筋的方向可在实际操作中根据情况动态调整。

10）单击模型树中上一步生成的轮廓筋→单击工具栏中"镜像"按钮 →单击 RIGHT 为镜像平面→单击"确定"按钮 ，生成镜像轮廓筋，如图 6-82 所示。

11）单击工具栏中"拉伸"按钮 →单击 RIGHT 面作为草绘平面→在操控板中单击"草绘设置"按钮 →弹出"草绘"对话框，选择 TOP 为参考面，参考方位向上，如图 6-83 所示→绘制侧孔截面，如图 6-84 所示→单击"确定"按钮 →在操控板中选择"双侧拉伸"

按钮 和"移除材料"按钮 ，输入数值：100→单击"确定"按钮 ，生成侧孔，如图 6-85 所示。

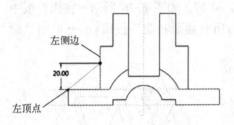

图 6-80　轮廓筋截面

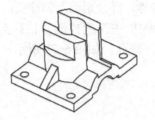

图 6-81　轮廓筋生成图

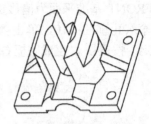

图 6-82　镜像轮廓筋生成图

图 6-83　"草绘"对话框

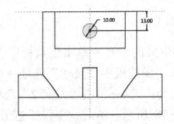

图 6-84　侧孔截面

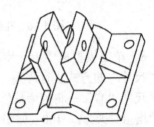

图 6-85　侧孔生成图

12）按住〈Ctrl〉键后单击矩形基体的四条竖边，如图 6-86 所示→在右击弹出的浮动工具栏中选择"倒圆角"按钮 →在操控板中输入圆角值：8°→单击"确定"按钮 ，生成圆角，如图 6-87 所示。

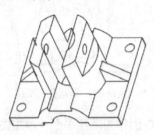

图 6-86　倒圆角棱边

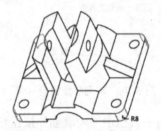

图 6-87　圆角生成图

6.2.3　轴承座构建

1. 要点提示

轴承座的测绘工程图，如图 6-88 所示。以该工程图为构建依据，参照构建操作步骤，完成轴承座的构建任务。

2. 操作步骤

1）单击按钮工具栏中"新建"按钮 →弹出"新建"对话框，在"名称"文本框中输入：dizhizuo，如图 6-89 所示，取消选中"使用默认模板"复选框，单击"确定"按钮，弹出"新文件选项"对话框，选择"模板"：mmns_part_solid，单击"确定"按钮，如图 6-90 所示。

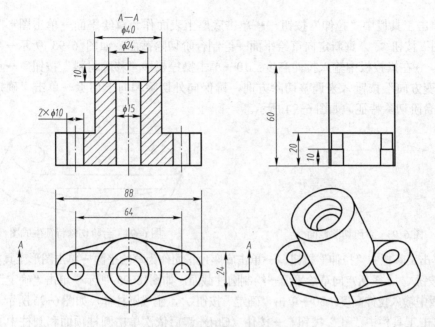

图 6-88　轴承座的测绘工程图

图 6-89　新建文件

图 6-90　选择模板

2）单击工具栏中"拉伸"按钮 →单击 TOP 作为草绘平面→单击图形工具栏中"草绘视图"按钮 ，重新定向草绘平面→绘制基体截面，如图 6-91 所示→单击操控板中"确定"按钮 →在操控板中输入拉伸高度：20→单击"确定"按钮 ，生成底支座基体，如图 6-92 所示。

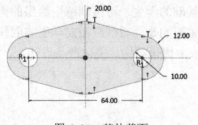

图 6-91　基体截面

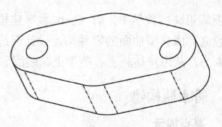

图 6-92　基体生成图

3）单击工具栏中"拉伸"按钮▱→单击底座上表面作为草绘平面→单击图形工具栏中"草绘视图"按钮▱，重新定向草绘平面→绘制台阶切除截面，如图 6-93 所示→单击"确定"按钮▱→在操控板中输入拉伸高度：10→单击操控板中"移除材料"按钮▱→单击操控板中"改变方向"按钮▱来调整切除方向，确保向外切除和向下切除→单击"确定"按钮▱，生成台阶切除特征，如图 6-94 所示。

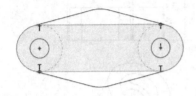

图 6-93　台阶切除截面

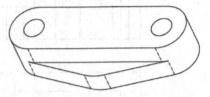

图 6-94　台阶切除特征生成图

4）单击工具栏中"拉伸"按钮▱→单击底座顶平面作为草绘平面→单击图形工具栏中"草绘视图"按钮▱，重新定向草绘平面→绘制圆柱截面，如图 6-95 所示→单击"确定"按钮▱→在操控板中输入拉伸高度：50→单击"确定"按钮▱，生成圆柱体，如图 6-96 所示。

5）单击工具栏中"孔"按钮▱→按住〈Ctrl〉键后依次单击圆柱顶面和圆柱中心轴→单击操控板中"使用草绘定义钻孔轮廓"按钮▱→单击操控板中随即出现的"激活草绘器以创建截面"按钮▱，进入草绘截面→绘制沉孔截面，如图 6-97 所示→单击"确定"按钮▱→再次单击"确定"按钮▱，生成底支座，如图 6-98 所示。

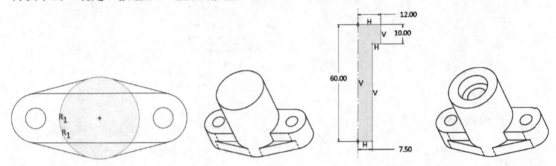

图 6-95　圆柱截面　　　图 6-96　圆柱生成图　　　图 6-97　沉孔截面　图 6-98　底支座生成图

提示：注意绘制沉孔截面时，应该先绘制一根竖直的中心线，作为沉孔截面的旋转中心，也作为孔的中心轴。

6.3　典型曲面零件的构建设计

训练思路：教学中，有 Creo 数字建模操作技能基础的学生，可按训练中给出的构建流程，独立完成典型曲面的零件构建设计训练过程。更重要的是，教师应激发学生的创新热情和想象力，从用户体验上、美学上、装配和制造的要求上优化结构、美化产品设计。

6.3.1　香水瓶构建

1．要点提示
1）香水瓶盖和香水瓶身是关联的零件，构建中的复制面是保证相关零件一致性的设计措施，也是并行设计的技术基础，应力求掌握好该项技术。

2）香水瓶盖和香水瓶口螺纹的收口设计，体现了关注用户体验的产品设计理念；香水瓶盖和香水瓶口旋合时，采用的装配卡位结构是产品可靠性设计理念的体现，同时也很好地完成了重视用户体验的理念贯彻。

3）香水瓶的测绘示意图如图 6-99 所示。可参考该示意图，参照构建操作步骤，完成香水瓶的构建任务。香水瓶的设计，是一个从理论曲面出发，向实体延伸后，再到曲面零件设计的一个过程。美的产品、好的用户体验、合理的结构，才是产品创新设计和再设计的原则。鼓励学生发挥创造性和想象力，设计不同结构的瓶体和能让产品完美的止位结构。通过这个典型曲面零件设计拓展创新设计能力。

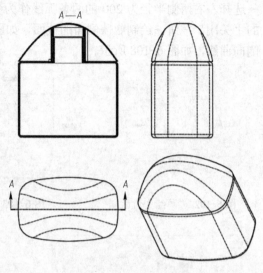

图 6-99　香水瓶的测绘示意图

2．操作步骤

1）单击工具栏中"新建"按钮 → 弹出"新建"对话框，在"名称"文本框中输入：pinggai，如图 6-100 所示，取消选中"使用默认模板"复选框，单击"确定"按钮，弹出"新文件选项"对话框，→选择"模板"：mmns_part_solid，单击"确定"按钮，如图 6-101 所示。

图 6-100　新建文件

图 6-101　选择模板

2）单击工具栏中"草绘"按钮 → 在弹出的"草绘"对话框中选择 TOP 作为"草绘平面"，如图 6-102 所示 → 单击"草绘"按钮 → 单击图形工具栏中"草绘视图"按钮 ，重新定向草绘平面 → 绘制瓶盖底部截面，如图 6-103 所示 → 单击操控板中"确定"按钮 ，生成瓶盖底部曲线，如图 6-104 所示。

3）单击工具栏中"草绘"按钮 → 在弹出的"草绘"对话框中选择 RIGHT 作为"草绘平面"，"参考平面"为 TOP，"方向"改为"上"，如图 6-105 所示 → 单击"草绘"按钮 →

单击图形工具栏中"草绘视图"按钮 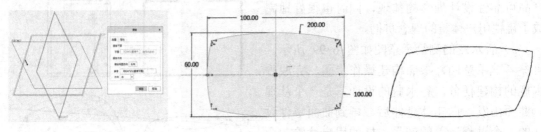，重新定向草绘平面→单击工具栏中"参考"按钮 □ →选择左右两侧半径为 200 的两条弧线作为参考，如图 6-106 所示→单击"参考"对话框中的"关闭"按钮→绘制瓶盖侧面的截面，如图 6-107 所示→单击"确定"按钮 ✓，生成瓶盖侧向曲线，如图 6-108 所示。

图 6-102　"草绘"对话框　　　图 6-103　瓶盖底部截面　　　图 6-104　瓶盖底部曲线生成图

图 6-105　"草绘"对话框

图 6-106　添加参考曲线

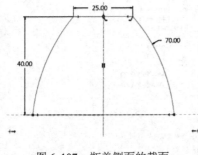

图 6-107　瓶盖侧面的截面

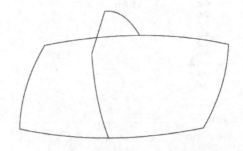

图 6-108　瓶盖侧向曲线生成图

提示： 如果半径为 200 的两条弧线不方便选择，可以将模型旋转到立体视角进行选择，然后单击"草绘视图"按钮 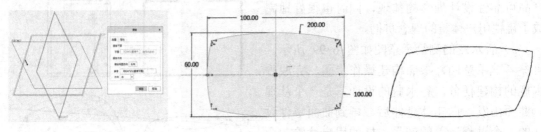，重新定向草绘平面再继续绘制截面。

4）单击命令组菜单中"基准"指令→"曲线"→"通过点的曲线"→从左向右或从右向左依次选择曲线的三个端点，如图 6-109 所示→单击"确定"按钮 ✓，生成前方通过 3 个点的曲线，如图 6-110 所示。

5）单击命令组菜单中"基准"指令→"曲线"→"通过点的曲线"→从左向右或从右向左依次选择曲线的三个端点，如图 6-111 所示→单击"确定"按钮 ✓，生成后方 3 个过点的曲线，如图 6-112 所示。

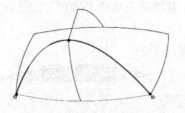

图 6-109　选择端点

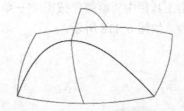

图 6-110　通过 3 个点的曲线生成图

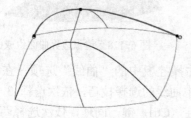

图 6-111　选择端点

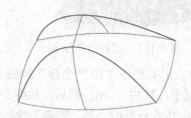

图 6-112　后方过点曲线生成图

6）单击工具栏中"边界混合"按钮 ，→单击操控板中的"曲线"选项→在"第一方向"选项组中选择 1 号曲线，如图 6-113 所示→按住〈Ctrl〉键后，把光标移到 2 号曲线上，此时底部曲线呈现预选状态，右击，当 2 号曲线高亮显示时，单击以选中该曲线，如图 6-114 所示→单击"第二方向"选项组→把光标移到 1 号曲线上，此时侧向曲线整段呈现高亮显，右击，当 1 号曲线高亮显示时，单击以选中该曲线，如图 6-115 所示→单击"确定"按钮 ，生成边界曲面，如图 6-116 所示。

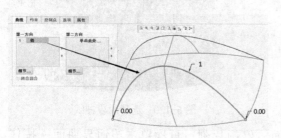

图 6-113　第一方向 1 号曲线

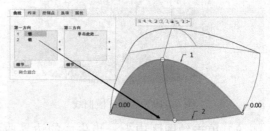

图 6-114　第一方向 2 号曲线

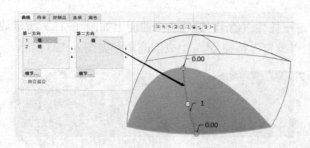

图 6-115　第二方向 1 号曲线

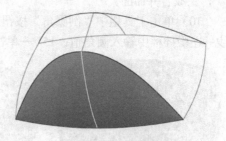

图 6-116　边界曲面生成图

7）单击绘图区中上一步生成的边界曲面，停顿片刻，再次单击该边界曲面，如图 6-117 所示→单击工具栏中"镜像"按钮 ▷◁ →单击 FRONT 基准面→单击"确定"按钮 ✔，生成镜像边界曲面，如图 6-118 所示。

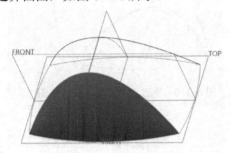

图 6-117　选择边界曲面

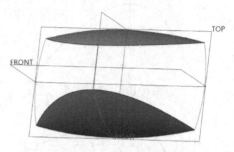

图 6-118　镜像边界曲面生成图

8）单击工具栏中"边界混合"按钮 ⌂ →单击操控板中的"曲线"选项→在"第一方向"选项组中，按住〈Ctrl〉键后，根据步骤 6）中曲线的选择技巧，依次选择 3 段曲线，如图 6-119 所示→单击"第二方向"选项组→按住〈Ctrl〉键，同理，依次选择两段曲线，如图 6-120 所示→单击"确定"按钮 ✔，生成边界曲面，如图 6-121 所示。

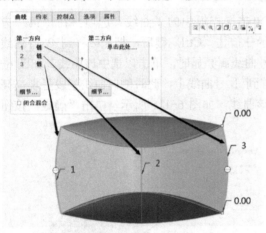

图 6-119　选择 3 段曲线

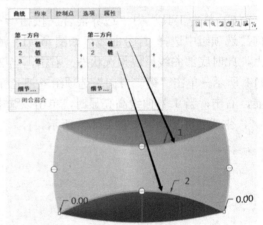

图 6-120　选择两段曲线

9）单击绘图区中上一步生成的边界曲面，停顿片刻，再次单击该边界曲面→按住〈Ctrl〉键后选择剩余的两块边界曲面→单击工具栏中"合并"按钮 ⌂ →单击"确定"按钮 ✔，生成合并曲面。

10）单击工具栏中"倒圆角"按钮 ⌂ →按住〈Ctrl〉键后选择曲面上如图 6-122 所示边线→在操控板中输入圆角值：15°→单击"确定"按钮 ✔，生成倒圆角，如图 6-123 所示。

图 6-121　边界曲面生成图

图 6-122　选择倒圆角边线

图 6-123　倒圆角生成图

11）选择模型，单击工具栏中"加厚"按钮 ，→在操控板中输入厚度值：1，确保向模型内部的方向上加厚，如果方向不对可单击"方向"按钮 调整→单击"确定"按钮 ，生成壳体，如图 6-124 所示。

12）单击工具栏中"拉伸"按钮 →单击 TOP 作为草绘平面→单击图形工具栏中"草绘视图"按钮 ，重新定向草绘平面→绘制套筒截面，如图 6-125 所示→单击"确定"按钮 →单击操控板中"拉伸至下一曲面"按钮 →单击"确定"按钮 ，生成内部圆柱套筒，如图 6-126 所示。

图 6-124　壳体生成图

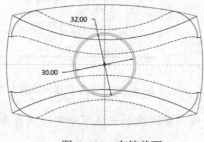

图 6-125　套筒截面

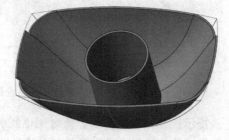

图 6-126　圆柱套筒生成图

13）单击工具栏中"平面"按钮 □→单击绘图区 TOP 基准平面→在弹出的"基准平面"对话框中，输入"平移"距离为：5，如图 6-127 所示→单击"确定"按钮，创建新的基准平面 DTM1，如图 6-128 所示。

图 6-127　创建新基准平面

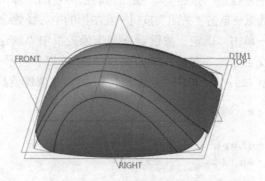

图 6-128　新基准平面生成图

14）单击绘图区 DTM1 作为基准平面→单击工具栏中"实体化"按钮 →单击操控板中的"移除材料"按钮 ，确保向 TOP 基准平面移除材料，如果方向不对可单击"方向"按钮 调整→单击"确定"按钮 ，生成瓶盖底部移除材料图，如图 6-129 所示。

15）单击工具栏中"草绘"按钮 →在弹出的"草绘"对话框中选择 FRONT 作为"草绘平面"，单击"草绘"按钮→单击图形工具栏中"草绘视图"按钮 ，重新

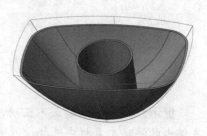

图 6-129　瓶盖底部移除材料图

定向草绘平面→绘制瓶盖螺旋扫描轨迹截面，如图 6-130 所示→单击"确定"按钮 ✓，生成螺旋扫描轨迹曲线，放大后如图 6-131 所示。

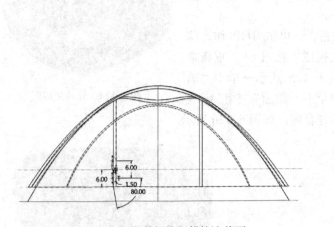

图 6-130 瓶盖螺旋扫描轨迹截面

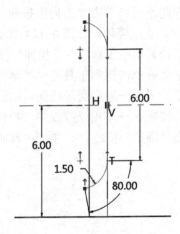

图 6-131 螺旋扫描轨迹放大图

提示：首先参考圆柱套筒内侧边线和瓶盖底部边线，其次绘制一根水平中心线作为镜像中心线，最后绘制一半图形并对其镜像。

16）单击工具栏中"螺旋扫描"按钮 ⚙ →单击操控板中的"参考"选项→单击"定义"按钮，如图 6-132 所示→在弹出的"草绘"对话框中，单击 FRONT 作为草绘平面→单击"确定"按钮→单击图形工具栏中"草绘视图"按钮 ⚙，重新定向草绘平面→单击图形工具栏中"投影"按钮 □，绘制螺旋扫描轮廓→弹出"投影"对话框，选择"环"选项→单击下端圆弧→单击"关闭"按钮→在图形的中心线处绘制中心线作为螺旋扫描中心线，如图 6-133 所示→单击"确定"按钮 ✓ →单击操控板中"创建扫描截面"按钮 ☑ →在草绘的中心线"十字"交汇处绘制螺旋扫描截面，如图 6-134 所示→单击"确定"按钮 ✓ →在操控板中输入"螺距" ⚙：4，单击"确定"按钮 ✓，生成螺旋扫描，如图 6-135 所示。

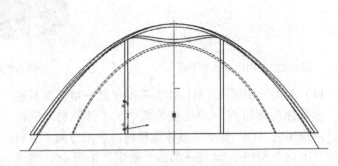

图 6-132 定义螺旋扫描轮廓　　　　　　　　　　图 6-133 螺旋扫描轮廓

提示：如果轮廓起点不正确，可以先单击曲线上欲作为起点的端点，按住鼠标右键在弹出的浮动工具栏中选择"起点"即可；螺旋扫描轨迹截面图中 80° 应为下方圆弧的圆心角。

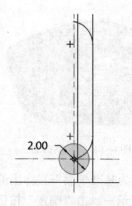

图 6-134　螺旋扫描截面

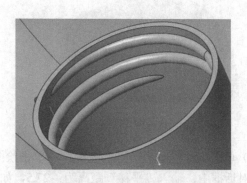

图 6-135　螺旋扫描生成图

17）单击工具栏中"倒圆角"按钮 ➘→选择内螺纹边线，如图 6-136 所示→在操控板中输入圆角值：1°→单击"确定"按钮 ✔，生成倒圆角，如图 6-137 所示。

图 6-136　选择内螺纹边线

图 6-137　倒圆角生成图

18）选择模型树中前四步所绘制的曲线和草绘，如图 6-138 所示→对其右击，在弹出的快捷菜单中选择隐藏，如图 6-139 所示。

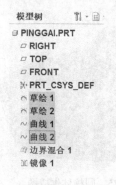

图 6-138　选择模型树中的特征

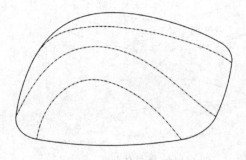

图 6-139　曲线隐藏结果

19）按住〈Ctrl〉键后选择瓶盖顶部所有曲面，如图 6-140 所示→按组合键〈Ctrl+C〉复制曲面→按组合键〈Ctrl+V〉粘贴曲面→单击"确定"按钮 ✔，完成曲面的复制，如图 6-141 所示。

图 6-140　选择所有曲面

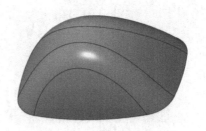

图 6-141　复制曲面

20）单击工具栏中"平面"按钮▱→单击绘图区 TOP 作为基准平面→在弹出的"基准平面"对话框中，输入"平移"距离为：27.5，如图 6-142 所示→单击"确定"按钮，创建新的基准平面 DTM2，如图 6-143 所示。

图 6-142　创建新基准平面

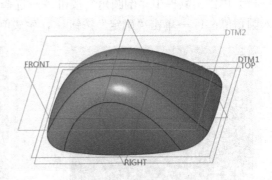

图 6-143　新基准平面生成图

21）单击工具栏中"拉伸"按钮⬚→单击上一步中的 DTM2 作为草绘平面→单击图形工具栏中"草绘视图"按钮⬚，重新定向草绘平面→绘制圆柱体截面，如图 6-144 所示→单击"确定"按钮✔→在操控板中输入拉伸距离：30→单击操控板中"确定"按钮✔，生成圆柱体，如图 6-145 所示。

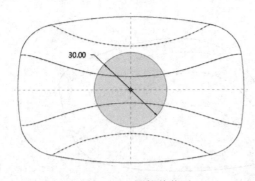

图 6-144　圆柱体截面

图 6-145　圆柱体生成图

22）单击模型树中倒数第三个特征：复制的曲面→单击工具栏中"实体化"按钮⬚→单击操控板中的"移除材料"按钮◁，确保向外部移除材料，如图 6-146 所示，如果方向不对可单击"方向"按钮⤧调整→单击操控板中"确定"按钮✔，去除上方多余的圆柱体，如图 6-147 所示。

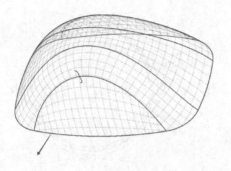

图 6-146 瓶盖底部移除材料图

图 6-147 去除上方多余的圆柱体生成图

23）单击工具栏中"旋转"按钮 🔩→单击 FRONT 作为草绘平面→单击图形工具栏
"草绘视图"按钮 🗗，重新定向草绘平面→参考套筒内壁，草绘内部旋转截面，如图 6-148
所示→单击"确定"按钮 ✔→在操控板中输入旋转角度：360°，单击"移除材料"按钮 ⬭
→单击"确定"按钮 ✔，生成圆柱内部旋转切除，如图 6-149 所示。

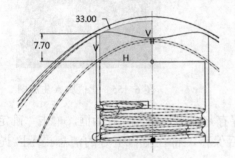

图 6-148 内部旋转截面

图 6-149 圆柱内部旋转切除生成图

24）单击工具栏中"拉伸"按钮 🗐→单击 TOP 作为草绘平面→单击图形工具栏中"草
绘视图"按钮 🗗，重新定向草绘平面→绘制同心孔截面，如图 6-150 所示→单击"确定"按
钮 ✔→在操控板中输入拉伸数值：20，单击"移除材料"按钮 ⬭→单击"确定"按钮 ✔，
切除圆柱外部多余螺纹，如图 6-151 所示。

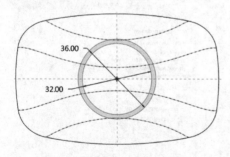

图 6-150 同心孔截面

图 6-151 切除圆柱外部多余螺纹生成图

25）单击工具栏中"拉伸"按钮 🗐→单击瓶盖端面作为草绘平面，如图 6-152 所示→单
击图形工具栏中"草绘视图"按钮 🗗，重新定向草绘平面→绘制止位块截面，如图 6-153 和
图 6-154 所示→单击"确定"按钮 ✔→单击操控板中"拉伸至下一曲面"按钮 ≡，确保向
瓶盖内部拉伸→单击"确定"按钮 ✔，生成止位块 A，如图 6-155 所示。

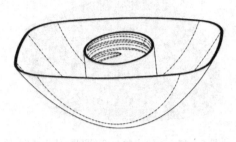

图 6-152 选择瓶盖端面

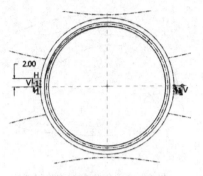

图 6-153 止位块 A 截面

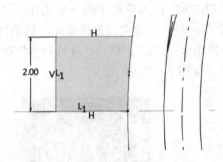

图 6-154 止位块 A 截面放大图

图 6-155 止位块 A 生成图

26）按组合键〈Ctrl+S〉→如果是第一次保存将弹出"保存"对话框，单击"确定"即可保存到当前文件夹；如果是第二次乃至以后保存，将在窗口下方的消息提示区提示：PINGGAI 已保存。

27）单击工具栏中"新建"按钮 □→弹出"新建"对话框，在"名称"文本框中输入：ping，选择"类型"：装配，如图 6-156 所示，取消选中"使用默认模板"复选框，单击"确定"按钮，弹出"新文件选项"对话框，→选择"模板"：mmns_asm_design，单击"确定"按钮，如图 6-157 所示。

图 6-156 新建文件

图 6-157 选择模板

28）单击工具栏中"组装"按钮 □→弹出"打开"对话框，选择 pinggai.prt，单击"打开"按钮→在操控板中选择组装方式为 □ 默认→单击 "确定"按钮 ✓，即可将 pinggai 组装进组件中。

29）单击工具栏中"创建"按钮 ⊞**创建**→弹出"创建元件"对话框，选择"类型"：零件，输入"名称"：pingti，单击"确定"按钮，如图 6-158 所示→弹出"创建选项"对话框，确认零件模板复制自：mmns_part_solid，如图 6-159 所示，单击"确定"按钮→在操控板中选择组装方式为 Ⅱ **默认**→单击"确定"按钮 ✔，即可将 pingti 组装进组件中。

图 6-158　创建文件

图 6-159　创建选项

30）右击模型树中 PINTTI.PRT→弹出"浮动工具栏"，单击"激活"按钮 ✧→在绘图区中选择瓶盖端面，如图 6-160 所示→按组合键〈Ctrl+C〉复制曲面→按组合键〈Ctrl+V〉粘贴曲面→单击"确定"按钮 ✔，完成曲面的复制。

31）参考上一步复制的螺纹曲线，因该曲线在瓶盖内部，可采取选择模型树中特征的方式选取。单击模型树上方"设置"按钮 🔧 后方的黑三角→单击"树过滤器"选项，如图 6-161 所示→弹出"模型树项"对话框，选中左上角"特征"复选框→单击"确定"按钮，如图 6-162 所示→双击模型树中 PINGGAI.PRT，打开该模型特征树→单击"螺旋扫描"特征上方的"曲线" ⌒ 特征，绘图区中该曲线也已高亮显→在绘图区中单击该曲线，该曲线呈现变粗高亮显，如图 6-163 所示→按组合键〈Ctrl+C〉复制曲线→按组合键〈Ctrl+V〉粘贴曲线→确认操控板中"曲线类型"为：精确→单击"确定"按钮 ✔，完成曲线的复制和粘贴，如图 6-164 所示。

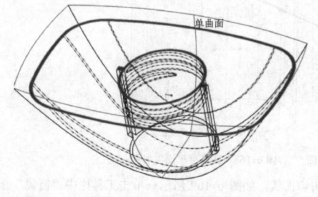

图 6-160　选择瓶盖端面

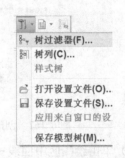

图 6-161　设置树过滤器

图6-162　打开特征的显示　　　　　　　图6-163　螺旋扫描轮廓线高亮显

32）右击模型树中 PINTT1.PRT→弹出浮动工具栏，单击"打开"按钮🖼，可看到已复制的曲面和曲线，如图6-164所示。

33）单击工具栏中"拉伸"按钮🗗→单击复制的曲面作为草绘平面→单击图形工具栏"草绘视图"按钮🖵，重新定向草绘平面→利用工具栏中的▯投影绘制香水瓶外形截面，如图6-165所示→单击"确定"按钮✔→在操控板中输入深度：70，确保向下方拉伸→单击"确定"按钮✔，生成香水瓶基体，如图6-166所示。

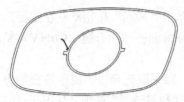

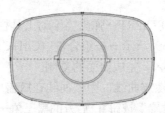

图6-164　曲面和曲线的复制生成图　　　图6-165　香水瓶外形截面　　　图6-166　香水瓶基体生成图

34）单击工具栏中"平面"按钮▱→按住〈Ctrl〉键后对曲线的竖直段和 RIGHT 基准平面进行复制，在弹出的"基准平面"对话框中设置 RIGHT 基准平面的条件：平行，如图6-167所示→单击"确定"按钮，创建新的基准平面 DTM1，如图6-168所示。

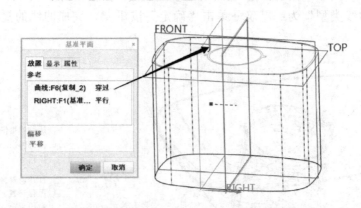

图6-167　创建新基准平面　　　图6-168　新基准平面生成图

35）单击绘图区中曲线→再次单击该曲线，如图6-169所示→单击工具栏中"镜像"按钮🖿→单击上一步创建的 DTM1 作为镜像平面→单击"确定"按钮✔，生成镜像曲线，如图6-170所示。

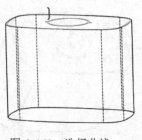

图 6-169　选择曲线

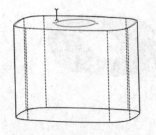

图 6-170　镜像曲线生成图

36）单击绘图区中镜像的曲线→再次单击该曲线，如图 6-171 所示→按组合键〈Ctrl+C〉复制曲线→单击工具栏中"粘贴"按钮 粘贴 ▪ 后的黑三角→单击"选择性粘贴"→单击 TOP 作为基准平面，在操控板中输入：2→单击操控板中"变换"选项→单击"移动1"选项即可新建"移动 2"，如图 6-172 所示，单击 DTM1 作为基准平面，在操控板中输入：1→单击"确定"按钮 ✔，生成复制曲线，如图 6-173 所示。

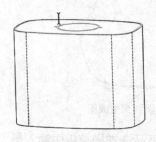

图 6-171　选择曲线

图 6-172　新建移动

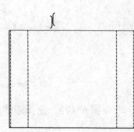

图 6-173　复制曲线生成图

37）单击工具栏中"拉伸"按钮 ➜ →单击瓶体顶面为草绘平面→单击图形工具栏中"草绘视图"按钮 ➜，重新定向草绘平面→利用工具栏中的"偏移"按钮 偏移，将复制的曲面内孔向内偏移：1，绘制香水瓶瓶口截面，如图 6-174 所示→单击"确定"按钮 ✔ →在操控板中输入高度：25，确保向上方拉伸→单击 "确定"按钮 ✔，生成香水瓶瓶口基体，如图 6-175 所示。

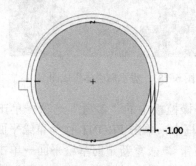

图 6-174　香水瓶瓶口截面

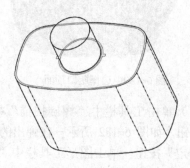

图 6-175　香水瓶瓶口基体生产图

38）选择瓶体基体顶面，如图 6-176 所示→单击工具栏中"偏移"按钮 ➜ →单击操控板中"展开特征"按钮 ▦，输入偏移数值：0.2，确保向下偏移→单击"确定"按钮 ✔，生成瓶体基体顶面偏移，如图 6-177 所示。

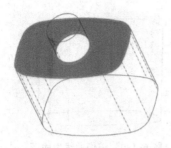
图 6-176 选择瓶体基体顶面

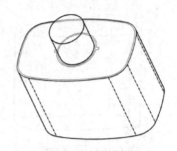
图 6-177 瓶体基体顶面偏移生成图

39）单击工具栏中"倒圆角"按钮 →选择瓶体基体顶面和底面边线，如图 6-178 所示 →在操控板中输入圆角值：3→单击"确定"按钮 ✔，生成倒圆角，如图 6-179 所示。

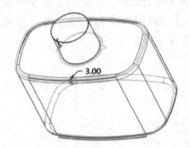
图 6-178 选择瓶体基体顶面和底面边线

图 6-179 倒圆角生成图

40）单击工具栏中"壳"按钮 →选择瓶口顶面，如图 6-180 所示→在操控板中输入厚度：1.5→单击"确定"按钮 ✔，生成香水瓶壳体，如图 6-181 所示。

图 6-180 选择瓶口顶面

图 6-181 香水瓶壳体生成图

41）单击工具栏中"螺旋扫描"按钮 →单击操控板中的"参考"选项→单击"定义"按钮，如图 6-182 所示→在弹出的"草绘"对话框中，单击 FRONT 作为草绘平面→单击"确定"按钮→单击图形工具栏中"草绘视图"按钮 ，重新定向草绘平面→单击图形工具栏中"投影"按钮 ，绘制螺旋扫描轮廓→弹出"投影"对话框，选择"环"选项→单击下端圆弧→单击"关闭"按钮→在图形的中心线处绘制中心线并作为螺旋扫描中心轴，如图 6-183 所示→单击"确定"按钮 ✔→单击操控板中"创建扫描截面"按钮 →在草绘的中心线"十字"交汇处绘制螺旋扫描截面，如图 6-184 所示→单击"确定"按钮 ✔→在操控板中输入"螺距" ：4 单击"确定"按钮 ✔→生成瓶口螺旋扫描，如图 6-185 所示。

提示： 如果轮廓起点不正确，可以先单击曲线上欲作为起点的端点，按住鼠标右键在弹出的浮动工具栏中选择"起点"即可。

图 6-182　定义螺旋扫描轮廓

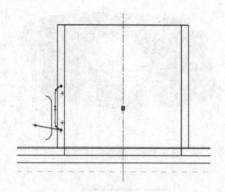

图 6-183　绘制螺旋扫描轮廓

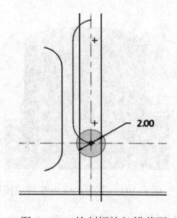

图 6-184　绘制螺旋扫描截面

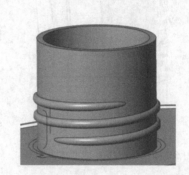

图 6-185　瓶口螺旋扫描生成图

42）单击工具栏中"倒圆角"按钮 🔾→选择螺纹边线，如图 6-186 所示→在操控板中输入圆角值：1→单击"确定"按钮 ✓，生成螺纹倒圆角，如图 6-187 所示。

图 6-186　选择螺纹边线

图 6-187　螺纹倒圆角生成图

43）单击工具栏中"拉伸"按钮 🗐→单击瓶体顶面作为草绘平面，如图 6-188 所示→单击图形工具栏中"草绘视图"按钮 🗗，重新定向草绘平面→利用复制的瓶盖止位块 A 边界，绘瓶体止位块 B 截面，如图 6-189 和图 6-190 所示→单击"确定"按钮 ✓→在操控板中输入高度：1.8，确保向上方拉伸→单击"确定"按钮✔，生成瓶体止位块 B，如图 6-191 所示。

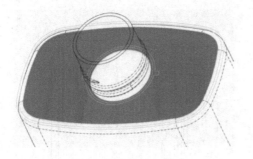

图 6-188　选择瓶体顶面

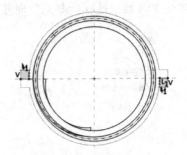

图 6-189　止位块 B 截面

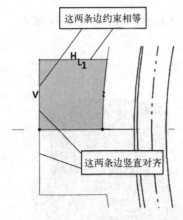

图 6-190　止位块 B 截面放大图

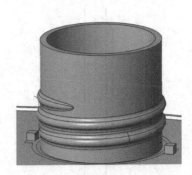

图 6-191　瓶体止位块 B 生成图

44）单击工具栏中"拉伸"按钮📋→单击瓶口顶面作为草绘平面，如图 6-192 所示→单击图形工具栏中"草绘视图"按钮📑，重新定向草绘平面→绘制圆形截面，如图 6-193 所示→单击"确定"按钮✔→在操控板中输入深度：23，单击"移除材料"按钮◿，确保向下方去除材料→单击"确定"按钮✔，去除瓶口内多余螺纹材料，如图 6-194 所示。

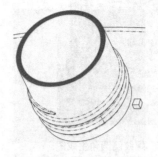

图 6-192　选择瓶口顶面

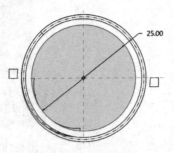

图 6-193　圆形截面

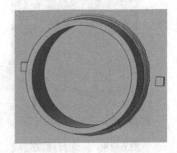

图 6-194　去除瓶口内多余螺纹材料生成图

45）单击工具栏中"倒圆角"按钮📎→选择瓶口处内、外边线，如图 6-195 所示→在操控板中输入圆角值：0.75°→单击"确定"按钮✔，生成瓶口倒圆角，如图 6-196 所示。

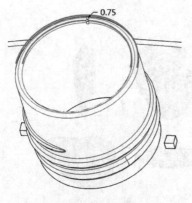

图 6-195　选择瓶口内外边线

图 6-196　瓶口倒圆角生成图

46）单击快速访问工具栏中"窗口"按钮 ▭▾ →选择 PING.ASM→按组合键〈Ctrl+S〉→如果是第一次保存将弹出"保存"对话框，单击"确定"按钮即可保存到当前文件夹；如果是第二次乃至以后的保存，将在窗口下方的消息提示区提示：PINGTI 已保存。

47）香水瓶构建结果如图 6-197 所示。

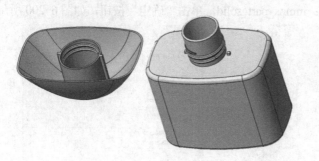

图 6-197　香水瓶构建结果

6.3.2　心形曲面饰件设计

1. 要点提示

1）心形曲面饰件设计项目很典型，其设计过程有代表性，能达到举一反三的效果，拓展学生曲面零件设计技能。心形饰件结构草图如图 6-198 所示。它可以是实物原型测绘结构草图，也可以是一个创意的结构草图，仅作为设计建模时的参考依据。此项目体现出逆向工程的精髓——"再设计"。在产品的设计思路和零件的结构设计上，没有限定，要大胆去"再设计"。因此，在给出两种参考方案的基础上，鼓励学生继续创新和构想。

2）引导式的构建参考步骤，帮助读者在读结构草图的基础上，从完成典型曲面构建，到模拟真实产品设计的过渡。通过点、线、曲面的构建操作，掌握选择集建立技巧、正确构建"边界混合"曲面的要领。从曲面到实体设计的实践，夯实学生产品结构设计的技能基础。

3）引入两种实体设计方案和简化装配结构的卡扣设计，拓展学生的想象空间和创新设计思路。在以下提供的参考步骤中，第 1）～第 7）步为共同部分，以 A8）…和 B8）…表示后续两类方案的参考步骤。

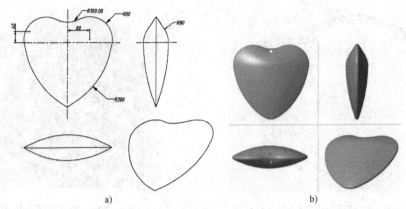

a)   b)

图 6-198　心形饰件结构草图

a) 线框图　b) 渲染图

2. 操作步骤

1）单击工具栏中"新建"按钮 ⬜ →弹出"新建"对话框，在"名称"文本框中输入：heart，如图 6-199 所示，取消选中"使用默认模板"复选框，单击"确定"按钮，弹出"新文件选项"对话框，→选择"模板"：mmns_part_solid，单击"确定"按钮，如图 6-200 所示。

图 6-199　新建文件

图 6-200　选择模板

2）单击工具栏中"草绘"按钮 ↖ →在弹出的"草绘"对话框中选择 TOP 作为"草绘平面"→单击"草绘"按钮→单击图形工具栏中"草绘视图"按钮 ，重新定向草绘平面→绘制心形截面，如图 6-201 所示→单击"确定"按钮 ✓ ，生成心形曲线，如图 6-202 所示。

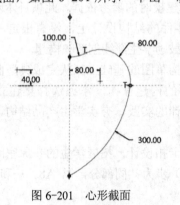

图 6-201　心形截面   图 6-202　心形曲线生成图

3）单击绘图区中曲线→再次单击该曲线，其变为高亮显示，如图 6-203 所示→单击工具栏中"镜像"按钮 ∭→单击 RIGHT 作为基准平面→单击"确定"按钮 ✓，生成镜像曲线，如图 6-204 所示。

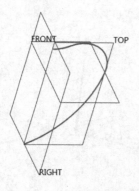

图 6-203　选择曲线

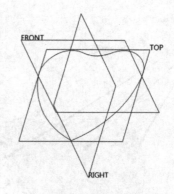

图 6-204　镜像曲线生成图

4）单击工具栏中"草绘"按钮 ～→在弹出的"草绘"对话框中选择 RIGHT 作为"草绘平面"→单击"草绘"按钮→单击图形工具栏中"参考"按钮 □→依次单击如图 6-205 所示的两点，单击"关闭"按钮→单击图形工具栏中"草绘视图"按钮 ⏎，重新定向草绘平面→绘制侧曲线的截面，如图 6-206 所示→单击"确定"按钮 ✓，生成侧曲线，如图 6-207 所示。

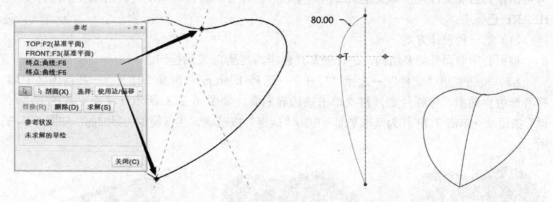

图 6-205　选择参考　　　　图 6-206　侧曲线的截面　　图 6-207　侧曲线生成图

5）单击命令组菜单中"基准"指令→选择"曲线"→选择"通过点的曲线"→从左向右依次选择曲线的三个端点，如图 6-208 所示→单击"确定"按钮 ✓，生成横向曲线，如图 6-209 所示。

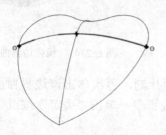

图 6-208　依次选择端点

图 6-209　横向曲线生成图

6）单击工具栏中"边界混合"按钮  →按住〈Ctrl〉键后从右向左依次选择 3 条曲线，如图 6-210 所示→单击操控板中的"曲线"选项→单击"第二方向"中的"链"选项，单击横向曲线，如图 6-211 所示→单击"确定"按钮 ✓，生成边界曲面，如图 6-212 所示。

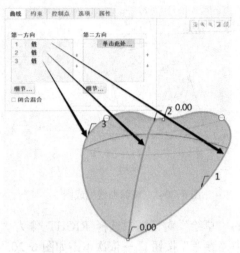

图 6-210　依次选择纵向曲线

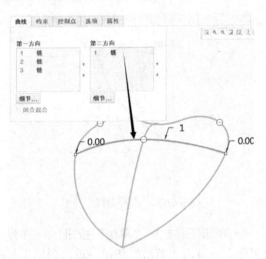

图 6-211　选择横向曲线

7）按组合键〈Ctrl+S〉→如果是第一次保存将弹出"保存"对话框，单击"确定"按钮即可保存到当前文件夹；如果是第二次乃至以后的保存，将在窗口下方的消息提示区提示：HEART 已保存。

（1）第一种设计方案

根据心形曲面外形及结构，进行创意式建模，产品 A 表示挂饰。

A8）单击菜单"文件"→选择"打开"→选择 heart.prt→选择"打开"→在绘图区中选择心形边界曲面，停顿片刻，再次单击该边界曲面，如图 6-213 所示→单击工具栏中"镜像"按钮 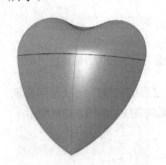 →单击 TOP 作为基准平面→单击"确定"按钮 ✓，生成镜像边界曲面，如图 6-214 所示。

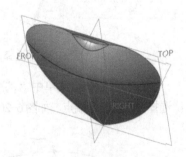

图 6-212　边界曲面生成图　　　图 6-213　选择边界曲面　　　图 6-214　镜像边界曲面生成图

A9）单击绘图区中第一次生成的边界曲面，停顿片刻，再次单击该边界曲面→按住〈Ctrl〉键后选择镜像的曲面→单击工具栏中"合并"按钮 ⬚ →单击"确定"按钮 ✓，生成合并曲面。

A10）单击绘图区中的合并曲面→单击工具栏中"实体化"按钮 ⬚ →单击"确定"按钮

✔，生成心形实体，如图 6-215 所示。

A11）单击工具栏中"倒圆角"按钮 🔘 →选择心形边线，如图 6-216 所示→在操控板中输入圆角值：1°→单击"确定"按钮 ✔，生成边缘倒圆角，如图 6-217 所示。

图 6-215 心形实体生成图

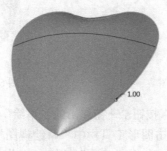
图 6-216 选择心形边线

图 6-217 边缘倒圆角生成图

A12）单击工具栏中"拉伸"按钮 🔘 →单击 TOP 作为草绘平面→单击图形工具栏中"草绘视图"按钮 🔘，重新定向草绘平面→绘制圆孔截面，如图 6-218 所示→单击"确定"按钮 ✔→单击操控板中"双侧拉伸"按钮 🔘 →输入数值：50，选择"去除材料"按钮 🔘 并确保向实体方向去除材料→单击"确定"按钮 ✔，生成挂孔，如图 6-219 所示。

A13）单击工具栏中"倒圆角"按钮 🔘 →选择挂孔边线，如图 6-220 所示→在操控板中输入圆角值：2°→单击"确定"按钮 ✔，生成边缘倒圆角，如图 6-221 所示。

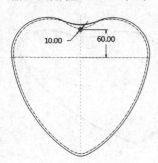
图 6-218 圆孔截面

图 6-219 挂孔生成图

图 6-220 选择挂孔边线

图 6-221 边缘倒圆角生成图

A14）单击菜单"文件"→选择"另存为"→在弹出的"保存副本"对话框中输入"文件名"：heart-a→单击"确定"按钮。

（2）第二种设计方案

根据心形曲面外形及结构，进行创意式建模，产品 B 为扣件。

B8）单击主菜单"文件"→选择"打开"→选择 heart.prt→选择"打开"→在绘图区中选择心形边界曲面→单击工具栏中"加厚"按钮 🔘 →在操控板中输入厚度：2，确保向心形凹曲面方向加厚→单击"确定"按钮 ✔，生成加厚壳体，如图 6-222 所示。

B9）单击 TOP 作为基准平面→单击工具栏中"实体化"按钮 🔘 →单击操控板中的"移除材料"按钮 🔘，确保向 TOP 基准平面方向移除材料，如果方向不对可单击"方向"按钮 🔘 调整→单击"确定"按钮 ✔，生成壳体实体化，如图 6-223 所示。

图 6-222 加厚壳体生成图   图 6-223 壳体实体化生成图

B10）单击工具栏中"草绘"按钮 ⬚→在弹出的"草绘"对话框中选择 TOP 作为"草绘平面"→单击"草绘"按钮→单击图形工具栏中"草绘视图"按钮 ⬚，重新定向草绘平面→绘制卡扣截面，如图 6-224 所示→单击"确定"按钮 ✔，生成卡扣曲线，如图 6-225 所示。

提示： 具体产品上的卡扣要受到材料、所在产品上的位置、周边结构、使用场合及是否可拆卸等因素的影响，本文中的卡扣尺寸及结构仅做参考。

B11）单击工具栏中"拉伸"按钮 ⬚→单击卡扣曲线将其作为截面→单击操控板中"拉伸至与所有曲面相交"按钮 ⬚，确保向心形凹曲面方向拉伸→单击"确定"按钮 ✔，生成卡扣基体，如图 6-226 所示。

图 6-224 卡扣截面   图 6-225 卡扣曲线生成图   图 6-226 卡扣基体生成图

B12）单击菜单"文件"→选择"另存为"→在弹出的"保存副本"对话框中，输入"文件名"：heart-top→单击"确定"按钮。

B13）单击菜单"文件"→选择"另存为"→在弹出的"保存副本"对话框中，输入"文件名"：heart-down→单击"确定"按钮。

B14）单击菜单"文件"→选择"关闭"→单击工具栏中"新建"按钮 ⬚→弹出"新建"对话框，在"名称"文本框中输入：heart-asm，选择"类型"：装配，如图 6-227 所示，取消选中"使用默认模板"复选框，单击"确定"按钮，弹出"新文件选项"对话框，→选择"模板"：mmns_asm_design，单击"确定"按钮，如图 6-228 所示。

B15）单击工具栏中"组装"按钮 ⬚→弹出"打开"对话框，选择 heart-top.prt，单击"打开"按钮→在操控板中选择组装方式为 ⬚ 默认→单击"确定"按钮 ✔，即可将 heart-top 组装进组件中。

B16）单击工具栏中"组装"按钮 ⬚→弹出"打开"对话框，选择 heart-down.prt，单击

"打开"按钮→在绘图区中旋转环形杆,如图 6-229 所示,将有卡扣的一面向上放置便于装配→依次单击两个 TOP 作为基准平面,如图 6-230 所示,在操控板中选择"重合"▥ **重合**约束→依次单击两个 FRONT 作为基准平面,如图 6-231 所示,在操控板中选择"重合"▥ **重合**约束→依次单击两个 RIGHT 作为基准平面,如图 6-232 所示,在操控板中选择"重合"▥ **重合**约束→单击 "确定"按钮✓,即可将 heart-down 组装进组件中。

图 6-227 新建文件

图 6-228 选择模板

图 6-229 旋转环形杆

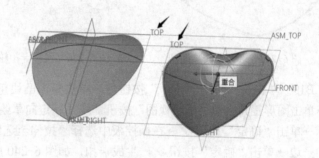

图 6-230 依次选择两个 TOP 作为基准平面

图 6-231 依次选择两个 FRONT 作为基准平面　　　图 6-232 依次选择两个 RIGHT 基准平面

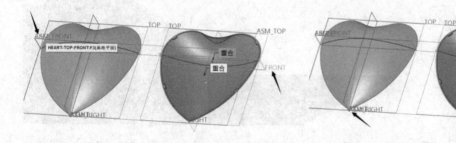

B17)在模型树中"HEART-TOP.PRT"上,右击→选择"打开"按钮🗁→在绘图区中按住〈Ctrl〉键后选择四处卡扣侧面,如图 6-233 所示→单击工具栏中"偏移"按钮🖫→单击操控板中"展开特征"按钮▥,输入偏移数值:1→单击"确定"按钮✓,生成卡扣侧面偏移,如图 6-234 所示。

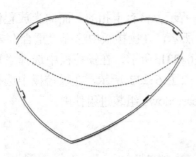

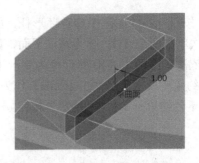

图 6-233　选择卡扣侧面　　　　　　　　　图 6-234　卡扣侧面偏移生成图

B18）单击工具栏中"拉伸"按钮🖶→单击卡扣顶面作为草绘平面，如图 6-235 所示→单击图形工具栏中"草绘视图"按钮🔁，重新定向草绘平面→向内偏移已有卡扣轮廓（如图 6-236 中箭头所指），绘矩形截面，如图 6-236 所示→单击"确定"按钮✔→在操控板中输入拉伸数值：1.5→单击"确定"按钮✔，生成矩形凸块，如图 6-237 所示。

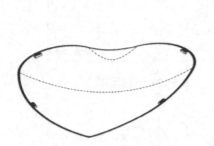

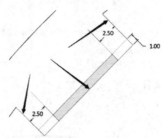

图 6-235　选择卡扣顶面　　　　图 6-236　偏移卡扣轮廓　　　　图 6-237　矩形凸块生成图

B19）单击工具栏中"拉伸"按钮🖶→单击矩形凸块正面作为草绘平面，如图 6-238 所示→单击图形工具栏中"草绘视图"按钮🔁，重新定向草绘平面→绘制卡扣截面，如图 6-239 所示→单击"确定"按钮✔→在操控板中选择"拉伸至选定对象"按钮⬓，选择矩形凸块后侧的竖边→单击"确定"按钮✔，生成卡扣，如图 6-240 所示。

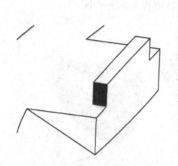

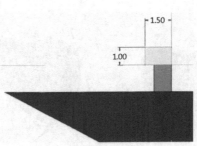

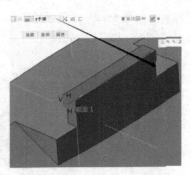

图 6-238　选择矩形凸块正面　　　图 6-239　卡扣截面　　　　图 6-240　卡扣生成图

其余三处卡扣的生成原理相同，此处不再详述，请读者可自行设计。

B20）单击工具栏中"倒角"按钮◠→选择卡扣边线，如图 6-241 所示→在操控板中选择倒角模式：**45 x D**，输入倒角值：0.5→单击"确定"按钮✔，生成卡扣倒角，如图 6-242 所示。

192

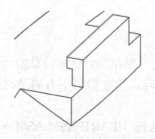

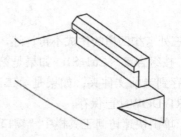

图 6-241　选择卡扣边线　　　　　　　　　　　　图 6-242　卡扣倒角生成图

B21）按组合键〈Ctrl+S〉→如果是第一次保存将弹出"保存"对话框，单击"确定"按钮即可保存到当前文件夹；如果是第二次乃至以后的保存，将在窗口下方的消息提示区提示：HEART-TOP 已保存。

B22）单击快速访问工具栏中"窗口"按钮 → →选择 HEART-ASM.ASM→在模型树中"HEART-DOWN.PRT"上右击→选择"隐藏"按钮 →在模型树中再次右击 HEART-DOWN.PRT→选择"激活"按钮 →在绘图区中选择 HEART-TOP.PRT 上的卡扣曲面→按组合键〈Ctrl+C〉复制曲面，如图 6-243 所示→按组合键〈Ctrl+V〉粘贴曲面→单击"确定"按钮 ，完成卡扣曲面的复制，如图 6-244 所示。

B23）在模型树中"HEART-DOWN.PRT"上右击→选择"打开"按钮 →，在绘图区中可看到已复制过来的卡扣曲面，如图 6-244 所示。

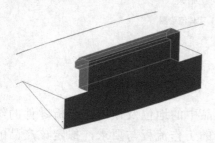

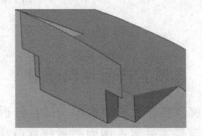

图 6-243　复制卡扣曲面　　　　　　　　　　　图 6-244　卡扣曲面复制生成图

B24）单击所复制的卡扣曲面→单击工具栏中"实体化"按钮 →单击操控板中的"移除材料"按钮 →单击"确定"按钮 ，生成卡扣配合口，如图 6-245 所示。

B25）按住〈Ctrl〉键后选择卡扣（除凹槽顶面外）所有曲面，如图 6-246 所示→单击工具栏中"偏移"按钮 →单击操控板中"展开特征"按钮 ，输入偏移数值：0.2，确保向外扩大凹槽→单击"确定"按钮 ，生成卡扣凹槽曲面偏移，如图 6-247 所示。

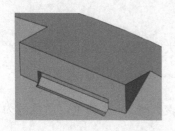

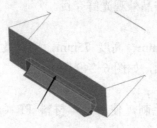

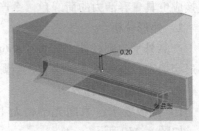

图 6-245　卡扣配合口生成图　　　　图 6-246　选择卡扣曲面　　　　图 6-247　卡扣凹槽曲面偏移生成图

其余三处卡扣凹槽的生成不再详述，请读者自行设计。

B26）按组合键〈Ctrl+S〉→如果是第一次保存将弹出"保存"对话框，单击"确定"按钮即可保存到当前文件夹；如果是第二次乃至以后的保存，将在窗口下方的消息提示区提示：HEART-DOWN 已保存。

B27）单击快速访问工具栏中"窗口"按钮 🔲 ▾ →选择 HEART-ASM.ASM→在模型树中右击 HEART-DOWN.PRT，在弹出的浮动工具栏中选择"取消隐藏"按钮 ◥ →按组合键〈Ctrl+S〉，将在窗口下方的消息提示区提示：HEART-ASM 已保存。

B28）心形扣件构建结果，如图 6-248 所示。

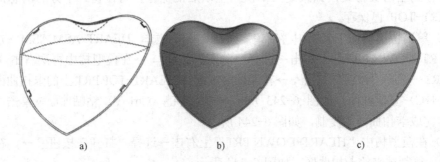

图6-248　心形扣件构建结果

a) 线框图　b) 实体着色图　c) 实体渲染图

6.4　多味宝产品逆向测量

解剖多味宝的结构和功能，分析其零件在产品中的地位及作用；分析零件的结构特点与技术要求；明确测量注意事项及逆向设计的工作流程与要求，拟定该产品的测量方案。

6.4.1　产品分析

1. 颜色分析

容器采用透明材料设计，消费者可清晰辨别调料及剩余量；盒盖与翻板分别采用了咖啡色和淡黄色，其色彩鲜艳明快、对比分明，具有浓厚的现代气息，也方便使用。建议盒盖可更换成更具青春活力的荷绿色，令产品外观光鲜夺目。

2. 外形分析

产品外形为圆柱体，其直径 ϕ66mm、高度 75mm，接近最大容积比，结构尺寸合理；产品形状规则，造型美观、大方、新颖，如图 6-249 所示。

3. 产品表面工艺分析

1）翻板要求：表面光洁、无毛刺，使用无毒材料 PP（聚丙烯），淡黄色，质量约为 4g，如图 6-250 所示。

图 6-249　多味宝的外形

a)

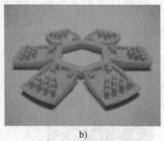

b)

图 6-250　翻板实物图

a) 外面　b) 内面

2）盒盖要求：表面光洁、无毛刺，使用无毒材料 PP，咖啡色，顶部刻标识，侧壁喷涂产品名称，质量约为 11g，如图 6-251 所示。

3）容器要求：产品光亮透明，不允许有毛刺，使用无毒材料 AS128L150，淡茶色，底部刻字，侧壁喷涂调味粉名称，质量约为 55g，如图 6-252 所示。

a)

b)

图 6-251　盒盖实物图

图 6-252　容器实物图

4. 产品功能与结构工艺分析

该产品为多功能调味容器，采用不等分的六个扇形区分装六种调味粉，全盒能装质量为 160g 左右的调料粉，方便携带和使用。

1）翻板与盒盖采取六角形装配，既能紧密配合又能精确定位，如图 6-253 所示。

2）每块翻板上均有九个相同的小圆柱，其顶部球形与盖的九个小孔方便配合。翻板六个部分采用一致的形状和尺寸大小，目的是保证翻板在任意对应方位上均可自如使用，如图 6-254 和图 6-255 所示。

3）单个翻板采取薄片连接并形成锁扣结构，方便调料粉出口的开启、闭合；通过选材和结构强度设计，保证此处翻转寿命≥5000 次；另外，每个翻板要求独立翻转，互不干涉。使用时，用手指勾开相应翻板，倾洒调料粉，用后随手盖紧翻板，如图 6-256 和图 6-257 所示。

4）盒盖在紧靠翻板的外周侧壁上，设计有六处符合人体工学的手指凹槽，方便使用时打开翻板，如图 6-258 所示。

5）盒盖上散布的小孔，既作为翻板装配到盒盖上的定位及装配孔，还能作为调料的出口孔，对颗粒大的调味品，要研成粉末或细小颗粒状，方便调料粉倾洒通畅，如图 6-259 所示。

图 6-253　翻板与盆盖的配合

图 6-254　翻板背面图

图 6-255　盒盖正面图

图 6-256　翻板细节图

图 6-257　翻板打开图

图 6-258　设计符合人体工学的手指凹槽

6）盒盖内部的六个隔槽与容器的隔板是密封紧配合的，防止不同调料之间串味。隔板采用不等分设计，便于依据饮食习惯装入不等量的调料粉，这是一处较有创意的设计，如图 6-260 和图 6-261 所示。

图 6-259　盒盖正面图

图 6-260　容器正面图

图 6-261　盒盖背面图

7）盒盖与容器采取三级阶梯式圆柱面过盈配合的密封方案。第一级采取过渡配合密封，第二级和第三级采取过盈配合密封。止口边从垂直方向再加以密封，可靠地实现了产品防串味的功能要求，如图 6-262 所示。

8）因容器隔板的不等分设计，封装调味粉时，应直接向上拔出或扣下盒盖，所以盒盖内部设计一凸块，容器口设计一定位缺口。为方便对准，盒盖

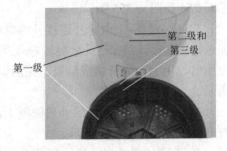
图 6-262　盒盖与容器正面图

外部再设计一标志，与凸块位于同一竖线，如图 6-263～图 6-268 所示。

图 6-263　凸块缩略图

图 6-264　凸块放大图

图 6-265　缺口缩略图

图 6-266　缺口放大图

图 6-267　盒盖凸起标识图

图 6-268　盒盖标识与凸块图

6.4.2　产品测绘

确定测量方案，选择测量基准，明确重要工作面尺寸测量、一般外形结构尺寸测量及数据处理方法。

1．测绘准备与要求

产品外形和结构工艺分析完成后，接下来要草拟一份产品清单（包括零部件列表和产品表面工艺），用来规范逆向工程过程管理，奠定逆向工程设计和制造的数字化基础。

准备好常规工具（测量平板、高度尺、游标卡尺、半径样板等），对多味宝进行测量。为了提高测量精度，应选用测量平板或比较光滑平整的桌面作为测量基准平面；测量之前先擦拭和校验测量工具，尽量消除测量工具误差；每个零件、每部分测量均可采用边测边绘草图的测量方式，做到通过测量过程熟悉结构，通过草绘零件图使测量尺寸无遗漏。

2．草拟清单

多味宝零件清单及材料、表面工艺要求见表 6-1。

表 6-1　多味宝零件清单及材料、表面工艺要求

序号	图号	简称	中文名	质量/g	材料	表面工艺
1	PLATE	P	翻板	4	PP	光洁、无毛刺
2	COVER	C	盒盖	11	PP	光洁、无毛刺
3	BOX	B	容器	55	AS128L150	光亮透明、无毛刺

3．产品测绘时的注意事项

1）产品的制造缺陷，如胶口痕迹、注射缺陷、模具上的加工痕迹以及长期使用的磨损

痕迹，测绘时应加以合理处置且不必画出。

2）产品上因制造、装配的需要而形成的工艺结构，如工艺圆角、配合特征、功能特征、标识，都必须画出。

3）零件的测量应集中进行，这样不但可以提高工作效率，还可以避免错误和遗漏。

4. 了解测绘工作

1）了解测绘的任务和目的，明确测绘的内容和要求。

2）了解产品的性能、功能和工作情况，以及零件的名称、用途、材料。

3）对产品中的零件结构和制造工艺进行分析（参见 6.4.1 节中的内容）。

5. 拆卸产品零件

1）拆卸前可先测量产品的外形尺寸，如高度、直径等，作为零件测绘时的参考尺寸。

2）对配合件特别是配合精度较高的地方或过盈配合处，要按正确的装配（拆卸）方法拆卸（装配），以免破坏该处的配合精度或损坏配合零件。

3）拆下零件并命名。

4）拆卸时认真研究零件的作用、结构特点、零件间的装配关系，正确判别配合性质。

6. 绘制装配示意图

通过测量多味宝的外观尺寸，绘制装配示意图，如图 6-269 所示。

7. 测零件并绘草图

确定以常规测量工具为手段的测量方案；确定以轴线、配合面为测量基准的选择原则；明确对重要工作面尺寸要重复三次进行测量并取算术平均值，对一般外形结构尺寸因考虑产品的注射变形、模具损耗等因素，对测量所得数据进行四舍五入且保留一位小数的数据处理方法；对多味宝各零件分别进行测量及数据处理。

各零件的测量过程，因其测量工作内容庞杂，本书由于篇幅限制故不一一详叙。

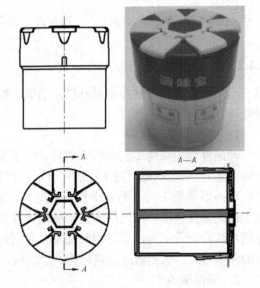

图 6-269　多味宝装配示意图

6.5　多味宝产品逆向设计建模

6.5.1　产品建模规划

使用产品整体的测量数据，依据装配关系，至顶向下综合构建。在获得组件的基础上，切割出各零件的毛坯轮廓，保证零件坐标系的统一性，减少装配误差，满足产品结构、功能的整体逆向设计要求；按各个零件的测量数据划分零件的主次结构，依据零件在产品中的地位、作用，按照特征构建中的父子关系，依次完成各个零件的建模。

1. 要点提示

很多老旧的产品，零件损坏了，想要修复，没有零件图样，只有采用逆向工程的方法重新获得设计图样。例如，有很多 17 世纪的钟表，其损坏的零件就是采用逆向工程方法恢复的。本节引导学生通过实践，学习还原实物的过程与技术，应强调忠于实物原型的复制原则，无特殊理由所有建构都必须依据和使用所测尺寸数据。同时，部分结构（如盒盖上人性化凹陷等处）允许学生在构建时，利用相关指令做美化实物原型的灵活处置。

2．工作流程

1）组件方式，构建多味宝毛坯；

2）容器构建；

3）盒盖构建；

4）多味宝初装；

5）翻板构建；

6）装配干涉分析；

7）制工程图（省略）。

6.5.2　整体式毛坯构建

操作步骤如下：

1）单击工具栏中"新建"按钮 → 弹出"新建"对话框，在"名称"文本框中输入：box，如图 6-270 所示，取消选中"使用默认模板"复选框，单击"确定"按钮，弹出"新文件选项"对话框，选择"模板"：mmns_part_solid，单击"确定"按钮，如图 6-271 所示。

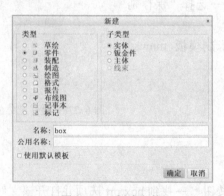

图 6-270　新建文件

图 6-271　选择模板

2）单击工具栏中"拉伸"按钮 → 单击 TOP 作为草绘平面，RIGHT 为参考平面，参考方位向右 → 单击图形工具栏中"草绘视图"按钮 ，重新定向草绘平面 → 绘制多味宝基体截面，如图 6-272 所示 → 单击操控板中"确定"按钮 → 单击操控板中的"选项"，设置"深度"选项组参数中，侧 1：盲孔，数值：5；侧 2：盲孔，数值：70，如图 6-273 所示 → 单击"确定"按钮 ，生成多味宝基体，如图 6-274 所示。

3）单击 TOP 面 → 单击工具栏中"实体化"按钮 实体化 → 调整切除方向，确保箭头向上移除材料，如图 6-275 所示 → 单击"确定"按钮 ，生成容器基体，如图 6-276 所示。

4）单击菜单中"文件" → 选择"另存为" → 选择"保存副本" → 输入"文件名"：box

→单击"确定"按钮。

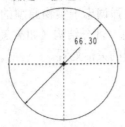

图 6-272　多味宝基体截面

图 6-273　设置深度参数

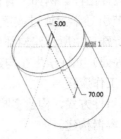

图 6-274　多味宝基体生成图

5）单击模型树中上一步做的"实体化"特征，右击，弹出浮动工具栏→单击"编辑定义"按钮🖌→单击"移除材料"按钮◿，调整材料的移除方向↘为向下，确保箭头向下移除材料，如图 6-277 所示→单击"确定"按钮✔，生成盒盖基体，如图 6-278 所示。

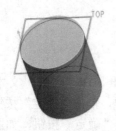

图 6-275　向上移除材料

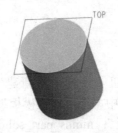

图 6-276　容器基体生成图

图 6-277　向下移除材料

6）单击菜单中"文件"→选择"另存为"→选择"保存副本"→输入文件名：cover→单击"确定"按钮。

7）新建文件，输入名称：plate，并使用米制模板 mmns_part_solid.prt→单击"确定"保存文件。

图 6-278　盒盖基体生成图

6.5.3　容器构建

1. 容器的测绘工程图

容器的测绘工程图如图 6-279 所示。

2. 操作步骤

1）运行 Creo 3.0→单击工具栏中"打开"按钮📂→找到 box.prt 选项并打开该文件。

2）单击工具栏中"旋转"按钮❋→单击 FRONT 作为草绘平面，TOP 为参考平面，参考方位向上→单击图形工具栏中"草绘视图"按钮📷，重新定向草绘平面→绘制容器上部台阶截面，如图 6-280 所示→单击操控板"确定"按钮✔→在操控板中输入旋转角度：360°，向外侧切除→单击"移除材料"按钮◿，调整材料的移除方向，确保材料向外切除→单击"确定"按钮✔，生成容器上部台阶，如图 6-281 所示。

提示：绘制旋转截面时，首先绘制几何中心线，旋转时图形会自动选择旋转中心，后同。

3）单击工具栏中"旋转"按钮❋→以 FRONT 作为草绘平面，TOP 为参考平面，参考方位向上→单击图形工具栏中"草绘视图"按钮📷，重新定向草绘平面→绘制容器下部截面，如图 6-282 所示→单击"确定"按钮✔→在操控板中输入旋转角度：360°，向外侧切除→单击"移除材料"按钮◿，调整材料的移除方向，确保材料向外切除→单击"确定"按钮✔，生成容器下部基体，如图 6-283 所示。

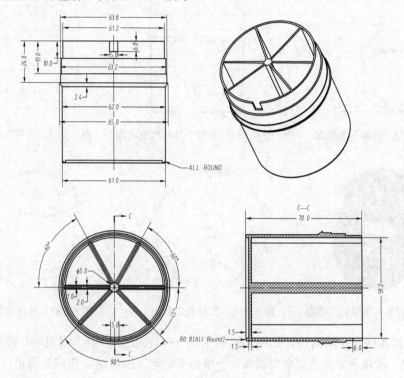

图 6-279　容器的测绘工程图

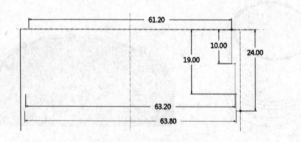

图 6-280　容器上部台阶截面

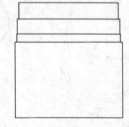

图 6-281　容器上部台阶生成图

4）单击工具栏中"旋转"按钮❀→单击 FRONT 作为草绘平面，TOP 为参考平面，参考方位向上→单击图形工具栏中"草绘视图"按钮❀，重新定向草绘平面→绘制容器内部截面，如图 6-284 所示→单击"确定"按钮✔→在操控板中输入旋转角度：360°→单击操控板上"移除"按钮◿，调整材料的拉伸方向，确保材料向内切除→单击"确定"按钮✔，生成容器内部结构，如图 6-285 所示。

5）单击工具栏中"拉伸"按钮▱→单击容器底面为草绘平面，RIGHT 为参考平面，参考方位向右→单击图形工具栏中"草绘视图"按钮❀，重新定向草绘平面→绘制凹形底部截面，如图 6-286 所示→单击"确定"按钮✔→在操控板中输入拉伸高度：1.5→单击操控板上"移除"按钮△，调整材料的拉伸方向，确保材料向内切除，如图 6-287 所示→单击"确定"按钮✓，生成凹形底部，如图 6-288 所示。

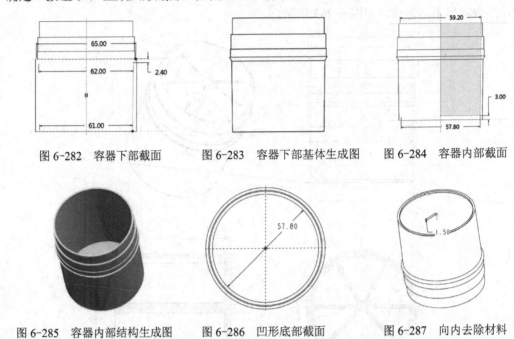

图 6-282　容器下部截面　　图 6-283　容器下部基体生成图　　图 6-284　容器内部截面

图 6-285　容器内部结构生成图　　图 6-286　凹形底部截面　　图 6-287　向内去除材料

6）单击绘图区凸棱的两边，如图 6-289 所示→单击工具栏中"倒圆角"按钮◝→单击操控板中"集"选项→单击"完全倒圆角"→单击"确定"按钮✓，生成全圆角，如图 6-290 所示。

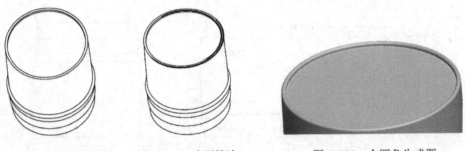

图 6-288　凹形底部生成图　　图 6-289　选两棱边　　图 6-290　全圆角生成图

7）单击工具栏中"拉伸"按钮▱→单击 FRONT 作为草绘平面，RIGHT 为参考平面，参考方位向右→单击图形工具栏中"草绘视图"按钮➪，重新定向草绘平面→绘制功能槽截面，如图 6-291 所示→单击"确定"按钮✓→单击操控板中"拉伸至与所有曲面相交"按钮非和"移除材料"按钮△，调整材料的拉伸方向，确保材料向内切除→单击"确定"按钮✓，生成功能槽，如图 6-292 所示。

8）单击工具栏中"拉伸"按钮▱→单击容器内底面为草绘平面，RIGHT 为参考平面，参考方位向右→单击图形工具栏中"草绘视图"按钮➪，重新定向草绘平面→绘制圆柱截面，如图 6-293 所示→单击"确定"按钮✓→单击操控板中"拉伸至选定的曲面"按钮⊥

→单击容器顶部环形面→单击"确定"按钮✔，生成圆柱，如图 6-294 所示。

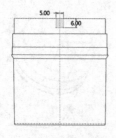 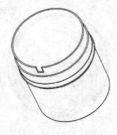 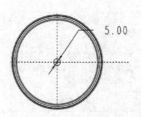

图 6-291　功能槽截面　　　　图 6-292　功能槽生成图　　　　图 6-293　圆柱截面

9）单击工具栏中"拔模"按钮 →单击圆柱侧曲面，如图 6-295 所示→单击操控板中"参考"选项→在"拔模枢轴"下单击"单击此处添加项"按钮，如图 6-296 所示→选择容器内底面为"拔模枢轴"面→输入"脱模角度"数值：0.2°，注意脱模参考方向向上，底部不变，上部变小→单击"确定"按钮✔，生成圆柱拔模，如图 6-297 所示。

 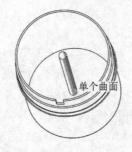 

图 6-294　圆柱生成图　　　　图 6-295　选圆柱侧曲面　　　　图 6-296　单击此处添加项

10）单击工具栏中"拉伸"按钮 →单击 RIGHT 作为草绘平面，TOP 为参考平面，参考方位向上→单击图形工具栏中"草绘视图"按钮，重新定向草绘平面→绘制梯形隔板截面，如图 6-298 所示→单击"确定"按钮✔→单击操控板中"拉伸至下一曲面"按钮 →单击"确定"按钮✔，生成梯形隔板，如图 6-299 所示。

 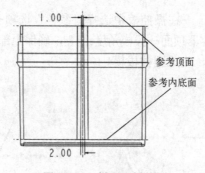 

图 6-297　圆柱拔模生成图　　　　图 6-298　梯形隔板截面　　　　图 6-299　梯形隔板生成图

11）单击模型树中上一步所做隔板→按组合键〈Ctrl+C〉→单击工具栏中"选择性粘贴"按钮 选择性粘贴 →选中"对副本应用移动/旋转变换"复选框，如图 6-300 所示→单击操控板中"旋转"按钮 →单击圆柱中心轴（旋转轴），如图 6-301 所示→使隔板做逆时针旋转 45°→单击"确定"按钮 ✔，生成旋转隔板，如图 6-302 所示。

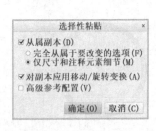

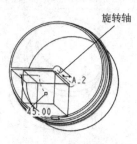

图 6-300　设置旋转参数　　　　图 6-301　选择旋转轴　　　图 6-302　旋转隔板生成图

12）单击模型树中"已移动副本 1"上方的"拉伸 5"特征，如图 6-303 所示→按组合键〈Ctrl+C〉→单击工具栏中"选择性粘贴"按钮 🗐 选择性粘贴→选中"对副本应用移动/旋转变换"复选框，如图 6-304 所示→单击操控板中"旋转"按钮 ⟳→单击圆柱中心轴（旋转轴），如图 6-305 所示→使隔板做顺时针旋转 60°→单击"确定"按钮 ✔，生成旋转隔板，如图 6-306 所示。

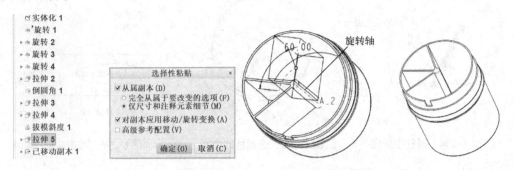

图 6-303　选择拉伸特征　　图 6-304　设置旋转参数　　　图 6-305　选择旋转轴　　图 6-306　旋转隔板生成图

13）按住〈Ctrl〉键单击模型树中三个隔板特征，如图 6-307 所示→单击工具栏中"镜像"按钮 ⚏→单击 RIGHT 平面作为镜像平面→单击"确定"按钮 ✔，生成隔板镜像，如图 6-308 所示。

14）单击"拔模"按钮 ⟋→在操控板中选择"参考"选项→"拔模曲面"选择上方圆柱侧曲面→"拔模枢轴"选择容器顶面→拔模角度：1°，确保上部不变，底部变大，如图 6-309所示→单击"确定"按钮 ✔，生成圆柱拔模。

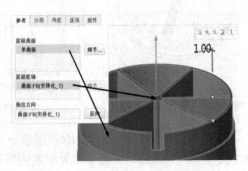

图 6-307　选择三个特征　　图 6-308　隔板镜像生成图　　　图 6-309　上方圆柱侧曲面拔模图

15）单击"拔模"按钮 ，→在操控板中选择"参考"选项→"拔模曲面"选择下方圆柱侧曲面→"拔模枢轴"选择台阶顶面→输入拔模角度：1°，确保上部不变，底部变大，如图6-310所示→单击"确定"按钮 ✔，生成圆柱拔模。

16）单击容器顶面→在工具栏中选择"偏移"按钮 偏移→确保偏移方式为"展开特征" →输入偏移值：0.2，向下方偏移，如图 6-311 所示→单击"确定"按钮 ✔，生成顶面偏移。

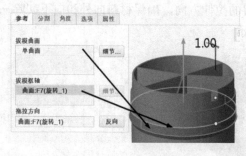

图 6-310　下方圆柱侧曲面拔模图

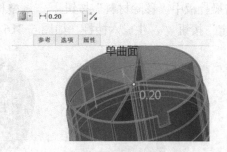

图 6-311　顶面偏移图

6.5.4　盒盖构建

1. 盒盖的测绘工程图

盒盖的测绘工程图如图 6-312 所示。

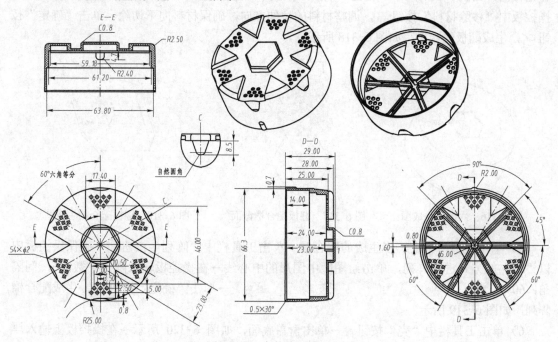

图 6-312　盒盖的测绘工程图

2. 操作步骤

1）运行 Creo 3.0→选择菜单"文件"→"打开"→找到 cover.prt，并将其打开。

2）单击盒盖底面，如图 6-313 所示→单击工具栏中"偏移"按钮＄偏移→单击操控板中"展开特征"按钮⬚→在操控板中输入偏移距离⊦⊣：24→单击工具栏中"确定"按钮✔，生成展开盒盖基体，如图 6-314 所示。

3）单击工具栏中"拉伸"按钮⬛→单击盒盖顶面作为草绘平面，RIGHT 为参考平面，参考方位向右→单击图形工具栏中"草绘视图"按钮⬚，重新定向草绘平面→绘制六边形截面，如图 6-315 所示→单击操控板中"确定"按钮✔→在操控板中输入"拉伸高度"：1→单击操控板中"移除材料"按钮⬜，调整材料的拉伸方向，确保材料向外和向下切除→单击"确定"按钮✔，生成六棱柱，如图 6-316 所示。

图 6-313　选择盒盖底面

图 6-314　展开盒盖基体生成图

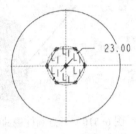
图 6-315　六边形截面

4）单击工具栏中"拉伸"按钮⬛→单击六棱柱顶面作为草绘平面，RIGHT 为参考面，参考方位向右→单击图形工具栏中"草绘视图"按钮⬚，重新定向草绘平面→绘制翻板配合槽截面，如图 6-317 所示→单击"确定"按钮✔→在操控板中输入"拉伸高度"：4→单击操控板中"移除材料"按钮⬜，调整材料的拉伸方向，确保材料向下切除→单击"确定"按钮✔，生成翻板配合槽，如图 6-318 所示。

图 6-316　六棱柱生成图

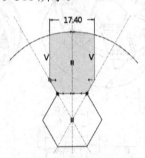
图 6-317　翻板配合槽截面

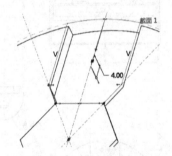
图 6-318　翻板配合槽生成图

5）单击模型树中上一步生成的配合槽→单击工具栏中"阵列"按钮▦→确保操控板中以"轴"的方式进行阵列，单击绘图区中图形的中心线→在操控板输入阵列个数：6，间隔角：60°，｜轴 ▾｜1｜1个项目｜％｜6｜60.00｜→单击"确定"按钮✔，生成配合槽阵列，如图 6-319 所示。

6）单击工具栏中"壳"按钮▣→单击盒盖底面，如图 6-320 所示→在操控板上输入厚度值：1→单击"确定"按钮✔，生成盒盖抽壳，如图 6-321 所示。

7）单击工具栏中"旋转"按钮⬥→单击 FRONT 作为草绘平面，TOP 为参考面，参考方位向上→单击图形工具栏中"草绘视图"按钮⬚，重新定向草绘平面→绘制盒盖内部加厚截面，如图 6-322 所示→单击"确定"按钮✔→在操控板中输入旋转角度：360°→单击

"确定"按钮 ✔，生成盒盖内部加厚，如图 6-323 所示。

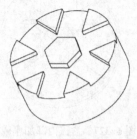

图 6-319　配合槽阵列生成图

图 6-320　选择盒盖底面

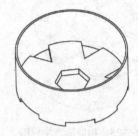

图 6-321　盒盖抽壳生成图

图 6-322　盒盖内部加厚截面

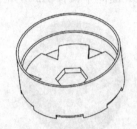

图 6-323　盒盖内部加厚生成图

8）单击工具栏中"旋转"按钮 ⤾→单击 RIGHT 作为草绘平面，TOP 为参考平面，参考方位向上→单击图形工具栏中"草绘视图"按钮 🔄，重新定向草绘平面→绘制功能标志截面，如图 6-324 所示→单击"确定"按钮 ✔→单击操控板中"指定角度值双侧旋转"按钮 🔲▾，在操控板中输入旋转角度：180° ▢选择 1 个项　🔲▾ 180.00 ▾ ⁒ ◿ ▢ →单击"确定"按钮 ✔，生成功能标志，如图 6-325 所示。

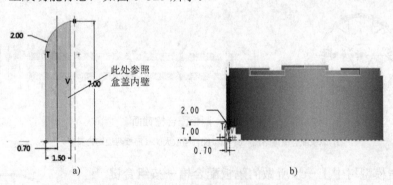

图 6-324　功能标志截面

a) 功能标志截面放大图　b) 绘制功能标志缩略图

9）单击工具栏中"拉伸"按钮 ⤴→单击盒盖内表面作为草绘平面，如图 6-326 所示，RIGHT 为参考平面，参考方位向右→单击图形工具栏中"草绘视图"按钮 🔄，重新定向草绘平面→绘制盒盖内部加厚截面，如图 6-327 所示→单击"确定"按钮 ✔→单击操控板中"拉伸至选定的曲面"按钮 🔳→单击盒盖内三角形底面→单击"确定"按钮 ✔，生成盒盖内部加厚，如图 6-328 所示。

207

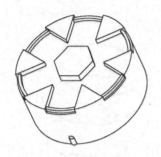
图 6-325 功能标志生成图

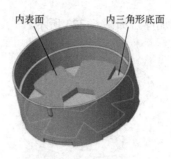
内表面　内三角形底面
图 6-326 选择盒盖内表面

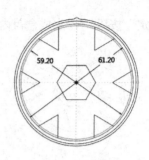
59.20　61.20
图 6-327 盒盖内部加厚截面

10）单击工具栏中"创建基准面"按钮 ▱ →弹出"基准平面"对话框→确保基准平面相对 TOP 面向下偏移 1mm，创建新基准面，如图 6-329 所示。

图 6-328 盒盖内部加厚生成图

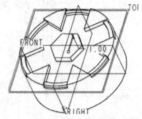
图 6-329 创建新基准面

11）单击工具栏中"拉伸"按钮 ⬚ →单击上一步所做的基准平面将其为草绘平面，RIGHT 为参考面，参考方位向右→单击图形工具栏中"草绘视图"按钮 ⬚，重新定向草绘平面→绘制隔板配合槽截面，如图 6-330 所示→单击"确定"按钮 ✓ →单击操控板中"拉伸至下一曲面"按钮 ⬚ →单击"确定"按钮 ✓，生成隔板配合槽，如图 6-331 所示。

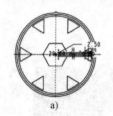
a)

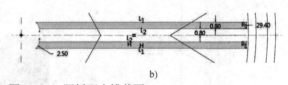
b)

图 6-330 隔板配合槽截面

a) 隔板配合槽缩略图　b) 隔板配合槽放大图（筋板两边均为弧形）

12）单击模型树中上一步所做的隔板配合槽→按组合键〈Ctrl+C〉→单击工具栏中"选择性粘贴"按钮 ⬚ →选中"对副本应用移动/旋转变换"复选框，如图 6-332 所示→单击操控板中"旋转"按钮 ⬚ →单击圆柱中心轴，如图 6-333 所示→在操控板上输入旋转角度：60°，确保顺时针旋转→单击"确定"按钮 ✓，生成旋转配合槽，如图 6-334 所示。

13）单击 11）步中所做的配合槽→按组合键〈Ctrl+C〉→单击工具栏中"选择性粘贴"按钮 ⬚ →选中"对副本应用

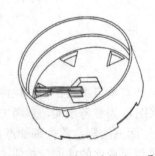
图 6-331 隔板配合槽生成图

移动/旋转变换"复选框，如图 6-335 所示→单击操控板中"旋转"按钮 🔃 →单击圆柱中心线，如图 6-336 所示→在操控板上输入旋转角度：45°，确保逆时针旋转→单击"确定"按钮 ✔️，生成旋转配合槽，如图 6-337 所示。

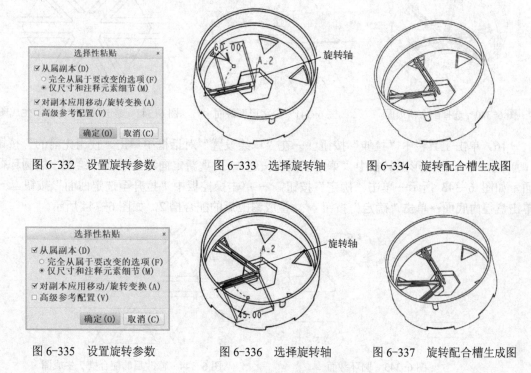

图 6-332　设置旋转参数　　　图 6-333　选择旋转轴　　　图 6-334　旋转配合槽生成图

图 6-335　设置旋转参数　　　图 6-336　选择旋转轴　　　图 6-337　旋转配合槽生成图

14）按住〈Ctrl〉键后单击模型树中三个配合槽特征，如图 6-338 所示→单击工具栏中"镜像"按钮 🔲 →单击 RIGHT 作为镜像平面→单击"确定"按钮 ✔️，生成镜像配合槽，如图 6-339 所示。

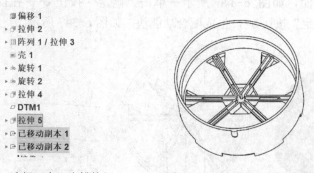

图 6-338　选择三个配合槽特征　　　图 6-339　镜像配合槽生成图

15）单击工具栏中"拉伸"按钮 📄 →单击配合槽顶面作为草绘平面，如图 6-340 所示，RIGHT 为参考平面，参考方位向右→单击图形工具栏中"草绘视图"按钮 🔲，重新定向草绘平面→绘制近似"工字形"截面，注意参考已有的边，如图 6-341 所示→单击"确定"按钮 ✔️→单击操控板中"拉升至选定曲面"按钮 ⏚ 和"移除材料"按钮 🔲，→单击操控板中"调整方向"按钮 🔲，确保材料向内移除→单击盒盖内底面→单击"确定"按钮 ✔️，生成修改后的配合槽 1，如图 6-342 所示。

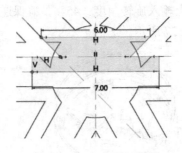

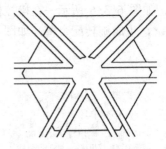

图 6-340　选择配合槽顶面　　　　图 6-341　"工字形"截面　　　图 6-342　修改后的配合槽 1 生成图

16）单击工具栏中"拉伸"按钮 →在"草绘设置"对话框中单击"使用先前的"按钮 使用先前的 →单击图形工具栏中"草绘视图"按钮 ，重新定向草绘平面→绘制一段圆环截面，如图 6-343 所示→单击"确定"按钮 →单击操控板中"拉升至选定曲面"按钮 →单击盒盖内底面→单击"确定"按钮 ，生成修改后的配合槽 2，如图 6-344 所示。

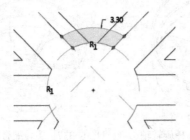

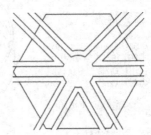

图 6-343　圆环截面　　　　　　　图 6-344　修改后的配合槽 2 生成图

17）单击工具栏中"拉伸"按钮 →单击图 6-345 所示盒盖内底面作为草绘平面，RIGHT 为参考面，参考方位向右→单击图形工具栏中"草绘视图"按钮 ，重新定向草绘平面→绘制圆环截面，如图 6-346 所示→单击"确定"按钮 →在操控板中输入拉伸高度：4.7→单击"确定"按钮 ，生成配合功能块，如图 6-347 所示。

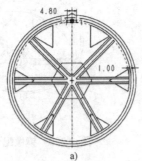

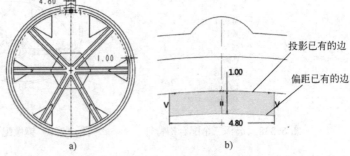

a)　　　　　　　　　　b)

图 6-345　选择盒盖内底面　　　　图 6-346　圆环截面
　　　　　　　　　　　　　　　　　a) 圆环截面缩略图　b) 圆环截面放大图

18）单击工具栏中"拔模"按钮 →单击操控板上"参考"选项，→单击"拔模曲面" 选择项 →单击盒盖侧曲面，如图 6-348 所示→单击"拔模枢轴"中的 单击此处添加项 →单

210

击绘图区盒盖底部环形面，"拖动方向"为默认的盒盖底部环形面，如图 6-349 所示→在操控板中输入拔模角度：1°（注意拔模参考方向向上，确保底部不变，上部变小）→单击"确定"按钮 ✔，生成盒盖外侧拔模，如图 6-349 所示。

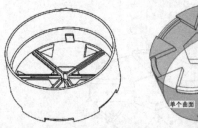

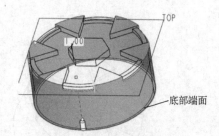

图 6-347　配合功能块生成图　图 6-348　选择盒盖侧曲面　　图 6-349　盒盖外侧拔模生成图

19）按住〈Ctrl〉键后选择配合功能块的两条棱边，如图 6-350 所示→按住鼠标右键弹出浮动工具栏→单击"倒圆角"按钮 🔲 →单击操控板上"集"选项，单击"完全倒圆角"按钮→单击"确定"按钮 ✔，生成全圆角，如图 6-351 所示。

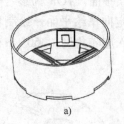
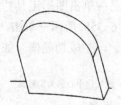

图 6-350　选择配合功能块的两棱边　　　　　　图 6-351　全圆角生成图
a) 棱边选择缩略图　b) 棱边选择放大图

20）单击工具栏中"拉伸"按钮 🔳 →单击六棱柱顶面作为草绘平面，如图 6-352 所示，RIGHT 为参考平面，参考方位向右→单击图形工具栏中"草绘视图"按钮 🔲，重新定向草绘平面→绘制矩形截面，如图 6-353 所示→单击"确定"按钮 ✔→单击操控板中"拉伸至选定曲面"按钮 🔲 →单击六棱柱底部所在平面，如图 6-354 所示→单击"确定"按钮 ✔，生成盒盖矩形槽，如图 6-355 所示。

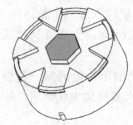
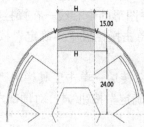

图 6-352　选择六棱柱顶面　图 6-353　矩形截面　图 6-354　指定参考面　图 6-355　盒盖矩形槽生成图

21）单击模型树中上一步生成的盒盖矩形槽特征→单击"工具栏"中"阵列"按钮 🔲 →确保操控板中以"轴"的方式进行阵列，单击绘图区中图形的中心线→在操控板输入阵列个数：6，间隔角：60°，1个项 ％ 6 60.00 →单击"确定"按钮 ✔，生成矩形槽阵列，如图 6-356 所示。

22）按住〈Ctrl〉键后单击顶部六条棱边→按住鼠标右键弹出浮动工具栏，选择"倒圆角"按钮 → 在操控板中输入半径：2.5→单击"确定"按钮 ，生成圆角，如图 6-357 所示。

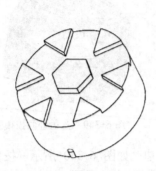
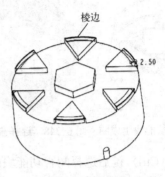

图 6-356　矩形槽阵列生成图　　　　图 6-357　圆角生成图

23）单击工具栏中"旋转"按钮 →单击 RIGHT 作为草绘平面，TOP 为参考平面，参考方位向上→单击图形工具栏中"草绘视图"按钮 ，重新定向草绘平面→绘制功能槽截面，如图 6-358 所示→单击"确定"按钮 →在操控板中输入旋转角度：360°→单击"确定"按钮 ，生成功能槽，如图 6-359 所示。

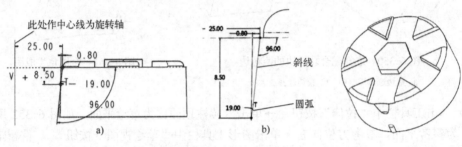

图 6-358　功能槽截面　　　　　　　　　图 6-359　功能槽生成图
a) 功能槽缩略图　b) 功能槽放大图

24）单击模型树中上一步生成的功能槽→单击"工具栏"中"阵列"按钮 →确保操控板中以"轴"的方式进行阵列，单击绘图区中图形的中心线→在操控板输入阵列个数：6，间隔角：60°，1个项 % 6 60.00 →单击操控板中"确定"按钮 ，生成阵列功能槽，如图 6-360 所示。

25）按住〈Ctrl〉键后单击六棱柱顶部六条棱边→单击工具栏中"倒角"按钮 →在操控板输入倒角：0.8 45 x D D 0.80 →单击"确定"按钮 ，对顶部六条棱边生成倒角，如图 6-361 所示。

26）按住〈Ctrl〉键后单击内孔底边，如图 6-362 所示→单击工具栏中"倒角"按钮 → 角度 x D 角度 30.00 D 0.50 ，在操控板上输入倒角角度：30°，倒角：0.5→单击"确定"按钮 ，内孔底边生成倒角，如图 6-363 所示。

27）单击工具栏"拉伸"按钮 →单击六棱柱顶面作为草绘平面，如图 6-364 所示，

RIGHT 为参考平面，参考方位向右→单击图形工具栏中"草绘视图"按钮 ，重新定向草绘平面→绘制调料孔截面，如图 6-365 所示→单击"确定"按钮 ✔→单击"拉升至选定曲面"按钮 ⬆→单击盒盖内底面→单击"移除材料"按钮 ⬕，单击"调整方向"按钮 ⬈，确保材料向内切除→单击"确定"按钮 ✔，生成调料孔，如图 6-366 所示。

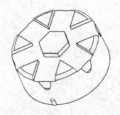
图 6-360　阵列功能槽生成图

图 6-361　棱边倒角生成图

图 6-362　内孔底边倒角参数

图 6-363　内孔底边倒角生成图

图 6-364　选六棱柱顶面

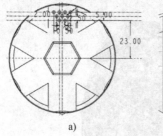
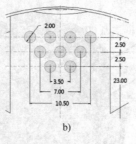
a)　　　　　　　　　b)

图 6-365　调料孔截面
a) 调料孔缩略图　b) 调料孔放大图

图 6-366　调料孔生成图

28）单击上一步生成的调料孔→单击"工具栏"中"阵列"按钮▦→确保操控板中以"轴"的方式进行阵列，单击绘图区中图形的中心线→在操控板输入阵列个数：6，间隔角：60°，1个项 ╳6 60.00 →单击操控板中"确定"按钮 ✔，生成调料孔阵列，如图 6-367所示。

29）若调料孔与隔板配合槽发生结构干涉，需对隔板配合槽进行修改，单击拉伸图标 ▱→单击隔板配合槽顶面作为草绘平面，如图 6-368 所示，RIGHT 为参考平面，参考方位向右→单击图形工具栏中"草绘视图"按钮 ，重新定向草绘平面→绘制矩形截面，如图 6-369所示→单击"确定"按钮 ✔→单击"拉升至选定曲面"按钮 ⬆→单击图示着色曲面，如图 6-370 所示→单击"确定"按钮 ✔，完成配合槽修改，如图 6-371 所示。

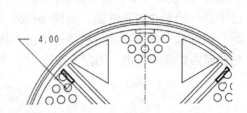

图 6-367　调料孔阵列生成图　　图 6-368　选择配合槽顶面　　　图 6-369　矩形截面

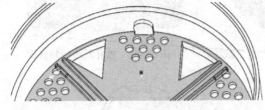

图 6-370　选择图示着色曲面作为底面　　　图 6-371　配合槽修改生成图

30）单击工具栏中"拔模"按钮 →单击操控板上"参考"选项→单击"拔模曲面"·选择项 →单击绘图区盒盖内壁侧曲面→单击"拔模枢轴"·单击此处添加项 →单击绘图区盒盖底面→在操控板输入拔模角度：1°（注意拔模参考方向向上，确保底部不变，上部变大）→单击"确定"按钮 ，生成盒盖内壁侧曲面拔模，如图 6-372 所示。

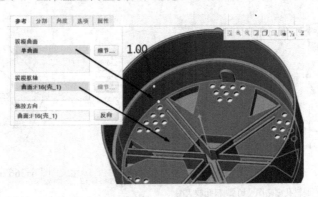

图 6-372　内壁侧曲面拔模

31）单击盒盖内部台阶顶面→单击工具栏中"偏移"按钮 →单击操控板中"展开特征"按钮 →在操控板中输入偏移距离 ：0.2→单击"确定"按钮 ，生成内侧台阶顶面，如图 6-373 所示。

32）按住〈Ctrl〉键后单击内部台阶顶面的棱边→单击工具栏中"倒角"按钮 →在操控板中输入倒角：0.5， DxD · D 0.50 →单击"确定"按钮 ，生成台阶棱边斜角，如图 6-374 所示。

6.5.5　多味宝产品装配

操作步骤如下：

1）运行 Creo 3.0→单击工具栏中"新建"按钮 →弹出"新建"对话框，类型选择

"装配"→输入公用名称：condimenbox→如图 6-375 所示，取消选中"使用默认模板"复选框，单击"确定"按钮→选择模板：mmns_part_solid，单击"确定"按钮，如图 6-376 所示。

图 6-373　偏移内侧台阶顶面

图 6-374　台阶棱边斜角生成图

图 6-375　新建文件

图 6-376　选择模板

2）单击工具栏中"组装"按钮 ，将元件添加到组件→单击文件：box.prt→打开→将操控板上"自动"改为"默认"→单击操控板中"确定"按钮 ，生成容器装配件。

3）单击工具栏中"组装"按钮 ，将元件添加到组件→单击文件：cover.prt→打开→将操控板上"自动"改为"默认"→单击"确定"按钮 ，生成盒盖装配件。

4）单击工具栏中"组装"按钮 ，将元件添加到组件→单击文件：plate.prt→打开→将操控板上"自动"改为"默认"→单击"确定"按钮 ，生成翻板装配件。

5）按住〈Ctrl〉键后单击模型树中的 box.prt 和 plate.prt→右击弹出浮动工具栏→选择"隐藏"，如图 6-377 所示→单击模型树中 plate.prt→右击弹出浮动工具→选择"激活"如图 6-378 所示。

6）单击盒盖侧面，如图 6-379 所示→按组合键〈Ctrl+C〉→按组合键〈Ctrl+V〉→按住〈Shift〉键后依次单击盒盖环形顶面和盒盖内底面，如图 6-380 所示→松开〈Shift〉键→单击"确定"按钮 ，完成曲面复制。

7）对复制的曲面去除多余曲面并补孔。单击盒盖内底面，如图 6-381 所示→按组合键〈Ctrl+C〉→按组合键〈Ctrl+V〉→单击操控板"选项"菜单，选择"排除曲面并填充孔"→

单击"排除轮廓" <u>选择项</u> →按住〈Ctrl〉键后依次单击盒盖内四块曲面，如图 6-382 所示→单击"填充孔/曲面" <u>单击此处添加项</u> →单击盒盖内底面，如图 6-383 所示→单击"确定"按钮 ✓，完成曲面复制。

图 6-377　隐藏容器和翻板　　　　　　　　图 6-378　激活翻板

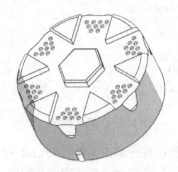

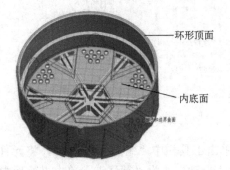

图 6-379　选择盒盖侧面　　　　图 6-380　选择盒盖环形顶面和盒盖内底面

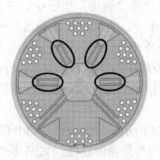
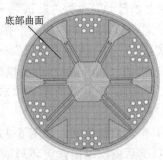

图 6-381　选择盒盖内底面　　图 6-382　选择盒盖内四块曲面　　图 6-383　选择盒盖内底面

8）在模型树中"CONDIMENBOX.ASM"右击，弹出浮动工具栏，选择"激活"选项，如图 6-384 所示→单击快速访问工具栏中"保存"按钮 🔛，单击"确定"按钮。

9）在模型树中"PLATE.PRT"右击，弹出浮动工具栏，选择"打开"选项→完成盒盖与翻板接触处曲面的复制，如图 6-385 所示→单击快速访问工具栏中"保存"按钮 🔛。

图 6-384　激活多味宝装配件

图 6-385　曲面复制生成图

6.5.6　翻板构建

1. 翻板的测绘工程图

翻板的测绘工程图如图 6-386 所示。

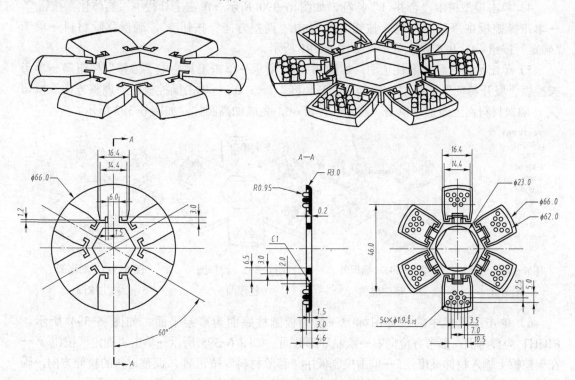

图 6-386　翻板的测绘工程图

2. 操作步骤

1）运行 Creo 3.0→单击菜单中"文件"→选择"打开"→找到文件"plate.prt"并将其打开。

2）按住〈Ctrl〉键后依次单击模型树中复制的两个曲面特征→单击工具栏中"曲面合并"按钮→单击"调整方向"按钮，确保箭头指向圆心→单击操控板中"确定"按钮，生成合并曲面，如图 6-387 所示。

3）单击工具栏中"旋转"按钮→单击 FRONT 作为草绘平面，RIGHT 为参考平面，参考方位向右→单击图形工具栏中"草绘视图"按钮，重新定向草绘平面→绘制翻板基体截面，如图 6-388 所示→单击"确定"按钮→在操控板中输入"旋转角度"：360°→单击操控板中"确定"按钮，生成翻板基体，如图 6-389 所示。

此三边"投影"已有的边

图 6-387　合并曲面生成图　　　图 6-388　翻板基体截面　　　图 6-389　翻板基体生成图

4）单击模型树中"合并 1"特征，如图 6-390 所示→单击工具栏中"实体化"按钮→单击操控板中"移除材料"按钮→单击"调整方向"按钮，确保移除材料→单击"确定"按钮，生成翻板外形，如图 6-391 所示。

5）单击绘图区翻板圆柱顶面，如图 6-392 所示→单击工具栏中"偏移"按钮→单击操控板"展开特征"按钮，输入"展开长度"：0.6→单击操控板中"调整方向"按钮，确保材料向上添加→单击"确定"按钮，生成加高圆柱，如图 6-393 所示。

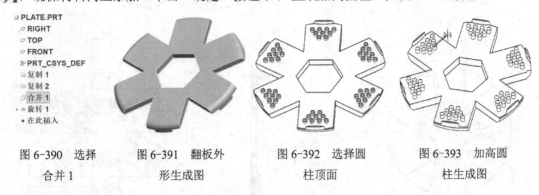

□ PLATE.PRT
　□ RIGHT
　□ TOP
　□ FRONT
　☆ PRT_CSYS_DEF
　□ 复制 1
　□ 复制 2
　□ 合并 1
　▶ ☆ 旋转 1
　◆ 在此插入

图 6-390　选择　　　图 6-391　翻板外　　　图 6-392　选择圆　　　图 6-393　加高圆
　　合并 1　　　　　　　形生成图　　　　　　柱顶面　　　　　　柱生成图

6）单击工具栏中的拉伸图标→以翻板圆柱底面为草绘平面，如图 6-394 所示，RIGHT 为参考面，参考方位向右→绘制环形截面，如图 6-395 所示→单击"确定"按钮→在操控板上输入拉伸高度：5→单击控制板中"移除材料"按钮，调整材料的拉伸方向，确保材料向上移除→单击"确定"按钮，生成翻板修改后的外形，如图 6-396 所示。

7）单击工具栏中"拉伸"按钮→单击翻板顶面作为草绘平面，如图 6-397 所示，RIGHT 为参考平面，参考方位向右→单击图形工具栏中"草绘视图"按钮，重新定向草绘平面→绘制环形截面，如图 6-398 所示→单击"确定"按钮→在操控板输入"拉伸深度"：3，调整材料的拉伸方向→单击"确定"按钮，生成加厚翻板，如图 6-399

所示。

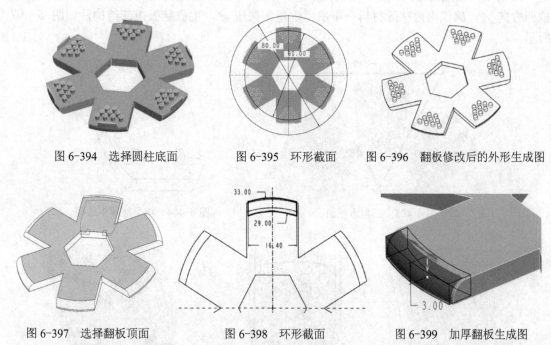

图 6-394　选择圆柱底面　　图 6-395　环形截面　　图 6-396　翻板修改后的外形生成图

图 6-397　选择翻板顶面　　图 6-398　环形截面　　图 6-399　加厚翻板生成图

8）单击工具栏中的拉伸图标 → 以翻板顶面为草绘平面，如图 6-400 所示，RIGHT 为参考面，参考方位向右 → 单击图形工具栏中"草绘视图"按钮 ，重新定向草绘平面 → 参考翻板上方弧线并绘制异形截面，然后镜像，如图 6-401 所示 → 单击"确定"按钮 → 单击操控板"移除材料"按钮 ，调整材料的拉伸方向 ，确保移除材料 → 单击"确定"按钮 ，生成异形翻板，如图 6-402 所示。

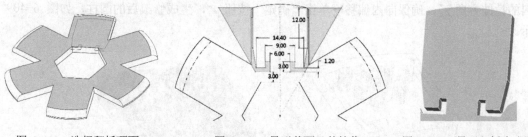

图 6-400　选择翻板顶面　　　图 6-401　异形截面及其镜像　　图 6-402　异形翻板生成图

9）单击工具栏中"拉伸"按钮 → 单击工具栏中"草绘设置"按钮 ，弹出"草绘设置"对话框，单击"使用先前的"按钮 ，单击"确定"按钮 → 单击图形工具栏中"草绘视图"按钮 ，重新定向草绘平面 → 绘制三角形截面，如图 6-403 所示 → 单击"确定"按钮 → 在操控板中输入拉伸长度：20 → 单击操控板中"移除材料"按钮 ，调整材料的拉伸方向 ，确保移除材料 → 单击"确定"按钮 ，生成单个翻板，如图 6-404 所示。

10）单击工具栏中"拉伸"按钮 → 单击圆柱底面为草绘平面，如图 6-405 所示，FRONT 为参考面，参考方位向下 → 单击图形工具栏中"草绘视图"按钮 ，重新定向草绘平面 → 绘制翻板内部截面（注意以链的方式偏移已有的边），如图 6-406 所示 → 单击"确定"按钮 ✔→在操控板上输入"拉伸深度":1.5→单击"移除材料"按钮 ⬜,调整材料的拉伸方向 ⬝,确保向内移除材料→单击"确定"按钮 ✔,生成翻板内部结构,如图 6-407 所示。

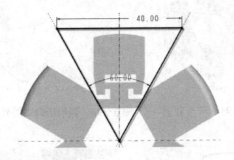

图 6-403　三角形截面

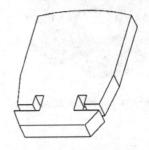

图 6-404　单个翻板生成图

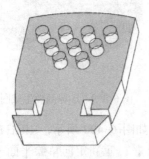

图 6-405　选择圆柱底面

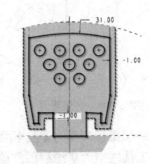

图 6-406　翻板内部截面

图 6-407　翻板内部结构生成图

11) 按住〈Ctrl〉键后依次单击 9 个圆柱侧面,如图 6-408 所示→单击工具栏中"偏移"按钮 ⬝→单击操控板中"展开特征"按钮 ⬛→在操控板中输入偏移距离 ⊢:0.05→调整材料的拉伸方向 ⬝,确保向内偏移→单击"确定"按钮 ✔,生成修改后的圆柱,如图 6-409 所示。

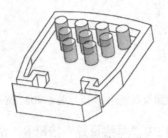

图 6-408　选择圆柱侧面

图 6-409　修改后的圆柱生成图

12) 单击工具栏中"拉伸"按钮 ⬝→单击圆柱底面作为草绘平面,如图 6-410 所示,FRONT 为参考面,参考方位向下→单击图形工具栏中"草绘视图"按钮 ⬝,重新定向草绘制平面→绘制矩形截面,如图 6-411 所示→单击"确定"按钮 ✔→在操控板中输入"拉伸深度":1.3→单击"移除材料"按钮 ⬜,调整材料的拉伸方向 ⬝,确保移除材料,→单击"确定"按钮 ✔,生成翻板开合筋板,如图 6-412 所示。

13) 单击棱边,如图 6-413 所示→单击工具栏中"倒角"按钮 ⬝→在操控板中输入倒

角：1，| 45 x D ▾ | D | 1.00 ▾ | →单击"确定"按钮 ✔，生成倒角，如图 6-414 所示。

图 6-410　选择圆柱底面

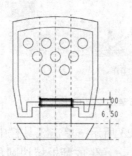

图 6-411　矩形截面

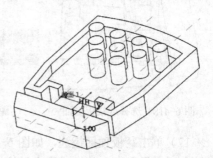

图 6-412　翻板开合筋板生成图

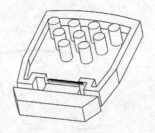

图 6-413　选择棱边

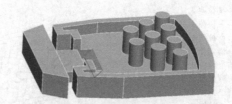

图 6-414　倒角生成图

14）单击工具栏中"拉伸"按钮 ▱ →单击圆柱底面为草绘平面，如图 6-415 所示，FRONT 为参考平面，参考方位向下→单击图形工具栏中"草绘视图"按钮 ▢，重新定向草绘制平面→绘制矩形截面（注意利用已有的边），如图 6-416 所示→单击"确定"按钮 ✔ →在操控板上输入"拉伸深度"：1→单击"移除材料"按钮 ◿，调整材料的拉伸方向 ◿，确保移除材料→单击"确定"按钮 ✔，生成连接板，如图 6-417 所示。

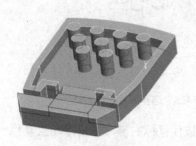

图 6-415　选择圆柱底面

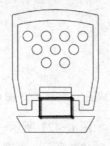

图 6-416　矩形截面

图 6-417　连接板生成图

15）单击工具栏中"拉伸"按钮 ▱ →单击连接板侧面作为草绘平面，如图 6-418 所示，FRONT 为参考面，参考方位向左→单击图形工具栏中"草绘视图"按钮 ▢，重新定向草绘平面→绘制三角形截面，如图 6-419 所示→单击"确定"按钮 ✔ →在操控板上输入拉伸长度：1，调整材料的拉伸方向 ◿，确保向内添加材料→单击"确定"按钮 ✔，生成加强筋，如图 6-420 所示。

16）单击模型树中"拉伸 8"特征，如图 6-421 所示→单击工具栏中"镜像"按钮 ▱ →单击 RIGHT 作为镜像平面→单击"确定"按钮 ✔，生成镜像筋板，如图 6-422 所示。

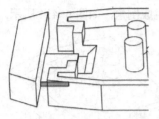
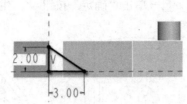
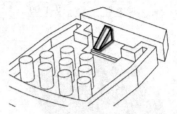

图 6-418　选择连接板侧面　　　图 6-419　三角形截面　　　图 6-420　加强筋生成图

17）单击翻板顶部棱边，如图 6-423 所示→单击工具栏中"倒圆角"按钮 ↘ →在操控板中输入"半径"：3→单击"确定"按钮 ✔，生成翻板棱边圆角，如图 6-424 所示。

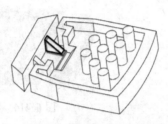
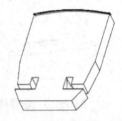

图 6-421　选择拉伸 8 特征　　　图 6-422　镜像筋板生成图　　　图 6-423　选择翻板顶部棱边

18）单击圆柱顶部棱边，如图 6-425 所示→单击工具栏中"倒圆角"按钮 ↘ →在操控板中输入半径：0.95→单击"确定"按钮 ✔，生成圆柱棱边圆角，如图 6-426 所示。

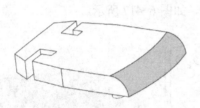

图 6-424　翻板棱边圆角生成图　　　　图 6-425　选择圆柱顶部棱边

19）在绘图区单击任选一块曲面，如图 6-427 所示→按住鼠标右键，弹出浮动工具栏→单击"选择实体曲面"按钮 □，如图 6-428 所示→按组合键〈Ctrl+C〉→按组合键〈Ctrl+V〉→单击"确定"按钮 ✔，完成单个翻板的曲面复制。

图 6-426　圆柱棱边圆角生成图　　　图 6-427　任选一块曲面　　　图 6-428　选择实体曲面

提示： 此处也可以直接阵列所复制的曲面，但无法通过阵列的方式去实体化，故先旋转复制一个，再阵列其余的 5 个。

20）单击模型树中上步创建的"复制 3"特征，如图 6-429 所示→按组合键〈Ctrl+C〉→单击"选择性粘贴"按钮 📋 →选中"移动/旋转变换"复选框，如图 6-430 所示→单击操控板中"旋转"按钮 ↻ →在绘图区单击中心线，顺时针旋转，如图 6-431 所示→在操控板中输入旋转角度：60°→单击"确定"按钮，完成翻板旋转，如图 6-432 所示。

图 6-429　选择"复制 3"特征

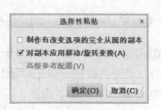

图 6-430　"选择性粘贴"对话框

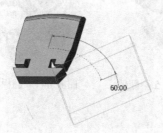

图 6-431　顺时针旋转

图 6-432　翻板旋转生成图

21）单击模型树中"复制 4"特征，如图 6-433 所示→单击工具栏中"阵列"按钮 ▦ →确保操控板中以"轴"的方式进行阵列，单击绘图区中图形的中心线→在操控板中输入阵列个数：5，间隔角：60°，如图 6-434 所示→单击"确定"按钮 ✔，生成其余的 5 个翻板，如图 6-435 所示。

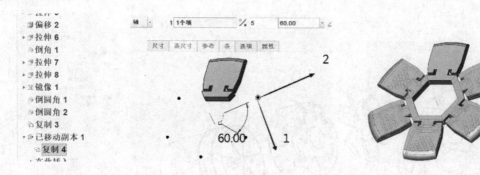

图 6-433　选择"复制 4"特征　　　图 6-434　阵列设置　　　图 6-435　其余的 5 个翻板生成图

22）单击模型树中"复制 3"特征，如图 6-436 所示。右击，弹出浮动菜单，选取"隐藏"选项→单击模型树中"复制 4[1]"特征，如图 6-437 所示→单击工具栏中"实体化"按钮 🗇 →单击"确定"按钮 ✔，生成翻板实体，如图 6-438 所示。

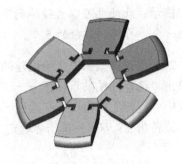

图 6-436 选择"复制 3"特征　　图 6-437 选择"复制 4[1]"特征　　图 6-438 翻板实体生成图

23）单击模型树中"实体化",如图 6-439 所示→单击工具栏"阵列"按钮 ⊞ →在操控板中以"参考"的方式进行阵列→单击"确定"按钮 ✔,实体化其余的 5 个翻板,如图 6-440 所示。翻板零件生成图如图 6-441 所示。

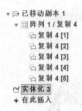

图 6-439 选择"实体化 3"特征　　图 6-440 实体化其余的 5 个翻板　　图 6-441 翻板零件生成图

6.5.7　装配干涉分析

操作步骤如下：

1）运行 Creo 3.0→单击菜单中"文件"→选择"打开"→单击文件 condimenbox.asm 并打开,多味宝装配完成图如图 6-442 所示。

2）单击"分析"选项卡→单击工具栏中"全局干涉"按钮 ⊡ →在"全局干涉"对话框中单击"预览"按钮→可看到"全局干涉"对话框中无信息,即所有零件没有干涉,如图 6-443 所示。

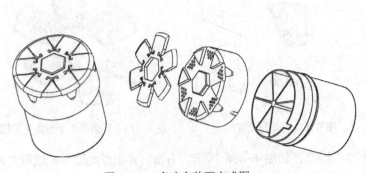

图 6-442 多味宝装配完成图　　　　　图 6-443 "全局干涉"对话框

224

第7章 UG NX 8.5 平台设计实践

【学习提示】

依托第 4 章和第 5 章，本章以 UG NX 8.5 为设计平台，拓展学生对正逆向设计技术、方法的学习和运用能力。本章通过机架零件的构建，通过模拟产品逆向设计过程，加强产品设计实践，指导学生完成典型产品的再设计，在设计中运用自顶向下的新型设计方式，突出新设计技术应用能力的培养。为今后从事数字化设计和再设计中的创新打下基础。可结合课件及教学资源库组织学生自学，也可由教师通过课堂进行示范教学，并指导学生以点对点形式进行深入学习。

7.1 UG NX 8.5 简介

UG NX 8.5 是 Siemens 公司（原 UGS 公司）开发的 CAD/CAE/CAM 软件，用于产品设计、分析、制造，广泛用于机械、模具、汽车、家电、航空、军事等领域。UG NX 先后推出了多个版本，UG NX 8.5 在原有版本的基础上进行的功能改进和升级，更利于用户实现产品的创新，缩短产品上市时间，降低成本，提高产品的设计和制造质量。

UG NX 8.5 的操作环境如下：

1. 开始界面

单击"开始"→"所有程序"→Siemens NX 8.5 命令，启动 UG NX 8.5，进入登录界面。在登录界面中，UG NX 8.5 提供快速帮助功能，光标经过相应的位置时对应的帮助信息会出现，如图 7-1 所示。

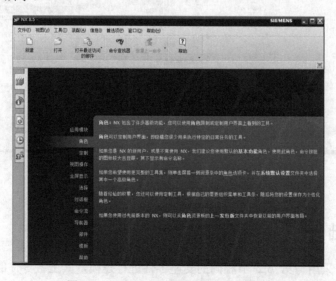

图 7-1 UG NX 8.5 登录界面及快速帮助

2. 工作界面

UG NX 8.5 的工作界面如图 7-2 所示。

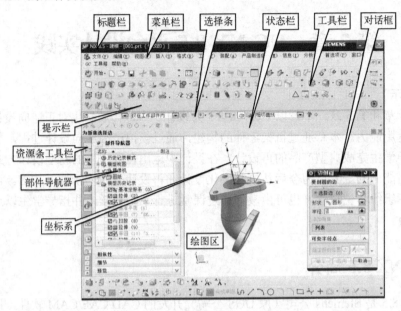

图 7-2　UG NX 8.5 的工作界面

3. 快捷键设置

UG NX 8.5 的快捷键设置如图 7-3 所示。

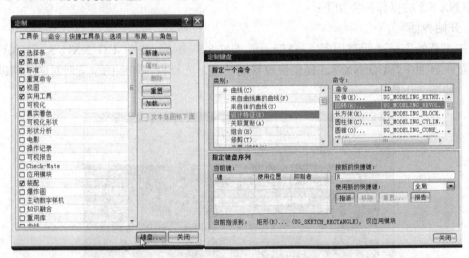

图 7-3　UG NX 8.5 快捷键设置

7.2　建模基础

建模基础中，采用与第 6.2 节相同的支座零件进行建模，其上各零件的测绘工程图参见图 6-41。

7.2.1 悬臂支座建模

1. 要点提示

通过悬臂支座建模，熟悉"拉伸"命令 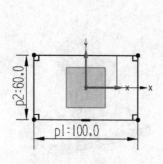 的操作，加深对"布尔"命令的理解。重点掌握草图中"约束"命令的用法。

2. 操作步骤

1）启动 UG 软件→单击"新建"命令→弹出"新建"对话框，输入名称"xuanbi"，设置保存路径→单击"确定"按钮，完成新建文件。

2）单击"角色"按钮 → 选择具有"完整菜单的高级模块"选项。

3）单击资源条工具栏中"部件导航器"按钮 → 选中基准坐标系，右击后选择"显示"选项。

4）单击"拉伸"按钮 ，弹出"拉伸"对话框→单击"绘制截面"按钮 ，弹出"创建草图"对话框→选择 XY 平面作为草图平面→绘制底座截面，如图 7-4 所示→单击"完成草图"按钮 → 返回到"拉伸"对话框，选择拉伸方向，"开始"值为"0"，"结束"值为"10"，如图 7-5 所示→单击"确定"按钮，生成底座，如图 7-6 所示。

图 7-4 底座截面

图 7-5 "拉伸"对话框

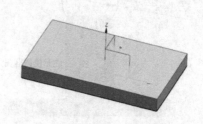

图 7-6 底座生成图

5）单击"拉伸"按钮 ，弹出"拉伸"对话框→单击"绘制截面"按钮 ，弹出"创建草图"对话框→选择底座上表面作为草图平面，如图 7-7 所示→绘制十字截面，如图 7-8 所示→单击"完成草图"按钮 → 返回到"拉伸"对话框，选择拉伸方向，"开始"值为"0"，"结束"值为"50"，如图 7-9 所示→单击"确定"按钮生成十字实体，如图 7-10 所示。

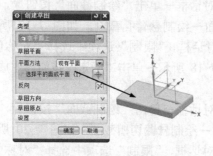

图 7-7 选择草图平面

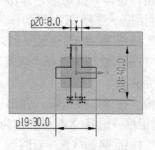

图 7-8 十字截面

图 7-9 "拉伸"对话框

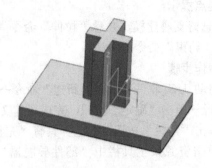

图 7-10 十字实体生成图

6）单击"拉伸"按钮 ⯐，弹出"拉伸"对话框→单击"绘制截面"按钮 ⯐，弹出"创建草图"对话框→选择 XZ 平面作为草图平面→绘制圆柱截面，如图 7-11 所示→单击"完成草图"按钮 ⯐ 完成草图→返回到"拉伸"对话框，"限制"选项中选择"对称值"，输入值"25"，如图 7-12 所示→单击"确定"按钮，生成叠加圆柱体，如图 7-13 所示。

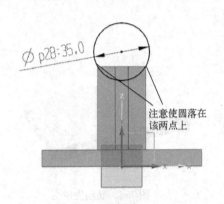

图 7-11 圆柱截面

图 7-12 "拉伸"对话框

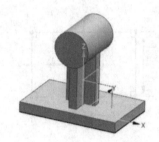

图 7-13 叠加圆柱体生成图

7）单击"拉伸"按钮 ⯐，弹出"拉伸"对话框→单击"绘制截面"按钮 ⯐，弹出"创建草图"对话框→选择 XZ 平面作为草图平面→绘制悬臂截面，如图 7-14 所示→单击"完成草图"按钮 ⯐ 完成草图→返回到"拉伸"对话框，"限制"选项中选择"对称值"，输入值"15"，如图 7-15 所示→单击"确定"按钮，生成悬臂，如图 7-16 所示。

8）单击"拉伸"按钮 ⯐，弹出"拉伸"对话框→单击"绘制截面"按钮 ⯐，弹出"创建草图"对话框→选择 XZ 平面作为草图平面→绘制悬臂孔截面，如图 7-17 所示→单击"完成草图"按钮 ⯐ 完成草图→返回到"拉伸"对话框，"限制"选项中选择"对称值"，输入值"50"，"布尔"选项中选择"求差"，如图 7-18 所示→单击"确定"按钮，生成悬臂孔，如图 7-19 所示。

9）单击"拉伸"按钮 ⯐，弹出"拉伸"对话框→单击"绘制截面"按钮 ⯐，弹出"创建草图"对话框→选择 XZ 平面作为草图平面→绘制悬臂切槽截面，如图 7-20 所示→单击"完成草图"按钮 ⯐ 完成草图→返回到"拉伸"对话框，"限制"选项中选择"对称值"，输入值"7.5","布尔"选项中选择"求差",如图 7-21 所示→单击"确定"按钮，生成悬臂切槽，如图 7-22 所示。

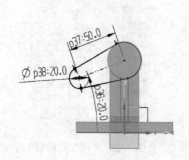

图 7-14　悬臂截面

图 7-15　"拉伸"对话框

图 7-16　悬臂生成图

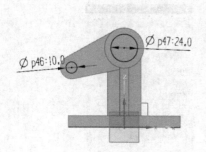

图 7-17　悬臂孔截面

图 7-18　"拉伸"对话框

图 7-19　悬臂孔生成图

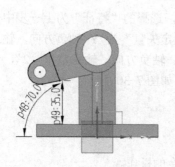

图 7-20　悬臂切槽截面

图 7-21　"拉伸"对话框

图 7-22　悬臂切槽生成图

10）单击"倒圆"按钮，弹出"边倒圆"对话框→选择底座四边，输入半径值"9"，如图 7-23 所示→单击"确定"按钮，生成倒圆，如图 7-24 所示。

11）单击"插入"→基准/点→点+，弹出"点"对话框，设置 X 值为"40"，Y 值为"20"，如图 7-25 所示→单击"确定"按钮，生成点，如图 7-26 所示。

图 7-23 "边倒圆"对话框   图 7-24 倒圆生成图   图 7-25 "点"对话框

12）单击主菜单"插入"→"设计特征"→"孔" 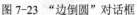 孔(H)…，弹出"孔"对话框，选择上一步生成的点（如图 7-26 所示），输入尺寸直径"10"，"布尔"选项中选择"求差"，如图 7-27 所示→单击"确定"按钮，生成孔，如图 7-28 所示。

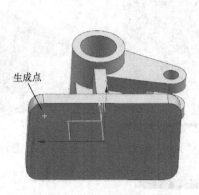

生成点

图 7-26 点生成图   图 7-27 "孔"对话框

13）单击"阵列"按钮 ，弹出"阵列特征"对话框，选择的"特征"为上一步中生成的孔，"布局"选项中选择"线性"，"方向 1"选项中"指定矢量"为 Y 轴负方向，输入数量"2"，节距"40"；"方向 2"选项中"指定矢量"为 X 轴负方向，输入数量"2"，节距"80"，如图 7-29 所示→单击"确定"按钮，生成阵列孔，如图 7-30 所示。

7.2.2 座盖建模

1. 要点提示

通过座盖建模，熟悉实体相贯及"三角形加强筋"命令的操作。

2. 操作步骤

1）启动 UG 软件→单击"新建"命令→弹出"新建"对话框，输入名称"zuogai"，设置保存路径→单击"确定"按钮，完成新建文件。

2）单击"角色"按钮 →选择具有"完整菜单的高级模块"选项。

图 7-28 孔生成图 　　　　图 7-29 "阵列特征"对话框 　　　　图 7-30 阵列孔生成图

3）单击"资源条工具栏"中"部件导航器"按钮，选中基准坐标系，右击后选择"显示"选项。

4）单击"拉伸"按钮，弹出"拉伸"对话框→单击"绘制截面"按钮，弹出"创建草图"对话框→选择 YZ 平面作为草图平面→绘制底座截面，如图 7-31 所示→单击"完成草图"按钮 　完成草图 →返回到"拉伸"对话框，"限制"选项中选择"对称值"，输入值"50"，如图 7-32 所示→单击"确定"按钮，生成底座，如图 7-33 所示。

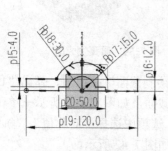

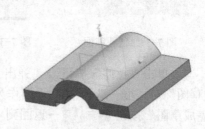

图 7-31 底座截面 　　　　图 7-32 "拉伸"对话框 　　　　图 7-33 底座生成图

5）单击"拉伸"按钮，弹出"拉伸"对话框→单击"绘制截面"按钮，弹出"创建草图"对话框→选择 XY 平面作为草图平面→绘制圆柱截面，如图 7-34 所示→单击"完成草图"按钮 　完成草图 →返回到"拉伸"对话框，"开始"选项中选择"直至选定"，选择底座上表面的圆弧面，"结束"值为"70"，如图 7-35 所示→单击"确定"按钮，生成圆柱，如图 7-36 所示。

6）单击"拉伸"按钮，弹出"拉伸"对话框→单击"绘制截面"按钮，弹出"创建草图"对话框→选择 XY 平面作为草图平面→绘制通孔截面，如图 7-37 所示→单击"完成草图"按钮 完成草图→返回到"拉伸"对话框,"指定矢量"选择为"Z 轴","限制"选项中的"开始"选择"贯通",如图 7-38 所示→单击"确定"按钮,生成通孔,如图 7-39 所示。

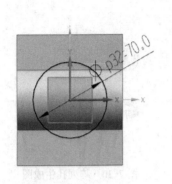

图 7-34　圆柱截面

图 7-35　"拉伸"对话框

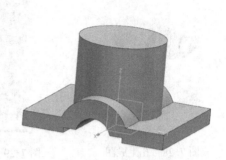

图 7-36　圆柱生成图

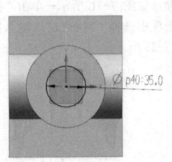

图 7-37　通孔截面

图 7-38　"拉伸"对话框

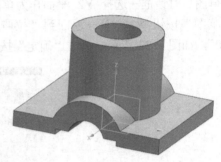

图 7-39　通孔生成图

7)单击"拉伸"按钮 ,弹出"拉伸"对话框→单击"绘制截面"按钮 ,弹出"创建草图"对话框→选择 YZ 平面作为草图平面→绘制缺口槽截面,如图 7-40 所示→单击"完成草图"按钮 完成草图→返回到"拉伸"对话框,"限制"选项中选择"对称值",输入值"50",如图 7-41 所示→单击"确定"按钮,生成缺口槽,如图 7-42 所示。

8)单击"拉伸"按钮 ,弹出"拉伸"对话框→单击"绘制截面"按钮 ,弹出"创建草图"对话框→选择 XZ 平面作为草图平面→绘制侧面通孔截面,如图 7-43 所示→单击"完成草图"按钮 完成草图→返回到"拉伸"对话框,"限制"选项中选择"贯通","布尔"选项中选择"求差",如图 7-44 所示→单击"确定"按钮,生成侧面通孔,如图 7-45 所示。

9)单击菜单"插入"→选择"基准/点"→选择"点" 点,弹出"点"对话框,设置 X 值为"40",Y 值为"50",如图 7-46 所示→单击"确定"按钮,生成基准点,如图 7-47 所示。

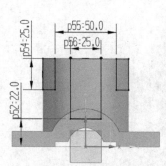

图 7-40　缺口槽截面

图 7-41　"拉伸"对话框

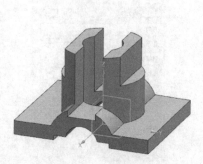

图 7-42　缺口槽生成图

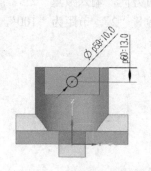

图 7-43　侧面通孔截面

图 7-44　"拉伸"对话框

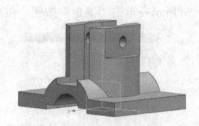

图 7-45　侧面通孔生成图

10）单击菜单"插入"→选择"设计特征"→选择"孔" 孔(H)…，弹出"孔"对话框，选择上一步生成的基准点（如图 7-47 所示），尺寸直径为"10"，"布尔"选项中选择"求差"，如图 7-48 所示→单击"确定"按钮，生成孔，如图 7-49 所示。

图 7-46　"点"对话框

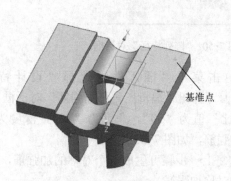

图 7-47　点生成图

图7-48 "孔"对话框

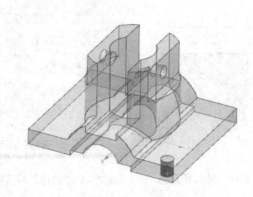

图7-49 孔生成图

11）单击"阵列"按钮 ，弹出"阵列特征"对话框，选择的特征为上一步生成的孔，"布局"选择"线性"，"方向1"选项中"指定矢量"为X轴负方向，输入数量"2"，节距为"80"，"方向2"选项中"指定矢量"为Y轴负方向，输入数量"2"，节距为"100"，如图7-50所示→单击"确定"按钮，生成阵列孔，如图7-51所示。

图7-50 "阵列特征"对话框

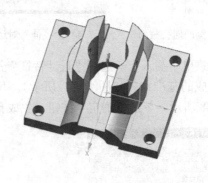

图7-51 阵列孔生成图

12）单击菜单"插入"→选择"设计特征"→单击"三角形加强筋"按钮 三角形加强筋(D)... ，弹出"编辑三角形加强筋"对话框，如图7-52所示，选择底座面和圆柱面，"弧长百分比"值为"50"，角度为"10"，深度为"15"，半径为"5"→单击"确定"按钮，生成加强筋，如图7-53所示。

13）重复上一步骤可生成一个对称的加强筋，生成的坐盖如图7-54所示（也可采镜像方法复制出对称加强筋）。

234

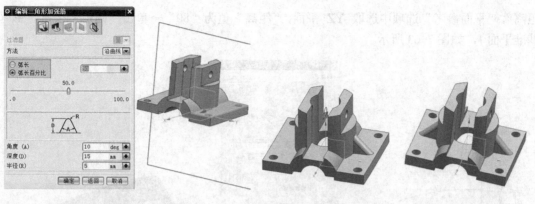

图 7-52　编辑三角形加强筋　　　　图 7-53　加强筋生成图　　　图 7-54　坐盖生成图

7.3　典型零件构建实操

7.3.1　鼠标壳建模

1. 要点提示

通过鼠标壳建模，熟悉"网格曲线"命令，加深对曲面构建操作的理解；重点掌握"曲线网格"的选线技巧，并能达到举一反三的效果。

2. 操作步骤

1）启动 UG 软件→单击"新建"命令→弹出"新建"对话框，输入名称"shubiaoke"，设置保存路径→单击"确定"按钮，完成新建文件。

2）单击"角色"按钮 ⚫→选择具有"完整菜单的高级模块"选项。

3）单击资源条工具栏中"部件导航器"按钮 ⬚→选中基准坐标系，右击后选择"显示"选项。

4）单击"拉伸"按钮 ⬚，弹出"拉伸"对话框→单击"绘制截面"按钮 ⬚，弹出"创建草图"对话框→选择 XY 平面作为草图平面→绘制鼠标边缘截面，如图 7-55 所示→单击"完成草图"按钮 ⬚ 完成草图→返回到"拉伸"对话框，设置"开始"值为"0"，"结束"值为"28"，设置"体类型"为"片体"，如图 7-56 所示→单击"确定"按钮，生成鼠标边缘片体，如图 7-57 所示。

5）单击"拉伸"按钮 ⬚，弹出"拉伸"对话框→单击"绘制截面"按钮 ⬚，弹出"创建草图"对话框→选择 XZ 平面作为草图平面→绘制鼠标侧面脊线，如图 7-58 所示→单击"完成草图"按钮 ⬚ 完成草图→返回到"拉伸"对话框，设置"开始"值为"0"，"结束"值为"40"，"布尔"选项中选择"求差"，选择上一步中生成的片体，如图 7-59 所示→单击"确定"按钮，生成求差片体，如图 7-60 所示。

6）单击菜单"插入"→单击"在任务环境中绘制草图"按钮 ⬚，弹出"创建草图"对话框→选择 XZ 平面作为草图平面→绘制鼠标中脊线，如图 7-61 所示→单击"完成草图"按钮，生成鼠标中脊线，如图 7-62 所示。

7）单击"基准平面"按钮 ⬚，弹出"基准平面"对话框，"类型"选项中选择"按某一

235

距离","平面参考"选项中选取 YZ 平面,"距离"值为"80"→单击"确定"按钮,生成基准平面1,如图 7-63 所示。

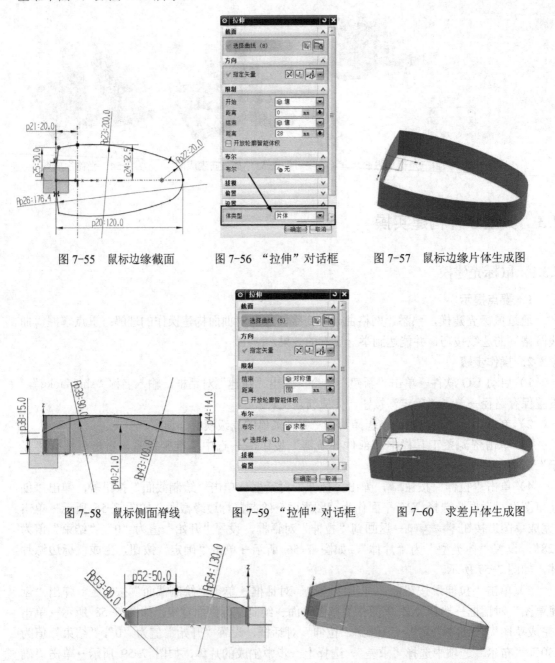

图 7-55 鼠标边缘截面　　　图 7-56 "拉伸"对话框　　　图 7-57 鼠标边缘片体生成图

图 7-58 鼠标侧面脊线　　　图 7-59 "拉伸"对话框　　　图 7-60 求差片体生成图

图 7-61 鼠标中脊线　　　　　　　　图 7-62 鼠标中脊线生成图

8)单击菜单"插入"→单击"在任务环境中绘制草图"按钮🗗,弹出"创建草图"对话框→选择上一步中创建的平面作为草图平面→绘制鼠标横骨架的线1,如图 7-64 所示→单击"完成草图"按钮。

236

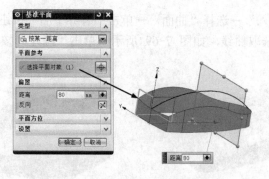

图 7-63　基准平面 1 生成图

9）创建基准平面 2 的方法与步骤 7）相同，单击"基准平面"按钮□，弹出"基准平面"对话框，"类型"选项中选择"按某一距离"，"平面参考"选项中选取 YZ 平面，"距离"值为"115"→单击"确定"按钮，生成基准平面 2，如图 7-65 所示。

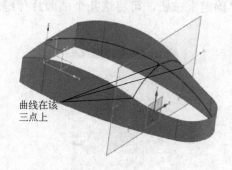

图 7-64　鼠标横骨架的线 1

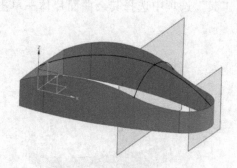

图 7-65　基准平面 2 生成图

10）单击菜单"插入"→单击"在任务环境中绘制草图"按钮□→选择上一步中创建的平面作为草图平面→绘制鼠标尾部横骨架的线 2，如图 7-66 所示→单击"完成草图"按钮。

11）单击"曲线网格"按钮□，弹出"曲线网格"对话框→选择主曲线与交叉曲线（主曲线 4 为弧线端点），如图 7-67 所示→单击"确定"按钮，生成鼠标壳曲面，如图 7-68 所示。

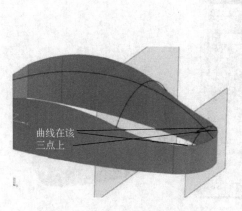

图 7-66　鼠标尾部横骨架的线 2

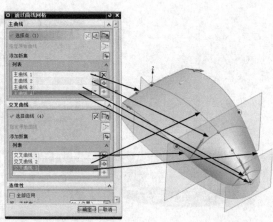

图 7-67　选择主曲线与交叉曲线

12）单击菜单"插入"→选择"曲面"→单击"有界平面"按钮▣，弹出"有界平面"对话框，"平截面"中选取曲线，如图 7-69 所示→单击"确定"按钮，生成有界平面，如图 7-70 所示。

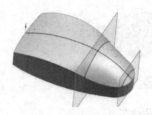

图 7-68　鼠标壳曲面生成图　　　　　图 7-69　选择平截面

13）单击菜单"插入"→选择"组合"→单击"缝合"按钮▥，弹出"缝合"对话框（如图 7-71 所示），"类型"选项中选择"片体"，"目标"选项中选择其中一个曲面片体，"工具"选项中选择其余曲面片体→单击"确定"按钮，可将这几个曲面片体缝合成实体。

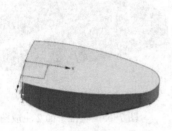

图 7-70　有界平面生成图　　　　　图 7-71　"缝合"对话框

14）单击"倒圆"按钮▦，弹出"边倒圆"对话框→选择需倒圆的边（如图 7-72 所示），"半径 1"为"5"（如图 7-73 所示）→单击"确定"按钮，生成倒圆角，如图 7-74 所示。

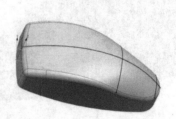

图 7-72　选择倒圆的边　　　图 7-73　"边倒圆"对话框　　　图 7-74　倒圆角生成图

238

15）单击"拉伸"按钮 ▢，弹出"拉伸"对话框→单击"绘制截面"按钮 ▤，弹出"创建草图"对话框→选择 XZ 平面作为草图平面→绘制鼠标底截面，如图 7-75 所示→单击"完成草图"按钮 ▧ 完成草图 →返回到"拉伸"对话框，设置"开始"值为"0"，"结束"值为"40"，"布尔"选项中选择"求差"，如图 7-76 所示→单击"确定"按钮，生成鼠标底实体，如图 7-77 所示。

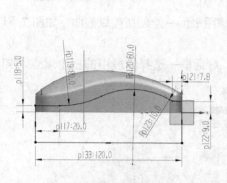
图 7-75 鼠标底截面

图 7-76 "拉伸"对话框

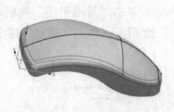
图 7-77 鼠标底实体生成图

16）单击"抽壳"按钮 ▧，弹出"抽壳"对话框，"类型"选项中选择"移除面，然后抽壳"，选取上壳底面，厚度为"2"，如图 7-78 所示→单击"确定"按钮，生成鼠标壳，如图 7-79 所示。

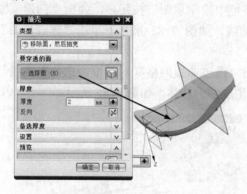
图 7-78 抽壳

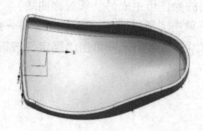
图 7-79 鼠标壳生成图

7.3.2　香水盖及瓶体建模

1．要点提示

通过香水盖建模，进一步熟悉"通过曲线网格""有界平面""扫掠"等命令的操作，学习装配止扣的设计方法。

2．操作步骤

1）启动 UG 软件→单击"新建"命令→弹出"新建"对话框，输入名称"xiangshuigai"，设置保存路径→单击"确定"按钮，完成新建文件。

2）单击资源条工具栏中"角色"按钮 ▧ →选择"具有完整菜单的高级模块"选项。

3）单击资源条工具栏中"部件导航器"按钮🔲→选中基准坐标系，右击后选择"显示"选项。

4）单击菜单"插入"→单击"在任务环境中绘制草图"按钮🔲，弹出"创建草图"对话框→选择 XY 平面作为草图平面→绘制瓶盖横截面，如图 7-80 所示→单击"完成草图"按钮。

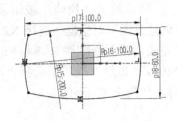

图 7-80　瓶盖横截面

5）单击菜单"插入"→单击"在任务环境中绘制草图"按钮🔲，弹出"创建草图"对话框→选择 YZ 平面作为草图平面→绘制瓶盖纵截面，如图 7-81 所示→单击"完成草图"按钮。

6）单击"基准平面"按钮🔲→弹出"基准平面"对话框→选择线段中的三个端点，如图 7-82 所示→单击"确定"按钮，生成绘制草图平面。

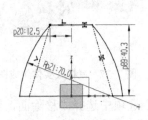

图 7-81　瓶盖纵截面

图 7-82　绘制草图平面生成图

7）单击菜单"插入"→单击"在任务环境中绘制草图"按钮🔲，弹出"创建草图"对话框→选择上一步中绘制的草图平面→绘制曲线，如图 7-83 所示→单击"完成草图"按钮（以相同的操作可生成另一条对称曲线）。

8）单击"通过曲线网格"按钮🔲→弹出"通过曲线网格"对话框，选择主曲线与交叉曲线，如图 7-84 所示→单击"确定"按钮，生成曲面片体，如图 7-85 所示。

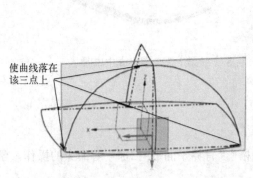

使曲线落在该三点上

图 7-83　曲线

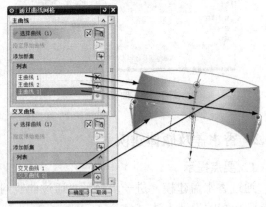

图 7-84　选择主曲线与交叉曲线

9）单击"通过曲线网格"按钮🔲→弹出"通过曲线网格"对话框，选择主曲线与交叉曲线（主曲线 1 和主曲线 3 为直线端点），如图 7-86 所示→单击"确定"按钮，生成曲面，如图 7-87 所示。

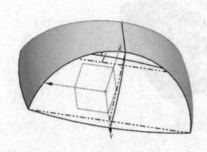

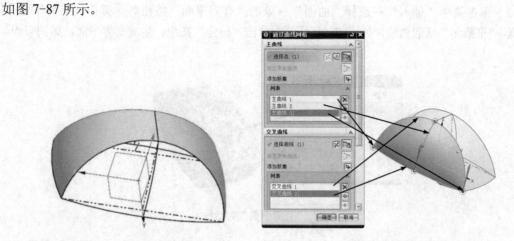

图 7-85　曲面片体生成图　　　　　　　　　图 7-86　选择主曲线与交叉曲线

10）单击"实例几何体"按钮 ，弹出"实例几何体"对话框，"类型"选项中选择
"镜像"，在"要生成实例的几何特征"选项中选择上一步生成的曲面，"镜像平面"选择为
XZ 平面，如图 7-88 所示→单击"确定"按钮，生成镜像曲面，如图 7-89 所示。

图 7-87　曲面生成图　　　　　　　　　图 7-88　"实例几何体"对话框

11）单击菜单"插入"→选择"组合"→单击"缝合"按钮 ，弹出"缝合"对话框，
"类型"选项中选择"片体"，"目标"选项中选择一个片体，"工具"选项中选择其余所有片
体，如图 7-90 所示→单击"确定"按钮，生成缝合片体。

图 7-89　镜像曲面生成图　　　　　　　　　图 7-90　"缝合"对话框

12）单击菜单"插入"→选择"曲面"→单击"有界平面"按钮 📇，弹出"有界平面"
对话框，"平截面"选取曲线，如图 7-91 所示→单击"确定"按钮，生成有界平面，如图 7-92
所示。

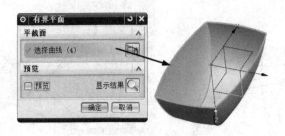

图 7-91 "有界平面"对话框

13）单击菜单"插入"→选择"组合"→单击"缝合"按钮 🔲，弹出"缝合"对话框，
"类型"选项中选择片体，"目标"选项中选择其中一个曲面片体，"工具"选项中选择其余
曲面片体，如图 7-93 所示→单击"确定"按钮，生成缝合实体。

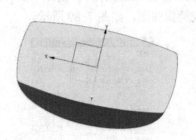

图 7-92 有界平面生成图

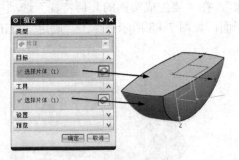

图 7-93 "缝合"对话框

14）单击"边倒圆"按钮 🖌，弹出"边倒圆"对话框，选择体的两条边，"半径 1"为
"3"，如图 7-94 所示→单击"确定"按钮，生成边倒圆，如图 7-95 所示。

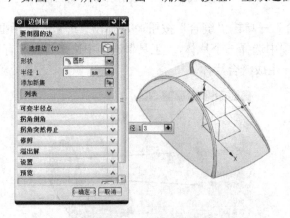

图 7-94 "边倒圆"对话框

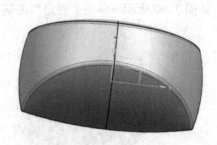

图 7-95 边倒圆生成图

15）单击"抽壳"按钮 🗐→弹出"抽壳"对话框，"要穿透的面"选择底平面，"厚度"
为"1"，如图 7-96 所示→单击"确定"按钮，生成抽壳壳体，如图 7-97 所示。

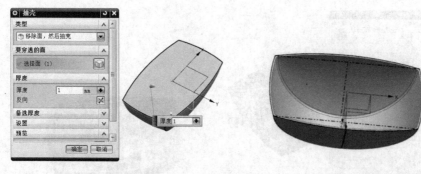

图 7-96 "抽壳"对话框   图 7-97 抽壳壳体生成图

16）单击"拉伸"按钮■，弹出"拉伸"对话框→单击"绘制截面"按钮■，弹出"创建草图"对话框→选择 XY 平面作为草图平面→绘制盖孔截面，如图 7-98 所示→单击"完成草图"按钮 ■完成草图→返回到"拉伸"对话框，设置"开始"值为"0"，"结束"值选择"直至下一个"，"布尔"选择"求和"，如图 7-99 所示→单击"确定"按钮，生成盖孔，如图 7-100 所示。

图 7-98 盖孔截面   图 7-99 "拉伸"对话框   图 7-100 盖孔生成图

17）单击菜单"插入"→选择"曲线"→单击"螺旋线"按钮■，弹出"螺旋线"对话框："类型"选择为"沿矢量"；"方位"选择为"基准坐标系"；"大小"选择为"直径"，"规律类型"为"恒定"，值为"39"；螺距"规律类型"为"恒定"，值为"4"；长度"方法"为"圈数"，值为"4"，如图 7-101 所示→单击"确定"按钮，生成螺旋线，如图 7-102 所示。

18）单击菜单"插入"→单击"在任务环境中绘制草图"按钮■，弹出"创建草图"对话框→选择 XZ 平面作为草图平面→绘制矩形截面，如图 7-103 所示→单击"完成草图"按钮。

19）单击"扫掠"按钮■，弹出"扫掠"对话框，"截面"选择上一步中生成的草图，"引导线"选择上一步中生成的螺旋线，如图 7-104 所示→单击"确定"按钮，生成矩形螺纹，如图 7-105 所示。

为拓展学生结构设计的能力，以下仅给出香水瓶瓶体的设计流程概要，见表 7-1。

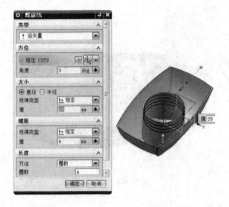

图 7-101 "螺旋线"对话框　　　　　图 7-102 螺旋线生成图

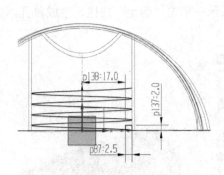

图 7-103 矩形截面

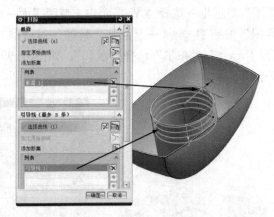

图 7-104 "扫掠"对话框

图 7-105 矩形螺纹生成图

表 7-1 香水瓶瓶体的设计流程概要

工作序号	主要使用命令	步骤内容	工作流程图例	
1	拉伸	为保证旋紧香水瓶瓶盖时，瓶盖与瓶体上下对齐，在香水瓶瓶盖上面设计止位块A部分，绘制其截面		止块A

244

工作序号	主要使用命令	步骤内容	工作流程图例
2	拉伸	为保证瓶盖与瓶体一致，以香水瓶瓶盖底面为基准，拉伸香水瓶瓶体，高度为60	
3	拉伸	绘制香水瓶瓶颈，高度为20	
4	抽壳	对香水瓶瓶体抽壳，厚度为1.5	
5	螺旋线	绘制香水瓶瓶口螺旋线	
6	草绘	绘制螺纹截面	

工作序号	主要使用命令	步骤内容	工作流程图例
7	扫掠	完成螺纹扫掠	
8	求和	对螺纹和香水瓶求和	
9	拉伸	绘制止位块 B 的截面，拉伸高度为 1	
10	剪切获得工作截面	查看装配间隙	

7.3.3　心形曲面建模及心形饰件设计

1. 要点提示

通过心形曲面建模及心形饰件设计，学习曲面建模及由理论曲面转化为实体的操作技术；通过实际产品零件的设计，深入学习具体的结构设计，熟悉装配卡扣的构建操作。

2．操作步骤

1）启动 UG 软件→单击"新建"命令，新建文件→弹出"新建"对话框，输入名称"heart"，设置保存路径，如图 7-106 所示→单击"确定"按钮，完成新建文件。

2）单击资源条工具栏中"角色"按钮🔧→选择"具有完整菜单的高级模块"选项。

3）单击资源条工具栏中"部件导航器"按钮📂→选中基准坐标系，右击后选择"显示"选项。

4）单击菜单"插入"→单击"在任务环境中绘制草图"按钮🗒️，弹出"创建草图"对话框，如图 7-107 所示→选择 YZ 平面作为草图平面→绘制心形截面，如图 7-108 所示→单击"完成草图"按钮。

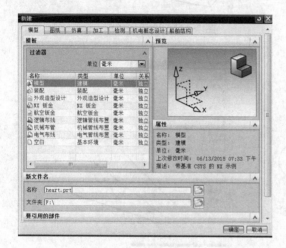

图 7-106　新建文件

图 7-107　选择草绘平面

5）单击菜单"插入"→单击"在任务环境中绘制草图"按钮🗒️，弹出"创建草图"对话框→选择 XZ 平面作为草图平面→绘制纵骨架截面，如图 7-109 所示→单击"完成草图"按钮。

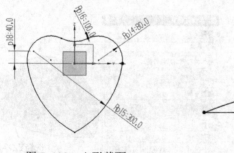

图 7-108　心形截面

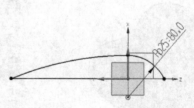

图 7-109　纵骨架截面

6）单击菜单"插入"→单击"在任务环境中绘制草图"按钮🗒️，弹出"创建草图"对话框→选择 XY 平面作为草图平面→绘制横骨架截面，如图 7-110 所示→单击"完成草图"按钮，生成曲线，如图 7-111 所示。

7）单击"通过曲线网格"按钮🗒️→弹出"通过曲线网格"对话框，选择主曲线（如

247

图 7-112 所示），选择交叉曲线（如图 7-113 所示）→单击"确定"按钮，生成曲面，如图 7-114 所示。

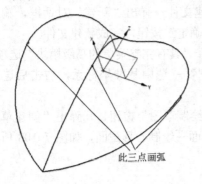

图 7-110　横骨架截面

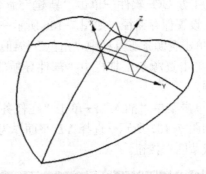

图 7-111　曲线生成图

图 7-112　选择主曲线

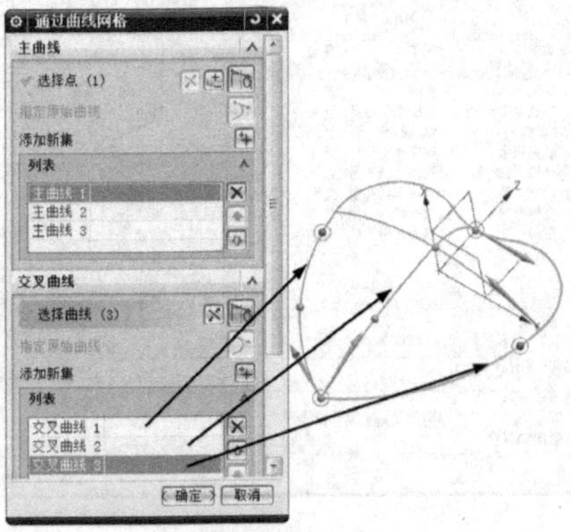

图 7-113　选择交叉曲线

8）单击"实例几何体"按钮 ⚒，弹出"实例几何体"对话框："类型"选择"镜像"，"要生成实例的几何特征"选择上一步中生成的曲面，"镜像平面"为 YZ 平面，如图 7-115 所示→单击"确定"按钮，生成镜像曲面，如图 7-116 所示。

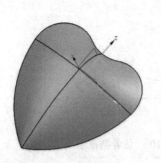

图 7-114　曲面生成图

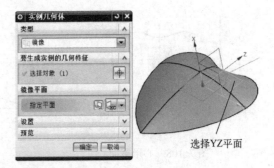

图 7-115　"实例几何体"对话框

9）单击菜单"插入"→选择"组合"→单击"缝合"按钮 ⬓，弹出"缝合"对话框："类型"选择"片体"；"目标"选择其中一个曲面片体，如图 7-117 所示；"工具"选择另一个片体，如图 7-118 所示→单击"确定"按钮，生成心形实体，如图 7-119 所示。

图 7-116　镜像曲面生成图

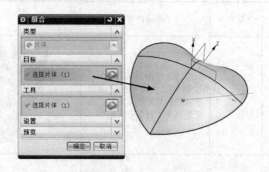

图 7-117　"缝合"对话框

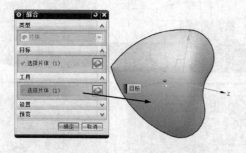

图 7-118　"缝合"对话框

图 7-119　心形实体生成图

10）单击菜单"插入"→选择"偏置/缩放"→单击"缩放体"按钮，弹出"缩放体"对话框："体"选择"心形实体"，"比例因子"为"0.1"→单击"确定"按钮，缩小心形实体。

为拓展学生结构设计的能力，以下仅给出心形饰件下、上部分设计流程概要，分别见表 7-2 和表 7-3。

表 7-2　心形饰件下半部分设计流程概要

工作序号	重要命令	步骤内容	工作流程图例
1	拆分体	拆分心形模型为上、下两部分	
2	抽壳	隐藏上半部分，完成下半部分抽壳，厚度为1	

工作序号	重要命令	步骤内容	工作流程图例
3	拉伸	以 XZ 平面为草图平面，绘制装配卡扣轴径向截面前，拉伸起始距离为-1，结束距离为"直至下一个"	
4	回转	绘制装配卡扣轴轴向截面	
5	拉伸	绘制均布弹性槽截面，宽度为 1，通过求差方式生成均布弹性槽	
6	拉伸	绘制定位孔截面，拉伸中的结束距离为"直至下一个"	
7	边倒圆	对卡扣倒圆角，圆角半径为 0.2	
8	脱模	对定位孔脱模，其脱模斜度为-1.5°	

表 7-3　心形饰件上半部分设计流程概要

工作序号	主要使用命令	步骤内容	工作流程图例
1	抽壳	隐藏下半部分，完成上半部分抽壳，厚度为 1	
2	拉伸	为保证卡扣轴与卡扣套位置一致，参照下半部分心形草图，以 YZ 平面作为草绘平面，绘制卡扣套截面，拉伸中的结束距离为"直至下一个"	
3	拉伸	保证定位柱与定位孔一致，参照下半部分心形草图，以 YZ 平面作为草绘平面，绘制定位轴截面，拉伸中的开始为"-2"，结束距离为"直至下一个"，脱模斜度为-1.5°	
4	偏置面	两个定位柱外表面向内偏置 0.1	
5	倒斜角	对定位柱端面倒斜角，距离为 0.3	

工作序号	主要使用命令	步骤内容	工作流程图例
6	回转	绘制卡环	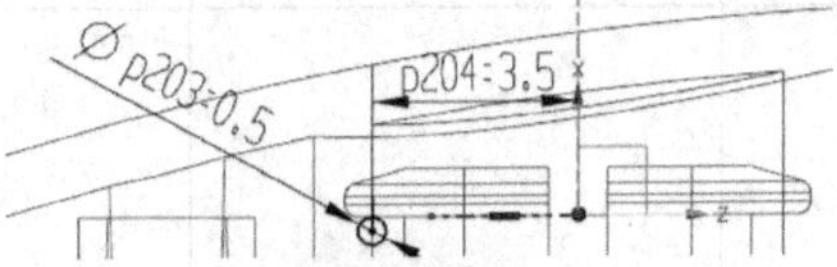 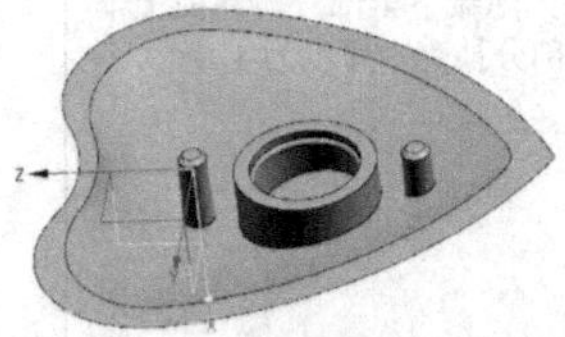
7	剪切得到工作截面	查看装配效果	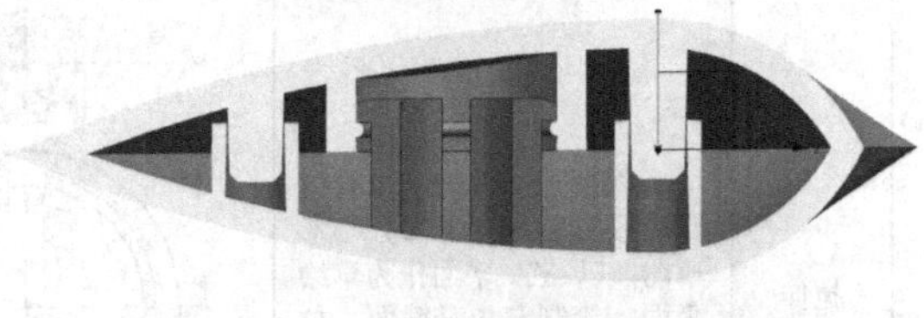
8	边倒圆	对心形饰件上、下两部分倒圆角，形成拆缝，方便拆卸	

7.4 多味宝产品逆向设计建模

7.4.1 产品建模规划

本部分内容参见 6.5.1 产品建模规划两部分。

7.4.2 多味宝产品整体式毛坯构建

操作步骤如下：

1）启动 UG 软件→单击"新建"命令→弹出"新建"对话框，输入名称"asm"，设置保存路径→单击"确定"按钮，完成新建文件。

2）单击资源条工具栏中的"角色"按钮 →选择"具有完整菜单的高级模块"选项。

3）单击资源条工具栏中的"部件导航器"按钮 →选中基准坐标系，右击后选择"显示"选项。

4）单击"拉伸"按钮 ，弹出"拉伸"对话框→单击"绘制截面"按钮 ，弹出"创建草图"对话框→选择 XY 平面作为草图平面→绘制多味宝截面，如图 7-120 所示→单击"完成草图"按钮 →返回到"拉伸"对话框，设置拉伸方向为反向，"开始"值为

"-5"，"结束"值为"70"→单击"确定"按钮，生成多味宝基体，如图7-121所示。

5）单击"修剪"按钮→选择"拆分体"按钮，弹出"拆分体"对话框，选中上一步拉伸的实体并将其作为拆分体目标，选中 XY 平面作为工具平面，→单击"确定"按钮，生成拆分体，如图7-122所示。

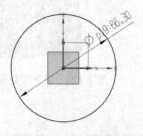  

图 7-120　多味宝截面　　　图 7-121　多味宝基体生成图　　图 7-122　拆分体生成图

6）单击"装配导航器"按钮→单击"sam"再右击→选择"WAVE"→选择"新建级别"（如图7-123所示），弹出"新建级别"对话框，指定部件名为"box"，单击"类选择"按钮，选择 XY 平面下方的实体部分，如图7-124所示→单击"确定"按钮。

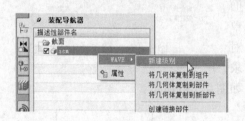 

图 7-123　创建部件 box　　　　　　　　图 7-124　复制基体到 box 部件中

7）同样的方法可将 XY 平面上方的实体复制到 cover。单击"sam"再右击→选择"WAVE"→选择"新建级别"，在弹出的"新建级别"对话框中指定部件名为"cover"，单击"类选择"按钮，选择 XY 平面上方的实体部分，如图7-125所示→单击"确定"按钮。

8）单击"部件导航器"按钮，回到部件导航器中→单击"格式"→选择"移动至图层"弹出"类选择"对话框，选择分割的两个实体，如图7-126所示→单击"确定"按钮→弹出"图层移动"对话框，如图7-127所示→在"目标图层或类别"中输入"2"→单击"确定"按钮，把两个实体移动至图层2中，并在"图层设置"中关闭图层2。

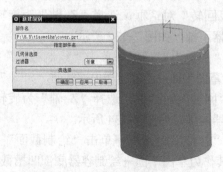  

图 7-125　创建部件 cover　　　　　　　　图 7-126　移动至图层

9）单击"装配导航器"按钮，其中"asm"为多味宝总装配件，"box""cover"为多味宝的两个部件，如图 7-127 所示。

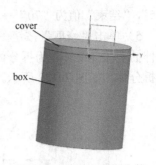

图 7-127　多味宝装配文件

7.4.3　容器构建

1. 容器的测绘工程图

容器的测绘工程图参见本书第 6 章的图 6-279。

2. 操作步骤

1）单击"box"部件再右击→选择"设为显示部件"，打开 box 部件。

2）单击菜单"插入"→选择"基准/点"→选择"基准 CSYS"→单击"确定"按钮，创建基准坐标系，如图 7-128 所示。

3）单击工具栏中的"回转"按钮，弹出"回转"对话框→单击"绘制截面"按钮，弹出"创建草图"对话框→选择 XZ 平面作为草图平面→绘制容器上部台阶截面，如图 7-129 所示→单击"完成草图"按钮→返回到"回转"对话框，选择"Z 轴"为旋转轴，"布尔"为"求差"→单击"确定"按钮，生成容器上部台阶，如图 7-130 所示。

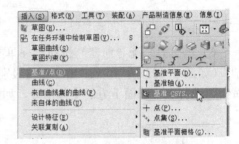

图 7-128　创建基准坐标系

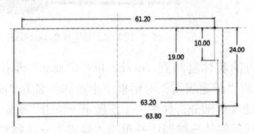

图 7-129　容器上部台阶截面

图 7-130　容器上部台阶生成图

4）单击工具栏中的"回转"按钮，弹出"回转"对话框→单击"绘制截面"按钮，弹出"创建草图"对话框→选择 XZ 平面作为草图平面→绘制容器下部截面，如图 7-131 所示→单击"完成草图"按钮→返回到"回转"对话框，选择"Z 轴"为旋转轴，"布尔"为"求差"→单击"确定"按钮，生成容器下部，如图 7-132 所示。

5）单击工具栏中的"回转"按钮，弹出"回转"对话框→单击"绘制截面"按钮，弹出"创建草图"对话框→选择 XZ 平面作为草图平面→绘制容器内部截面，如图 7-133 所示→单击"完成草图"按钮→返回到"回转"对话框，选择"Z 轴"为旋转轴，"布尔"为"求差"→单击"确定"按钮，生成容器内部，如图 7-134 所示。

6）单击工具栏中的"拉伸"按钮，弹出"拉伸"对话框→单击"绘制截面"按钮，弹出"创建草图"对话框→选择容器底面将其作为草图平面→绘制容器底部凹槽截面，如图 7-135 所示→单击"完成草图"按钮→返回到"拉伸"对话框，设置拉伸方向为反向，"开始"值为"0"，"结束"值为"1.5"，"布尔"为"求差"→单击"确定"按钮，生成底部凹槽，如图 7-136 所示。

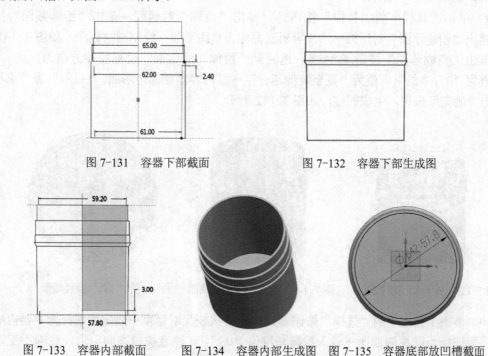

图 7-131　容器下部截面　　　　　　　　图 7-132　容器下部生成图

图 7-133　容器内部截面　　图 7-134　容器内部生成图　图 7-135　容器底部放凹槽截面

7）单击工具栏中的"面倒圆"按钮，弹出"面倒圆"对话框→选择"类型"为"三个定义面链"→选择三个面链，如图 7-137 所示→单击"确定"按钮，生成全圆角，如图 7-138 所示。

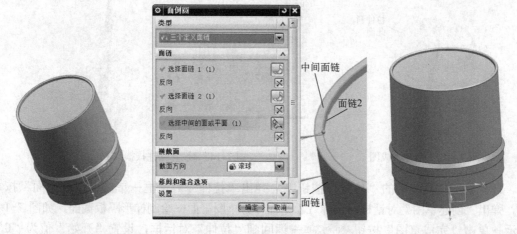

图 7-136　容器底部凹槽生成图　　　　图 7-137　选择面链　　　　　图 7-138　全圆角生成图

8）单击工具栏中的"拉伸"按钮，弹出"拉伸"对话框→单击"绘制截面"按钮，弹出"创建草图"对话框→选择 XZ 平面作为草图平面→绘制配合功能槽截面，如图 7-139 所示→单击"完成草图"按钮 完成草图 →返回到"拉伸"对话框，设置"开始"

值为"0","结束"值为"贯通","布尔"为"求差",→单击"确定"按钮,生成配合功能槽,如图 7-140 所示。

9)单击工具栏中的"拉伸"按钮▥,弹出"拉伸"对话框→单击"绘制截面"按钮▨,弹出"创建草图"对话框→选择容器底面作为草图平面→绘制圆柱截面,如图 7-141 所示→单击"完成草图"按钮▧完成草图→返回到"拉伸"对话框,设置拉伸方向为反向,"开始"值为"0","结束"值为"直至延伸部分"→单击容器顶部环形面,"布尔"为"求和"→单击"确定"按钮,生成圆柱,如图 7-142 所示。

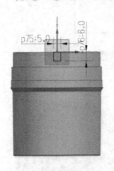

图 7-139 配合功能槽截面　　图 7-140 配合功能槽生成图　　图 7-141 圆柱截面

10)单击工具栏中的"拔模"按钮◉,弹出"拔模"对话框→固定面选择为容器内底面→拔模面选择为圆柱侧曲面→输入拔模角度值"0.2°",注意拔模方向向上,底部不变,上部变小→单击"确定"按钮,如图 7-143 所示→单击"确定"按钮。

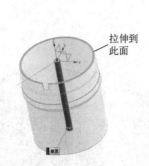

图 7-142 圆柱生成图　　　　　图 7-143 设置圆柱拔模参数

11)单击工具栏中的"拉伸"按钮▥,弹出"拉伸"对话框→单击"绘制截面"按钮▨,弹出"创建草图"对话框→选择 YZ 平面作为草图平面→绘制梯形隔板截面,如图 7-144 所示→单击"完成草图"按钮▧完成草图→返回到"拉伸"对话框,设置"开始"值为"0","结束"值为"直至延伸部分"→单击容器内部环形面,"布尔"为"无"→单击"确定"按钮,生成梯形隔板,如图 7-145 所示。

12)单击工具栏中的"实例几何体"按钮♣,弹出"实例几何体"对话框:"类型"选择为"旋转","要生成实例几何体特征"选择为上一步中拉伸生成的隔板,选择"Z 轴"为旋转轴，角度为"45°"，副本数为"1"，如图 7-146 所示→单击"确定"按钮，生成复制隔板 1，如图 7-147 所示。

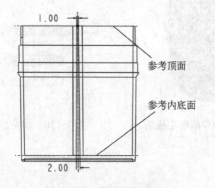

图 7-144　梯形隔板截面

图 7-145　梯形隔板生成图

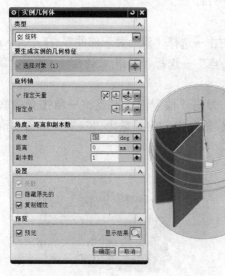

图 7-146　设置实例几何体参数

图 7-147　复制隔板 1 生成图

13）单击工具栏中的"实例几何体"按钮，弹出"实例几何体"对话框："类型"选择为"旋转"，"要生成实例几何体特征"选择上一步中拉伸生成的隔板，选择"Z 轴"为旋转轴，角度为"-60°"，副本数为"1"，如图 7-148 所示→单击"确定"按钮，生成复制隔板 2，如图 7-148 所示。

14）单击工具栏中的"实例几何体"按钮，弹出"实例几何体"对话框："类型"选择为"镜像"，"要生成实例几何体特征"选择已生成的隔板，"镜像平面"选择 YZ 平面→单击"确定"按钮生成镜像隔板，如图 7-149 所示。

15）单击工具栏中的"求和"按钮，"目标体"选择为容器，"工具体"选择为隔板→单击"确定"按钮。

16）完成容器构建后单击"装配导航器"按钮→单击"box"，在弹出的快捷菜单中右击→选择"显示父项"→选择"asm"，如图 7-150 所示，回到总装配→双击"asm"激活总装配图。

图 7-148　复制隔板 2 生成图　　　图 7-149　镜像隔板生成图　　　图 7-150　回到总装配

7.4.4　盒盖构建

1. 盒盖的测绘工程图

盒盖的测绘工程图参见本书第 6 章的图 6-312。

2. 操作步骤

1）单击图 7-125 创建的部件"cover"→右击→选择"设为显示部件"，打开 cover 部件。

2）单击菜单"插入"菜单→选择"基准/点"→选择"基准 CSYS"→单击"确定"按钮，创建基准坐标系。

3）单击工具栏中的"偏置面"按钮，弹出"偏置面"对话框→单击盒盖底面，如图 7-151 所示→输入偏置距离"24"，即向 Z 轴负方向偏置量为"24"→单击"确定"按钮，生成盒盖基体，如图 7-152 所示。

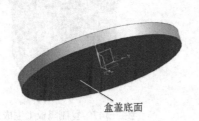

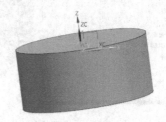

图 7-151　选择盒盖底面　　　　　　图 7-152　盒盖基体生成图

4）单击工具栏中的"拉伸"按钮，弹出"拉伸"对话框→单击"绘制截面"按钮，弹出"创建草图"对话框→选择盒盖顶面作为草图平面→绘制六棱柱截面，如图 7-153 所示→单击"完成草图"按钮，返回到"拉伸"对话框，设置"开始"值为"0"，"结束"值为"1"，"布尔"为"求和"→单击"确定"按钮，生成六棱柱，如图 7-154 所示。

5）单击工具栏中的"拉伸"按钮，弹出"拉伸"对话框→单击"绘制截面"按钮，弹出"创建草图"对话框→选择六棱柱顶面作为草图平面→绘制翻板配合槽截面，如图 7-155 所示→单击"完成草图"按钮，返回到"拉伸"对话框，设置拉伸方向为 Z 轴负方向，"开始"值为"0"，"结束"值为"4"，"布尔"为"求差"→单击"确定"按钮，生成翻板配合槽，如图 7-156 所示。

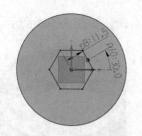

图 7-153　六棱柱截面

图 7-154　六棱柱生成图

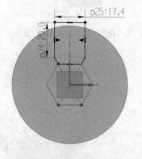

图 7-155　翻板配合槽截面

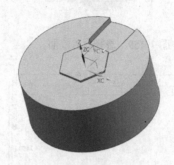

图 7-156　翻板配合槽生成图

6）单击工具栏中的"阵列特征"按钮 ，弹出"阵列特征"对话框，"特征"选择为上一步中拉伸生成的翻板配合槽，阵列"布局"为"圆形"，选择"Z 轴"为旋转轴，阵列数量为"6"，节距角为"60°"，如图 7-157 所示→单击"确定"按钮，生成阵列配合槽，如图 7-158 所示。

图 7-157　设置阵列参数特征

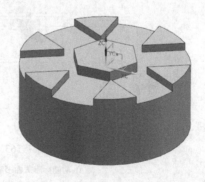

图 7-158　阵列配合槽生成图

7）单击工具栏中的"抽壳"按钮 ，弹出"抽壳"对话框，"类型"选择为移除面，单击盒盖底面（如图 7-159 所示），抽壳厚度值为"1"→单击"确定"按钮，生成盒盖抽壳，如图 7-160 所示。

8）单击工具栏中的"回转"按钮 ，弹出"回转"对话框→单击"绘制截面"按钮 ，弹出"创建草图"对话框→选择 XZ 平面作为草图平面→绘制盒盖内部截面，如图 7-161 所示→单击"完成草图"按钮 完成草图 →返回到"回转"对话框，选择"Z 轴"为旋转轴，

"布尔"为"求和"→单击"确定"按钮，生成盒盖内台阶，如图 7-162 所示。

图 7-159　选择盒盖底面

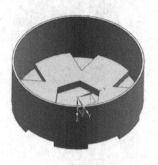

图 7-160　盒盖抽壳生成图

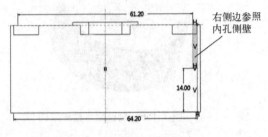

图 7-161　盒盖内部截面

图 7-162　盒盖内台阶生成图

9）单击工具栏中的"回转"按钮，弹出"回转"对话框→单击"绘制截面"按钮，弹出"创建草图"对话框→选择 YZ 平面作为草图平面→绘制功能标识截面，如图 7-163 所示→单击"完成草图"按钮→返回到"回转"对话框，选择"Z 轴"为旋转轴，"布尔"为"求和"→单击"确定"按钮，生成功能标志，如图 7-164 所示。

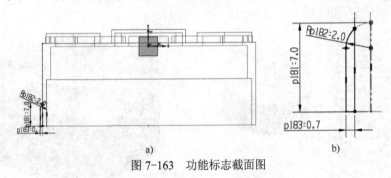

图 7-163　功能标志截面图

a) 功能标志截面缩略图　b) 功能标志截面放大图

10）单击工具栏中的"拉伸"按钮，弹出"拉伸"对话框→单击"绘制截面"按钮，弹出"创建草图"对话框→选择盒盖内底面作为草图平面，如图 7-165 所示→绘制盒盖内部加厚部分截面，如图 7-166 所示→单击"完成草图"按钮→返回到"拉伸"对话框，设置"开始"值为"0"，"结束"值为"直至延伸部分"→单击容器内三角形底部，"布尔"为"求和"→单击"确定"按钮，生成盒盖内部加厚部分，如图 7-167 所示。

图 7-164　功能标志生成图

盒盖内底面

图 7-165 选择盒盖内底面

图 7-166 盒盖内部加厚部分截面

图 7-167 盒盖内部加厚部分生成图

11) 单击工具栏中的"基准平面"按钮□→弹出"基准平面"对话框,"类型"选择为"按某一距离","平面参考"选取为 XY 平面,距离值为"1"(注意方向为 Z 轴负方向)→单击"确定"按钮,生成基准平面,如图 7-168 所示。

12) 单击工具栏中的"拉伸"按钮▥,弹出"拉伸"对话框→单击"绘制截面"按钮▧,弹出"创建草图"对话框→选择上一步创建的基准平面作为草图平面→绘制隔板配合槽截面,如图 7-169 和图 7-170 所示→单击"完成草图"按钮 ▨ 完成草图 →返回到"拉伸"对话框,设置"开始"值为"0","结束"值为"直至下一个","布尔"为"无"→单击"确定"按钮,生成隔板配合槽,如图 7-171 所示。

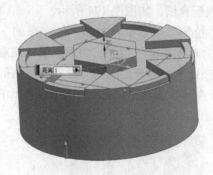

图 7-168 创建新基准平面

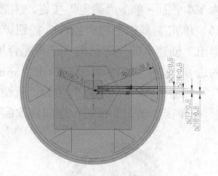

图 7-169 隔板配合槽截面缩略图

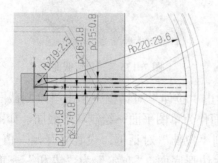

图 7-170 隔板配合槽截面放大图

图 7-171 隔板配合槽生成图

13) 单击工具栏中的"阵列特征"按钮▩,弹出"阵列特征"对话框;"特征"选择上一步中拉伸得到的隔板配合槽,阵列"布局"选择"圆形",选择"Z 轴"为旋转轴,阵列数量为"2"，节距角为"45°"→单击"确定"按钮，生成阵列隔板配合槽，如图 7-172 所示。

14）单击工具栏中的"阵列特征"按钮 <img_1>，弹出"阵列特征"对话框："特征"选择上一步中拉伸得到的隔板配合槽，阵列"布局"选择"圆形"，选择"Z 轴"为旋转轴，阵列数量为"2"，节距角为"−60°"→单击"确定"按钮，生成阵列隔板配合槽，如图 7-173 所示。

图 7-172　阵列隔板配合槽生成图（一）　　　图 7-173　阵列隔板配合槽生成图（二）

15）单击工具栏中的"镜像特征"按钮 →选择已生成的隔板配合槽为镜像特征→镜像平面为 YZ 平面→单击"确定"按钮，生成镜像隔板配合槽，如图 7-174 所示。

16）单击工具栏中的"拉伸"按钮 ，弹出"拉伸"对话框→单击"绘制截面"按钮 ，弹出"创建草图"对话框→选择配合槽顶面作为草图平面→绘制三角形截面（注意参考已有的边），如图 7-175 所示→单击"完成草图"按钮 →返回到"拉伸"对话框，设置"开始"值为"0"，"结束"值为"直至延伸部分"→单击盒盖内六边形底面，"布尔"为"求差"→单击"确定"按钮，生成修改配合槽，如图 7-176 所示。

 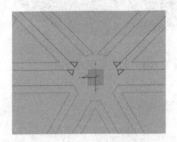

图 7-174　镜像隔板配合槽生成图　　　　　图 7-175　三角形截面

17）单击工具栏中的"拉伸"按钮 ，弹出"拉伸"对话框→单击"绘制截面"按钮 ，弹出"创建草图"对话框→选择配合槽顶面作为草图平面→绘制环形截面，如图 7-177 所示→单击"完成草图"按钮 →返回到"拉伸"对话框，设置"开始"值为"0"，"结束"值为"直至延伸部分"，单击盒盖内六边形底面，"布尔"为"求和"→单击"确定"按钮，生成修改配合槽，如图 7-178 所示。

18）单击工具栏中的"拉伸"按钮 ，弹出"拉伸"对话框→单击"绘制截面"按钮 ，弹出"创建草图"对话框→选择盒盖内底面作为草图平面，如图 7-179 所示→绘制圆弧截面，如图 7-180 所示→单击"完成草图"按钮 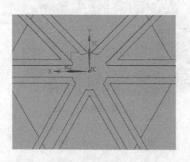完成草图→返回到"拉伸"对话框，设置"开始"值为"0"，"结束"值为"5.7"，"布尔"为"求和"→单击"确定"按钮，生成配合功能块，如图 7-181 所示。

图 7-176　修改配合槽生成图（一）

图 7-177　环形截面

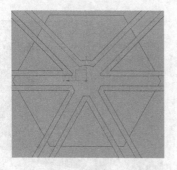

图 7-178　修改配合槽生成图（二）

图 7-179　选择盒盖内底面

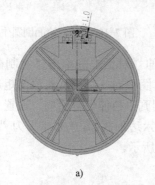

a)

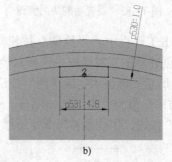

b)

图 7-180　圆弧截面

a) 圆弧截面缩略图　b) 圆弧截面放大图

19）单击工具栏中的"拔模"按钮 ，弹出"拔模"对话框，"固定面"选择为盒盖底部环形面，"拔模面"选择为盒盖侧曲面→拔模角度值为"1°"，注意拔模方向向上，底部不变，上部变小→单击"确定"按钮，完成拔模，如图 7-182 所示。

20）单击工具栏中的"面倒圆"按钮 ，弹出"面倒圆"对话框，选择"类型"为"三个定义面链"，选择三个面链，如图 7-183 所示→单击"确定"按钮，生成功能块面倒圆，如图 7-184 所示。

图 7-181　配合功能块生成图

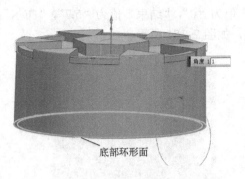

底部环形面

图 7-182　完成拔模

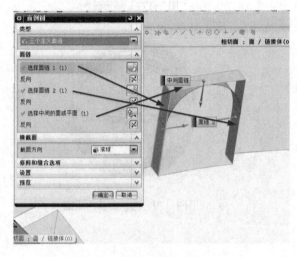

图 7-183　设置功能块面倒圆

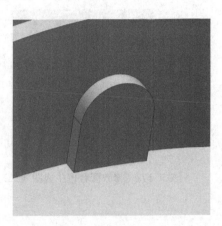

图 7-184　功能块面倒圆生成图

21）单击工具栏中的"拉伸"按钮 ▥，弹出"拉伸"对话框→单击"绘制截面"按钮 ▣，弹出"创建草图"对话框→选择六棱柱顶面作为草图平面→绘制盒盖顶部矩形槽截面，如图 7-185 所示→单击"完成草图"按钮 ◎完成草图→返回到"拉伸"对话框，设置"开始"值为"0"，"结束"值为"直至延伸部分"→单击盒盖内六边形底面，"布尔"为"求差"，→单击"确定"按钮，生成盒盖顶部矩形槽，如图 7-186 所示。

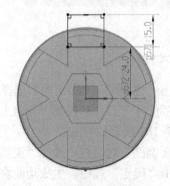

图 7-185　盒盖顶部矩形槽截面

图 7-186　盒盖顶部矩形槽生成图

22）单击工具栏中的"阵列特征"按钮 ，弹出"阵列特征"对话框，选择的"特征"为上一步拉伸得到的盒盖顶部矩形槽，阵列"布局"选择"圆形"，选择"Z 轴"为旋转轴，阵列数量为"6"，节距角为"60°"→单击"确定"按钮，生成阵列矩形槽，如图 7-187 所示。

23）单击工具栏中的"边倒圆"按钮 ，弹出"边倒圆"对话框，选择顶部六条棱边（如图 7-188 所示），输入圆角半径"2.5"→单击"确定"按钮，生成边倒圆。

图 7-187　阵列矩形槽生成图　　　　　　　　图 7-188　选择六条棱边

24）单击工具栏中的"回转"按钮 ，弹出"回转"对话框→单击"绘制截面"按钮 ，弹出"创建草图"对话框→选择 YZ 平面作为草图平面→绘制功能槽截面，如图 7-189 所示→单击"完成草图"按钮→返回到"回转"对话框，选择中心距为 25 的中心线为"旋转轴"，"布尔"为"求差"→单击"确定"按钮，生成功能槽，如图 7-190 所示。

图 7-189　功能槽截面
a）功能槽截面缩略图　b）功能槽截面放大图

25）单击工具栏中的"阵列特征"按钮 ，弹出"阵列特征"对话框，"特征"选择上一步旋转得到的功能槽，阵列"布局"选择"圆形"，选择"Z 轴"为旋转轴，阵列数量为"6"，节距角为"60°"→单击"确定"按钮，生成阵列功能槽，如图 7-191 所示。

26）单击工具栏中的"倒斜角"按钮 ，弹出"倒斜角"对话框，选择顶部六条棱边（如图 7-192 所示），选择横截面为"对称"，倒斜角距离为"0.8"→单击"确定"按钮，生成斜角。

27）单击"倒斜角"按钮 ，弹出"倒斜角"对话框，选择内孔侧边（如图 7-193 所示）→选择横截面为"偏置和角度"，倒斜角距离为"0.8"，角度"30°"→单击"确定"按钮，生成斜角。

图 7-190　功能槽生成图

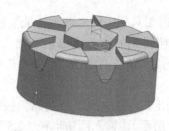

图 7-191　阵列功能槽生成图

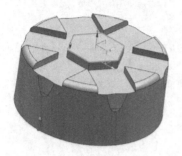

图 7-192　选择六条棱边

图 7-193　选择内孔侧边

28）单击工具栏中的"拉伸"按钮 ，弹出"拉伸"对话框→单击"绘制截面"按钮 ，弹出"创建草图"对话框→选择六棱柱顶面作为草图平面→绘制调味孔截面，如图 7-194 所示→单击"完成草图"按钮 ，返回到"拉伸"对话框，设置"开始"值为"0"，"结束"值为"贯穿"，"布尔"为"求差"→单击"确定"按钮，生成调味孔，如图 7-195 所示。

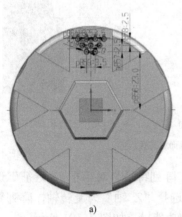

a)   b)

图 7-194　调味孔截面

a) 调味孔截面缩略图　b) 调味孔截面放大图

29）单击工具栏中的"阵列特征"按钮 ，弹出"阵列特征"对话框，"特征"选择上一步拉伸得到的调味孔，阵列"布局"选择"圆形"，选择"Z 轴"为旋转轴，阵列数量为"6"，节距角为"60°"→单击"确定"按钮，生成阵列调味孔，如图 7-196 所示。

30）单击工具栏中的"拉伸"按钮 ，弹出"拉伸"对话框→单击"绘制截面"按钮，弹出"创建草图"对话框→选择配合槽顶面为草图平面，如图 7-197 所示→绘制矩形截面，如图 7-198 所示→单击"完成草图"按钮 ![完成草图] →返回到"拉伸"对话框，设置"开始"值为"0"，"结束"值为"直至延伸部分"→选择盒盖内六边形底面（如图 7-199 所示），"布尔"为"求差"→单击"确定"按钮，完成配合槽修改，如图 7-200 所示。

图 7-195　调味孔生成图　　　　　　　图 7-196　阵列调味孔生成图

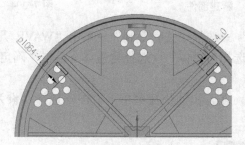

图 7-197　选择配合槽顶面　　　　图 7-198　矩形截面　　　　图 7-199　选择盒盖的底面

31）完成后的盒盖构建如图 7-201 所示。单击"装配导航器"按钮 ![icon] →选择"cover"并右击→选择"显示父项"→选择"asm"，回到总装配，如图 7-202 所示→双击"asm"激活总装配图。

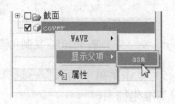

图 7-200　配合槽修改生成图　　　图 7-201　盒盖构建完成图　　　图 7-202　回到总装配

7.4.5　翻板构建

1. 翻板的测绘工程图

翻板的测绘工程图参见本书第 6 章的图 6-386。

2．操作步骤

1）单击"装配导航器"按钮 ，→单击"sam"并右击→选择"WAVE"→选择"新建级别"（如图 7-203 所示），弹出"新建级别"对话框→指定部件名为"plate"→单击"确定"按钮。

2）单击"plate"并右击→选择"设为工作部件"（如图 7-204 所示），弹出"新建级别"对话框→指定部件名为"plate"→单击"确定"按钮。

图 7-203　新建部件　　　　　　　　　　　图 7-204　设为工作部件

3）单击菜单"插入"→选择"关联复制"→单击"WAVE 几何链接器"按钮 ，弹出"拉伸"对话框，设置类选择为"体"→选择盒盖体→单击"确定"按钮，完成几何体的复制，如图 7-205 所示。

4）单击"plate"→，在弹出的快捷菜单上右击→选择"设为显示部件"，如图 7-206 所示。

图 7-205　复制几何体　　　　　　　　　　　图 7-206　设为显示部件

5）单击菜单"插入"→选择"基准/点"→选择"基准 CSYS"→单击"确定"按钮，创建基准坐标系。

6）单击工具栏中的"替换面"按钮 ，弹出"替换面"对话框，选择盒盖内底面的卡槽底面为"要替换的面"，选择盒盖内底面的平面为"替换面"，如图 7-207 所示→单击"确定"按钮，生成替换面，如图 7-208 所示。

7）单击工具栏中的"回转"按钮 ，弹出"回转"对话框→单击"绘制截面"按钮 ，弹出"创建草图"对话框→选择 YZ 平面作为草图平面→绘制翻板基体截面，如图 7-209 所示→单击"完成草图"按钮 ，完成草图→返回到"回转"对话框，选择"Z 轴"为旋转轴，

"布尔"为"无"→单击"确定"按钮，生成翻板基体，如图 7-210 所示。

图 7-207　选择替换面

图 7-208　替换面生成图

8）单击菜单"插入"→选择"组合"→单击"求差"按钮🔳，弹出"求差"对话框，"目标"选择为翻板基体，"工具"选择为复制的几何体，如图 7-211 所示→单击"确定"按钮，生成翻板外形，如图 7-212 所示。

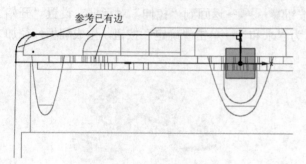

图 7-209　绘制翻板基体截面

图 7-210　翻板基体生成图

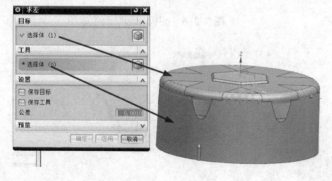

图 7-211　求差

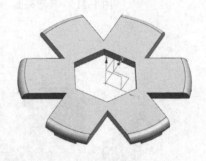

图 7-212　翻板外形生成图

9）单击工具栏中的"偏置面"按钮🔳，弹出"偏置面"对话框→选择翻板圆柱顶面（如图 7-213 所示），"偏置厚度"值为"0.6"，向上偏置→单击"确定"按钮，生成圆柱顶面偏置面，如图 7-214 所示。

10）单击工具栏中的"拉伸"按钮🔳，弹出"拉伸"对话框→单击"绘制截面"按钮，弹出"创建草图"对话框→选择圆柱底面作为草图平面→绘制环形截面，如图 7-215 所示→单击"完成草图"按钮 完成草图 →返回到"拉伸"对话框，设置"开始"值为"0"，"结束"值为"10"，"布尔"为"求差"→单击"确定"按钮，完成翻板外形修改，如图 7-216 所示。

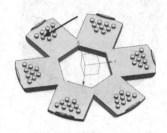
图 7-213　选择翻板圆柱顶面

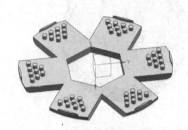
图 7-214　圆柱顶面偏置生成图

11）单击工具栏中的"拉伸"按钮 ，弹出"拉伸"对话框→单击"绘制截面"按钮 ，弹出"创建草图"对话框→选择翻板顶面作为草图平面→绘制翻板外径加大部分截面，如图 7-217 所示→单击"完成草图"按钮 完成草图 →返回到"拉伸"对话框，设置"开始"值为"0"，"结束"值为"3"，"布尔"为"求和"→单击"确定"按钮，生成翻板外径加大部分，如图 7-218 所示。

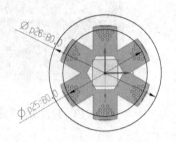
图 7-215　环形截面

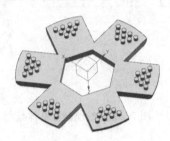
图 7-216　翻板外形修改生成图

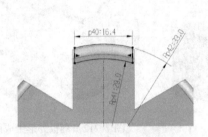
图 7-217　翻板加厚部分截面

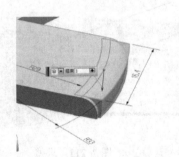
图 7-218　翻板外径加大部分生成图

12）单击主菜单"插入"→"在任务环境中绘制草图"按钮 ，弹出"创建草图"对话框→选择圆柱顶面为草图平面→绘制翻板外形曲线，如图 7-219 所示→单击"完成草图"按钮 完成草图 ，生成翻板外形曲线，如图 7-220 所示。

270

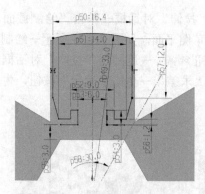

图 7-219　翻板外形曲线

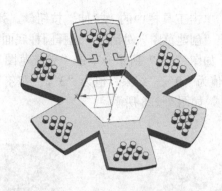

图 7-220　翻板外形曲线生成图

13）单击工具栏中的"拉伸"按钮，弹出"拉伸"对话框→单击"绘制截面"按钮，弹出"创建草图"对话框→选择翻板顶面作为草图平面，如图 7-221 所示→绘制翻板外形切割截面，如图 7-222 所示→单击"完成草图"按钮→返回到"拉伸"对话框，设置"开始"值为"0"，"结束"值为"贯通"，"布尔"为"求差"→单击"确定"按钮，生成翻板切槽，如图 7-223 所示。

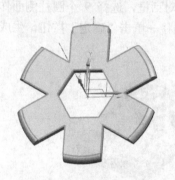

图 7-221　选择翻板顶面

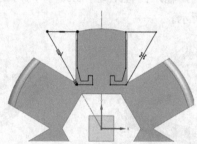

图 7-222　翻板外形切割截面

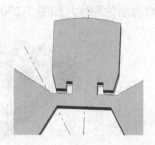

图 7-223　翻板切槽生成图

14）单击工具栏中的"拉伸"按钮，弹出"拉伸"对话框→单击"绘制截面"按钮，弹出"创建草图"对话框→选择翻板顶面作为草图平面→绘制三角形截面，如图 7-224 所示→单击"完成草图"按钮→返回到"拉伸"对话框，设置"开始"值为"0"，"结束"值为"贯通"，"布尔"为"求差"→单击"确定"按钮，生成单个翻板，如图 7-225 所示。

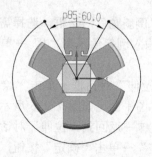

图 7-224　三角形截面

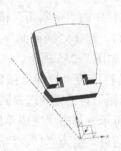

图 7-225　单个翻板生成图

15）单击工具栏中的"拉伸"按钮 ，弹出"拉伸"对话框→单击"绘制截面"按钮 ，弹出"创建草图"对话框→选择圆柱底面作为草图平面，如图 7-226 所示→绘制翻板内部截面，如图 7-227 所示→单击"完成草图"按钮 完成草图 →返回到"拉伸"对话框，设置"开始"值为"0"，"结束"值为"3"，"布尔"为"求差"→单击"确定"按钮，生成翻板内部结构，如图 7-228 所示。

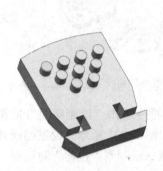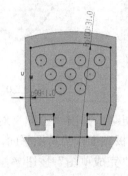

图 7-226　选择圆柱底面　　　图 7-227　翻板内部截面　　　图 7-228　翻板内部结构生成图

16）单击工具栏中的"偏置面"按钮 ，弹出"偏置面"对话框，选择 9 个圆柱侧面作为偏置面（如图 7-229 所示），输入偏置距离"0.05"，向内偏移→单击"确定"按钮，生成修改后的圆柱，如图 7-230 所示。

图 7-229　选择 9 个圆柱面　　　　　图 7-230　修改后的圆柱生成图

17）单击工具栏中的"拉伸"按钮 ，弹出"拉伸"对话框→单击"绘制截面"按钮 ，弹出"创建草图"对话框→选择圆柱底面作为草图平面，如图 7-231 所示→绘制矩形截面，如图 7-232 所示→单击"完成草图"按钮 完成草图 弹出"拉伸"对话框，设置"开始"值为"0"，"结束"值为"1.3"，"布尔"为"求差"→单击"确定"按钮，使翻板连接处变薄，如图 733 所示。

18）单击工具栏中的"倒斜角"按钮 ，弹出"倒斜角"对话框，选择需倒斜角的棱边（如图 7-234 所示），选择"横截面"为"对称"，输入倒斜角距离"1"→单击"确定"按钮，生成倒斜角，如图 7-235 所示。

19）单击工具栏中的"拉伸"按钮 ，弹出"拉伸"对话框→单击"绘制截面"按钮 ，弹出"创建草图"对话框→选择圆柱底面作为草图平面，如图 7-236 所示→绘制矩形截面，如图 7-237 所示→单击"完成草图"按钮 完成草图 →返回到"拉伸"对话框，设置"开始"值为"0"，"结束"值为"1"，"布尔"为"求差"→单击"确定"按钮，生成翻板中开合筋板，如图 7-238 所示。

图 7-231　选择圆柱底面

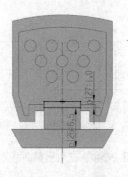
图 7-232　矩形截面

图 7-233　翻板连接处减薄生成图

图 7-234　选择棱边

图 7-235　倒斜角生成图

图 7-236　选择圆柱底面

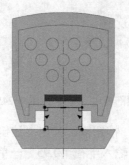
图 7-237　矩形截面

图 7-238　翻板中开合筋板生成图

20）单击工具栏中的"拉伸"按钮，弹出"拉伸"对话框→单击"绘制截面"按钮，弹出"创建草图"对话框→选择连接板侧面作为草图平面，如图 7-239 所示→绘制三角形截面，如图 7-240 所示→单击"完成草图"按钮→返回到"拉伸"对话框，设置"开始"值为"0"，"结束"值为"1"，"布尔"为"求和"→单击"确定"按钮，生成翻板连接处加强筋，如图 7-241 所示。

21）单击工具栏中的"镜像特征"按钮，弹出"镜像特征"对话框，"特征"选择为上一步中拉伸得到的加强筋（如图 7-242 所示），"镜像平面"选择为 YZ 平面→单击"确定"按钮，生成镜像加强筋，如图 7-243 所示。

22）单击工具栏中的"边倒圆"按钮，弹出"边倒圆"对话框，选择翻板顶部棱边作为需要倒角的边（如图 7-244 所示），输入半径"3"→单击"确定"按钮，生成翻板顶部棱边倒圆，如图 7-245 所示。

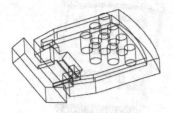

图 7-239　选择连接板侧面

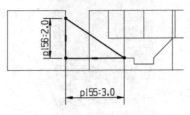

图 7-240　三角形截面

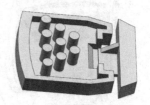

图 7-241　翻板连接处加强筋生成图

图 7-242　选择拉伸得到的加强筋

图 7-243　镜像加强筋生成图

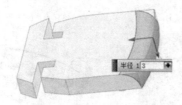

图 7-244　选择翻板顶部棱边

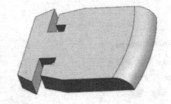

图 7-245　翻板顶部棱边倒圆生成图

23）单击工具栏中的"边倒圆"按钮，弹出"边倒圆"对话框→选择圆柱顶部棱边作为需倒角的边（如图 7-246 所示），输入半径"0.95"→单击"确定"按钮，生成圆柱顶部棱边倒圆，如图 7-247 所示。

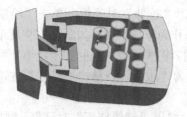

图 7-246　选择圆柱顶部棱边

图 7-247　圆柱顶部棱边倒圆生成图

24）单击工具栏中的"实例几何体"按钮，弹出"实例几何体"对话框，"类型"选择为"旋转"，"要生成实例的几何特征"选择为绘好的翻板实体，选择"Z 轴"为旋转轴，

"角度"为"60°","副本数"为"5",如图 7-248 所示→单击"确定"按钮,生成阵列翻板,如图 7-249 所示。

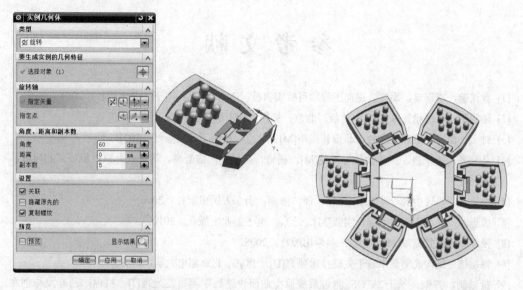

图 7-248　选择翻板实体　　　　　　　　　　　图 7-249　阵列翻板生成图

25）完成的翻板构建如图 7-250 所示。单击"装配导航器"按钮，单击"plant"→在弹出的快捷菜单中右击→选择"显示父项"→选择"asm"，回到总装配，如图 7-251 所示→双击"asm"激活总装配图。

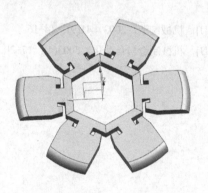

图 7-250　翻板构建完成图

图 7-251　回到总装配

参 考 文 献

[1] 黄诚驹，李鄂琴，禹诚. 逆向工程项目式实训教程[M]. 北京：电子工业出版社，2004.

[2] 隋明阳. 机械设计基础[M]. 2版. 北京：机械工业出版社，2008.

[3] 钟元. 面向制造和装配的产品设计指南[M]. 北京：机械工业出版社，2011.

[4] 乌利齐，埃平格. 产品设计与开发[M]. 杨青，吕佳芮，詹舒琳，等译. 北京：机械工业出版社，2015.

[5] 原研哉. 设计中的设计[M]. 朱锷，译. 济南：山东人民出版社，2006.

[6] 成思源. 逆向工程技术综合实践[M]. 北京：电子工业出版社，2010.

[7] 张广军. 视觉测量[M]. 北京：科学出版社，2008.

[8] 韩建栋. 结构光测量中若干关键技术研究[D]. 北京：北京邮电大学，2009.

[9] 黄诚驹，齐荣. 基于 ATOS 测量系统原型曲面快速数字测量及处理[J]. 机电产品开发与创新，2004，17(5)：79-80.

[10] 张德海，梁晋，唐正宗，等. 基于近景摄影测量和三维光学测量的大幅面测量新方法[J]. 中国机械工程，2009，20(7)：817-822.

[11] 金永君，艾延宝. 三维光学扫描测量系统的研究和应用[J]. 实验室研究与探索，2009，28(8)：39-41.

[12] 林峰，巫少龙，周建强. 逆向工程及其关键技术[J]. 机械制造，2003，41(9)：14-16.

[13] 李强，王红梅. 实物反求工程中的模型重建技术[J]. 机械制造与自动化，2003(4)：17-20.